4. 実用数学技能検定グランプリ

　実用数学技能検定グランプリは，積極的に算数・数学の学習に取り組んでいる団体・個人の努力を称え，さらに今後の指導・学習の励みとする目的で，とくに成績優秀な団体および個人を表彰する制度です．毎年，数学検定を受検された団体・個人からそれぞれ選出されます．

数学検定 準拠テキスト 1級

微分積分

公益財団法人 日本数学検定協会 監修
中村 力 著

森北出版株式会社

● 本書のサポート情報を当社Webサイトに掲載する場合があります．下記のURLにアクセスし，サポートの案内をご覧ください．

https://www.morikita.co.jp/support/

● 本書の内容に関するご質問は，森北出版 出版部「(書名を明記)」係宛に書面にて，もしくは下記のe-mailアドレスまでお願いします．なお，電話でのご質問には応じかねますので，あらかじめご了承ください．

editor@morikita.co.jp

● 本書により得られた情報の使用から生じるいかなる損害についても，当社および本書の著者は責任を負わないものとします．

■ 本書に記載している製品名，商標および登録商標は，各権利者に帰属します．

■ 本書を無断で複写複製（電子化を含む）することは，著作権法上での例外を除き，禁じられています．複写される場合は，そのつど事前に(一社)出版者著作権管理機構（電話03-5244-5088, FAX03-5244-5089, e-mail：info@jcopy.or.jp）の許諾を得てください．また本書を代行業者等の第三者に依頼してスキャンやデジタル化することは，たとえ個人や家庭内での利用であっても一切認められておりません．

まえがき

「数学検定」1級の出題範囲は広大であり，1級に合格するには，地道な学習の積み重ねと，短時間で解答をまとめあげる答案作成力が要求される．

先に上梓した「ためせ実力！めざせ1級！ 数学検定1級 実践演習」では，1級出題範囲の過去問題，解答・解説を三つのレベルに分けて1冊にまとめた．これにより，1級の過去問題の全容を俯瞰できるだろう．しかし，1級の出題範囲はあまりに広範にわたるため，読者の中にはもっと理解を深めたい箇所もいくつかあると思われる．

本書は，「数学検定」1級を目指す方が，主要な出題範囲の一つである「微分法・積分法」の学習において，これらに関連する知見を効率的に学習し，豊富な例題や演習問題を解くことで，より一層の理解と答案作成力の向上を図ることを目的とする．

本書に掲載された問題には，「数学検定」1級で過去に出題された問題が多く含まれているので，1級合格へ向けた効果的な学習を期待できるだろう．

また，微分・積分をもっと学習したい，「数学検定」1級レベルの手ごたえのある問題をもっと解いてみたいといった知的充足感を満たすためにも，本書はおおいに活用できると思う．

本書を最大限に活用することにより，「数学検定」最難関である1級合格を手中に収めていただきたい．ただし，「数学検定」1級合格はゴールではない．1級の彼方にある数学の世界はさらに奥が深く，魅力的かつ神秘的である．1級合格はこれらを理解するための一歩を踏み出したに過ぎない．さらに，学習，研鑽を積まれて，その世界を歩まれるならば，著者の望外の喜びになるだろう．

2016年5月

著　者

本書の使い方

Step1　出題傾向と学習上のポイント
　各章・節ごとに，過去の出題傾向の概要を示して，学習上の対策やアドバイスを記している．これにより，これから学習していく方向性やプランが設定できると思う．

Step2　要点整理
　「出題傾向と学習上のポイント」に続いて，問題を解くうえで，確実に理解してほしい概念や，定理の要点をダイジェスト的に記した．要点整理を理解して例題へ進み，問題をどんどん解いてほしい．もし，例題や演習問題でわからないところが出てきても，要点整理へ戻って理解を再確認してほしい．

　なお，公式については，単に丸暗記するのではなく，たとえ忘れても公式を導出できるまで学習してほしい．

Step3　例題
　例題は，最初から解答を見ないで解けるのが理想的であるが，解けない場合は，まずは考え方を読んで，解答を確認する．解答を読んで理解できたつもりで終わるのは「全くの都合のよい錯覚」である．必ずペンをもって解答用紙にまとめ上げてほしい．

Step4　演習問題
　演習問題は，解答を見ないで独力で解くことが基本スタンスである．しかし，解けないからといって，落胆したり，その先に進めないようでは大きなロスにつながる．解答を見ても結構！　その代わり，転んでもただでは起きない心構えで，その解答から何か一つか二つは必ず得てほしい．

　なお，例題と演習問題は，難易度によって無星→★→★★の3レベルで示した．「無星」は易～標準レベル，「★」は難レベル，「★★」は「極難」レベルの問題である．「無星」と「★」を独力で解けるならば，微分・積分に関しては合格基準とみてよいだろう．「★★」はかなりの難問であるが，より確実な合格へ至る試練の意味でチャレンジしてほしい．

本書の使い方

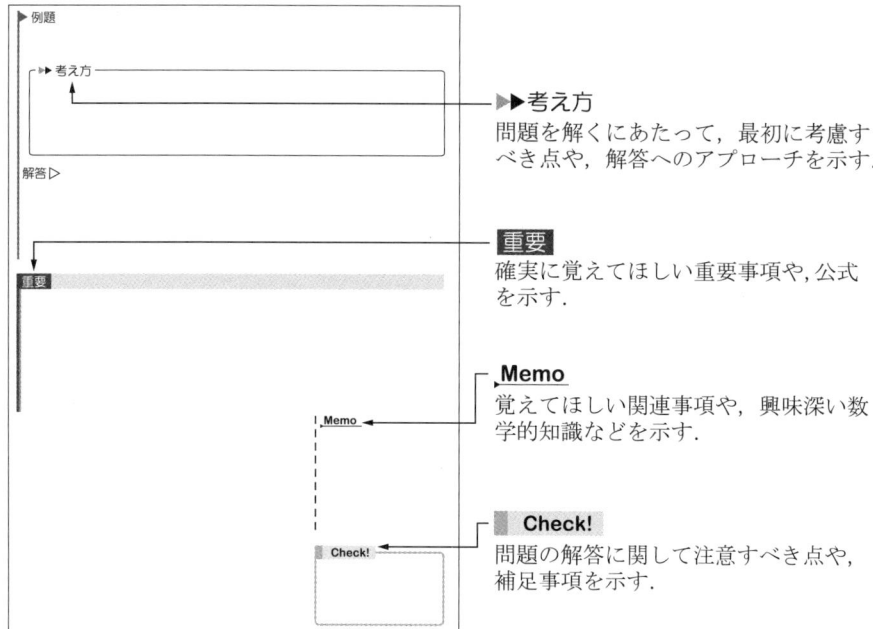

▶▶考え方
問題を解くにあたって，最初に考慮すべき点や，解答へのアプローチを示す．

重要
確実に覚えてほしい重要事項や，公式を示す．

Memo
覚えてほしい関連事項や，興味深い数学的知識などを示す．

Check!
問題の解答に関して注意すべき点や，補足事項を示す．

もくじ

- ▶ 第1章　極限に関する基本概念 ── 1
  - 1　数列と級数の極限 ─────── 1
  - 2　関数の極限 ──────────── 7
  - 3　指数関数・対数関数・逆三角関数 ─── 8
  - 演習問題1 ─────────────── 17
  - 演習問題1　解答 ──────────── 17

- ▶ 第2章　微分法 ───────── 21
  - 1　導関数の計算 ──────────── 21
  - 2　微分法の応用 ──────────── 39
  - 演習問題2 ─────────────── 43
  - 演習問題2　解答 ──────────── 44

- ▶ 第3章　積分法 ───────── 50
  - 1　不定積分の計算 ─────────── 50
  - 2　定積分の計算 ──────────── 60
  - 3　定積分の応用 ──────────── 76
  - 演習問題3 ─────────────── 83
  - 演習問題3　解答 ──────────── 85

- ▶ 第4章　偏微分法 ──────── 99
  - 1　偏導関数の計算 ─────────── 99
  - 演習問題4-1 ──────────── 115
  - 演習問題4-1　解答 ────────── 116
  - 2　偏微分法の応用 ────────── 122
  - 演習問題4-2 ──────────── 136
  - 演習問題4-2　解答 ────────── 136

- ▶ 第5章　重積分法 ──────── 144
  - 1　重積分の計算 ──────────── 144
  - 演習問題5-1 ──────────── 169
  - 演習問題5-1　解答 ────────── 170
  - 2　重積分の応用 ──────────── 177
  - 演習問題5-2 ──────────── 191
  - 演習問題5-2　解答 ────────── 192

- ▶ 付録　関数行列式の微分 ────── 197

Chapter 1 極限に関する基本概念

1 数列と級数の極限

▶▶ 出題傾向と学習上のポイント

極限は微分・積分に至る重要な基本概念です．数列の極限と収束，また，級数の収束に関する基本事項の理解は重要です．とくに，「はさみうちの原理」を用いる問題は出題頻度も高いので，確実に解答できるようにしましょう．

(1) 数列の極限と収束

数列 $\{a_n\}$ で，n が限りなく大きくなるにつれて，a_n が限りなく一定の実数 α に近づくとき，

$$\lim_{n \to \infty} a_n = \alpha \quad \text{または} \quad n \to \infty \text{ のとき } a_n \to \alpha$$

と表し，α を極限値という．このとき，$\{a_n\}$ は α に収束するという．

一方，収束しない数列は発散するといい，

$$\lim_{n \to \infty} a_n = +\infty \, (-\infty) \quad \text{または} \quad n \to \infty \text{ のとき } a_n \to +\infty \, (-\infty)$$

と表し，極限がプラス（マイナス）無限大であるという．なお，発散する数列でも，プラス（マイナス）無限大にも発散しないものがあり，これは振動するという．振動する数列の場合は極限がない．

(2) 級数の収束

無限級数
$$\sum_{n=1}^{\infty} a_n = a_1 + a_2 + \cdots + a_n + \cdots \tag{1.1}$$

が収束するか発散するかは，第 n 項までの部分和 $S_n = a_1 + a_2 + a_3 + \cdots + a_n = \sum_{i=1}^{n} a_i$ がつくる数列 $\{S_n\}$ が，$n \to \infty$ で数列 $\{S_n\}$ が収束するか，発散するかを調べることでわかる．

すなわち，$\lim_{n \to \infty} S_n = S$ であるとき，無限級数 (1.1) は S に収束するといい，

第 1 章　極限に関する基本概念

$$\sum_{n=1}^{\infty} a_n = S$$

と表す．収束しない無限級数 (1.1) は発散するという．

▶ **例題 1**　つぎの数列の極限値を求めなさい．ただし，$0 < |a| < 1$ とする．
(1) $\{na^n\}$　　　(2) $\{n^2 a^n\}$　　　(3) $\{n^\alpha a^n\}$　（α は任意の実数）

▶▶ **考え方**

$|a| < 1$ のとき，$\dfrac{1}{|a|} = 1 + h$　$(h > 0)$ とおいて，つぎのように二項定理で展開する．

$$\begin{aligned}
\frac{1}{|a|^n} &= (1+h)^n \\
&= 1 + nh + \frac{n(n-1)}{2}h^2 + \frac{n(n-1)(n-2)}{3!}h^3 + \cdots \\
&\quad + \frac{n(n-1)\cdots(n-k+1)}{k!}h^k + \cdots
\end{aligned}$$

解答 ▷　(1) $\dfrac{1}{|a|^n} > \dfrac{n(n-1)}{2}h^2$ より，$0 < |a|^n < \dfrac{2}{n(n-1)h^2}$，$0 < n|a|^n < \dfrac{2}{(n-1)h^2}$

である．$\displaystyle\lim_{n\to\infty} \dfrac{2}{(n-1)h^2} = 0$ より，$\displaystyle\lim_{n\to\infty} n|a|^n = \lim_{n\to\infty} |na^n| = 0$

よって，$\displaystyle\lim_{n\to\infty} na^n = 0$　　　　　　　　　　　　　　　　　　　　　　　　　（答）0

(2) $\dfrac{1}{|a|^n} > \dfrac{n(n-1)(n-2)}{6}h^3$ より，$0 < n^2|a|^n < \dfrac{6n^2}{n(n-1)(n-2)h^3}$ である．

$\displaystyle\lim_{n\to\infty} \dfrac{6n^2}{n(n-1)(n-2)h^3} = 0$ より，$\displaystyle\lim_{n\to\infty} n^2|a|^n = \lim_{n\to\infty} |n^2 a^n| = 0$

よって，$\displaystyle\lim_{n\to\infty} n^2 a^n = 0$　　　　　　　　　　　　　　　　　　　　　　　　（答）0

(3) α を正の実数として，$[\alpha] = k$ とする．$k \leq \alpha < k+1$
（k は正の整数）より，$n^k \leq n^\alpha < n^{k+1}$ だから

$$n^k |a|^n \leq n^\alpha |a|^n < n^{k+1} |a|^n \qquad \cdots \text{①}$$

> **Memo**
> [ ] はガウス記号で，$[\alpha]$ は α を超えない最大整数を表す．

$\dfrac{1}{|a|^n} > \dfrac{n(n-1)\cdots(n-k)}{(k+1)!}h^{k+1}$，$\dfrac{1}{|a|^n} > \dfrac{n(n-1)\cdots(n-k-1)}{(k+2)!}h^{k+2}$ より

$0 < \displaystyle\lim_{n\to\infty} n^k |a|^n < \lim_{n\to\infty} \dfrac{n^k (k+1)!}{n(n-1)\cdots(n-k)h^{k+1}} = 0$

$0 < \displaystyle\lim_{n\to\infty} n^{k+1} |a|^n < \lim_{n\to\infty} \dfrac{n^{k+1} (k+2)!}{n(n-1)\cdots(n-k-1)h^{k+2}} = 0$

> **Check!**
> 不等式の右辺において，分母は分子よりも n の次数が 1 大きいので，$n \to \infty$ で 0 に近づく．

$n \to \infty$ のとき，① の $n^k|a|^n$, $n^{k+1}|a|^n$ はともに 0 に収束するため，はさみうちの原理より

$$\lim_{n \to \infty} n^\alpha |a|^n = \lim_{n \to \infty} |n^\alpha a^n| = 0, \quad \text{よって} \quad \lim_{n \to \infty} n^\alpha a^n = 0$$

つぎに，α を負の実数として，$-\alpha = \beta > 0$ とおくと，

$$\lim_{n \to \infty} n^\alpha |a|^n = \lim_{n \to \infty} \frac{|a|^n}{n^\beta} = 0 \times 0 = 0$$

$\alpha = 0$ のとき

$$\lim_{n \to \infty} n^\alpha a^n = \lim_{n \to \infty} a^n = 0$$

よって，$\lim_{n \to \infty} n^\alpha a^n = 0$ 　　　　　　　　　　　　　　　　　　　（答）0

Memo はさみうちの原理

はさみうちの原理はひらがなのままだとイメージがつかみにくいが，漢字では「挟み撃ちの原理」と書く．3 人の子どもがやっている電車ごっこで，先頭と後尾の間隔が詰まってきて，3 人がいっしょになってしまうイメージである．英語では「squeeze theorem」や，「sandwich theorem」などと表す．

▶ **例題 2** つぎの極限値を求めなさい．

(1) $\displaystyle\lim_{n \to \infty} \sqrt{n}(\sqrt{n+1} - \sqrt{n})$ 　　　(2) $\displaystyle\lim_{n \to \infty} \frac{1^2 + 3^2 + \cdots + (2n-1)^2}{n^3}$

(3) $\displaystyle\lim_{n \to \infty} \frac{n - \sin\sqrt{n}}{n + \sin\sqrt{n}}$

▶▶ 考え方

不定形に対する有理化，数列の和の公式，はさみうちの原理などを適用する．

解答 ▷ (1) $\displaystyle\lim_{n \to \infty} \sqrt{n}(\sqrt{n+1} - \sqrt{n}) = \lim_{n \to \infty} \frac{\sqrt{n}}{\sqrt{n+1} + \sqrt{n}}$

$$= \lim_{n \to \infty} \frac{1}{\sqrt{1 + \frac{1}{n}} + \sqrt{1}} = \frac{1}{2} \quad \text{（答）} \frac{1}{2}$$

(2) $\displaystyle\lim_{n \to \infty} \frac{1^2 + 3^2 + \cdots + (2n-1)^2}{n^3} = \lim_{n \to \infty} \frac{\sum_{k=1}^{n}(2k-1)^2}{n^3} = \lim_{n \to \infty} \frac{\sum_{k=1}^{n}(4k^2 - 4k + 1)}{n^3}$

$$= \lim_{n \to \infty} \frac{4\frac{n(n+1)(2n+1)}{6} - 4\frac{n(n+1)}{2} + n}{n^3} = \lim_{n \to \infty} \frac{4n^3 - n}{3n^3} = \frac{4}{3} \quad \text{（答）} \frac{4}{3}$$

第 1 章　極限に関する基本概念

(3) $\displaystyle\lim_{n\to\infty}\frac{n-\sin\sqrt{n}}{n+\sin\sqrt{n}} = \lim_{n\to\infty}\frac{1-\dfrac{1}{n}\sin\sqrt{n}}{1+\dfrac{1}{n}\sin\sqrt{n}}$

$-1 \leqq \sin\sqrt{n} \leqq 1$, $-\dfrac{1}{n} \leqq \dfrac{1}{n}\sin\sqrt{n} \leqq \dfrac{1}{n}$ で,

$\displaystyle\lim_{n\to\infty}\left(\pm\dfrac{1}{n}\right) = 0$ よりはさみうちの原理を使うと, $\displaystyle\lim_{n\to\infty}\dfrac{1}{n}\sin\sqrt{n} = 0$ となって,

$\displaystyle\lim_{n\to\infty}\dfrac{n-\sin\sqrt{n}}{n+\sin\sqrt{n}} = \dfrac{1-0}{1+0} = 1$ 　　　　　　　　　　　　　　　　　(答) 1

> **Check!**
> (3) は「はさみうちの原理」を使う．

▶ **例題 3★**　初項 117, 公差 -6 の等差数列において, 初項から第 n 項までの和を S_n とするとき, つぎの極限値を求めなさい.

$$\lim_{x\to\infty}\left(\sum_{k=1}^{30}S_k{}^x\right)^{\frac{1}{x}}$$

▶▶ **考え方**
まずは, S_k を求める. $1 \leqq k \leqq 30$ のときの S_k の最大値に注目して不等式を求め, はさみうちの原理を活用する.

解答 ▷　$S_k = \{2\cdot 117 + (k-1)\cdot(-6)\}\cdot\dfrac{k}{2} = -3k^2 + 120k = -3(k-20)^2 + 1200$ より, $1 \leqq k \leqq 30$ において, $k = 20$ のとき S_k は最大値 1200 をとる. すなわち, $\max\{S_1, S_2, \ldots, S_{30}\} = S_{20} = 1200$ となる.
つぎに,

$$\left(\sum_{k=1}^{30}S_k{}^x\right)^{\frac{1}{x}} = (S_1{}^x + S_2{}^x + S_3{}^x + \cdots + S_{20}{}^x + \cdots + S_{30}{}^x)^{\frac{1}{x}}$$

を調べる. $x \to \infty$ を考えるので, $0 < x$ としてよい.
$S_{20}{}^x < S_1{}^x + S_2{}^x + \cdots + S_{20}{}^x + \cdots + S_{30}{}^x < 30S_{20}{}^x$ より,

$$(S_{20}{}^x)^{\frac{1}{x}} < (S_1{}^x + S_2{}^x + \cdots + S_{20}{}^x + \cdots + S_{30}{}^x)^{\frac{1}{x}} < (30S_{20}{}^x)^{\frac{1}{x}}$$

ここで, $\displaystyle\lim_{x\to\infty}(S_{20}{}^x)^{\frac{1}{x}} = S_{20} = 1200$ である. また, $\displaystyle\lim_{x\to\infty}30^{\frac{1}{x}} = 1$ より, $\displaystyle\lim_{x\to\infty}(30S_{20}{}^x)^{\frac{1}{x}} = \lim_{x\to\infty}(30^{\frac{1}{x}}S_{20}) = S_{20}\ (= 1200)$
したがって, はさみうちの原理より,

$$\lim_{x\to\infty}\left(\sum_{k=1}^{30}S_k{}^x\right)^{\frac{1}{x}} = \lim_{x\to\infty}(S_1{}^x + S_2{}^x + \cdots + S_{30}{}^x)^{\frac{1}{x}} = 1200 \qquad \text{(答) 1200}$$

▶ **例題 4★★**　つぎの極限値を求めなさい．

$$\lim_{n\to\infty}\left\{\frac{(n+1)^{n+1}}{n^n}-\frac{n^n}{(n-1)^{n-1}}\right\}$$

▶▶ 考え方

$e=\displaystyle\lim_{n\to\infty}\left(1+\frac{1}{n}\right)^n=\lim_{n\to\infty}\left(1+\frac{1}{n-1}\right)^{n-1}$ を活用する．

解答 ▷　$\dfrac{(n+1)^{n+1}}{n^n}-\dfrac{n^n}{(n-1)^{n-1}}=\dfrac{(n+1)^{n+1}(n-1)^{n-1}-n^{2n}}{n^n(n-1)^{n-1}}$ 　…①

また，$\dfrac{1}{(n-1)^{n-1}}=\dfrac{1}{n^{n-1}}\times\dfrac{n^{n-1}}{(n-1)^{n-1}}=\dfrac{1}{n^{n-1}}\left(1+\dfrac{1}{n-1}\right)^{n-1}$ より，

$$①=\left(1+\frac{1}{n-1}\right)^{n-1}\cdot\frac{(n+1)^{n+1}(n-1)^{n-1}-n^{2n}}{n^{2n-1}}\quad\cdots②$$

さらに，

$$(n+1)^{n+1}(n-1)^{n-1}-n^{2n}=(n+1)^2(n+1)^{n-1}(n-1)^{n-1}-n^{2n}$$
$$=(n^2-1+2n+2)(n^2-1)^{n-1}-n^{2n}$$
$$=2n\left(1+\frac{1}{n}\right)(n^2-1)^{n-1}-\{(n^2)^n-(n^2-1)^n\}$$

より，

$$②=\left(1+\frac{1}{n-1}\right)^{n-1}\cdot\frac{2n\left(1+\dfrac{1}{n}\right)(n^2-1)^{n-1}-\{(n^2)^n-(n^2-1)^n\}}{n^{2n-1}}$$
$$=\left(1+\frac{1}{n-1}\right)^{n-1}\cdot(A_n-B_n)$$

ここで，$A_n=2n\left(1+\dfrac{1}{n}\right)(n^2-1)^{n-1}\times\dfrac{1}{n^{2n-1}}$，$B_n=\dfrac{(n^2)^n-(n^2-1)^n}{n^{2n-1}}$ とおく．

よって，

$$\lim_{n\to\infty}\left\{\frac{(n+1)^{n+1}}{n^n}-\frac{n^n}{(n-1)^{n-1}}\right\}$$
$$=\lim_{n\to\infty}\left(1+\frac{1}{n-1}\right)^{n-1}\cdot\lim_{n\to\infty}(A_n-B_n)$$

となる．以下では，それぞれの項の極限を考える．

まず，$\displaystyle\lim_{n\to\infty}\left(1+\frac{1}{n-1}\right)^{n-1}=e$ である．

また，$A_n=2n\left(1+\dfrac{1}{n}\right)(n^2-1)^{n-1}\times\dfrac{1}{n^{2n-1}}$

5

第1章 極限に関する基本概念

$$= 2\left(1+\frac{1}{n}\right)\frac{(n^2-1)^{n-1}}{n^{2(n-1)}} = \frac{2n^2}{n^2-1}\left(1+\frac{1}{n}\right)\left(1-\frac{1}{n^2}\right)^n$$

$$= \frac{2n^2}{n^2-1}\cdot\left(1+\frac{1}{n}\right)\cdot\varphi_n{}^n \quad \left(\text{ここで}\,\varphi_n = 1-\frac{1}{n^2}\,\text{とおく}\right)$$

$$\lim_{n\to\infty}\frac{2n^2}{n^2-1} = 2,\quad \lim_{n\to\infty}\left(1+\frac{1}{n}\right) = 1,$$

$$\lim_{n\to\infty}\varphi_n{}^n = \lim_{n\to\infty}\left\{\left(1-\frac{1}{n^2}\right)^{n^2}\right\}^{\frac{1}{n}} = 1 \quad\cdots ③$$

> **Check!**
> $\lim_{n\to\infty}\left(1-\frac{1}{n^2}\right)^{n^2} = e^{-1}$
> に注意する.

より

$$\lim_{n\to\infty}A_n = 2\cdot 1\cdot 1 = 2$$

さらに,

$$X^n - Y^n = (X-Y)(X^{n-1} + X^{n-2}Y + X^{n-3}Y^2 + \cdots + Y^{n-1})$$

$$= (X-Y)\sum_{k=0}^{n-1}X^{n-1-k}Y^k$$

であることから,

$$B_n = \frac{(n^2)^n - (n^2-1)^n}{n^{2n-1}} = \frac{1}{n^{2n-1}}\sum_{k=0}^{n-1}(n^2)^{n-1-k}(n^2-1)^k$$

$$= \frac{1}{n}\sum_{k=0}^{n-1}\frac{(n^2-1)^k}{n^{2k}} = \frac{1}{n}\sum_{k=0}^{n-1}\left(1-\frac{1}{n^2}\right)^k = \frac{1}{n}\sum_{k=0}^{n-1}\varphi_n{}^k$$

$$= \frac{1}{n}(1 + \varphi_n + \varphi_n{}^2 + \cdots + \varphi_n{}^{n-1})$$

ここで, $1 > \varphi_n > \varphi_n{}^2 > \cdots > \varphi_n{}^{n-1} > 0$ に注意すると,

$$\varphi_n{}^{n-1} < \frac{1}{n}(1 + \varphi_n + \varphi_n{}^2 + \cdots + \varphi_n{}^{n-1}) < \frac{n}{n} = 1$$

を満たす. すなわち, $\varphi_n{}^{n-1} < B_n < 1$ で

$$\varphi_n{}^{n-1} = \left(1-\frac{1}{n^2}\right)^{n-1} = \left(1-\frac{1}{n^2}\right)^n\left(1-\frac{1}{n^2}\right)^{-1} = \varphi_n{}^n\left(1-\frac{1}{n^2}\right)^{-1}$$

③ より, $\lim_{n\to\infty}\varphi_n{}^{n-1} = 1\cdot 1 = 1$ となるので, はさみうちの原理から

$$\lim_{n\to\infty}B_n = \lim_{n\to\infty}\frac{(n^2)^n - (n^2-1)^n}{n^{2n-1}} = 1$$

である.

よって，求める極限値は $\displaystyle\lim_{n\to\infty}\left\{\dfrac{(n+1)^{n+1}}{n^n}-\dfrac{n^n}{(n-1)^{n-1}}\right\}=e(2-1)=e$　　(答) e

2　関数の極限

▶▶ 出題傾向と学習上のポイント

関数の極限は，微分可能性や導関数の計算において非常に重要な基本概念です．とくに，「関数の連続性」の概念は，「微分可能性」と合わせて証明問題として多く出題されますので，正確に理解しましょう．

(1) 関数の極限と収束

x が a とは異なる値をとりながら限りなく a に近づくとき，$f(x)$ がある一定の値 α に限りなく近づくことを，

$$\lim_{x\to a}f(x)=\alpha \quad \text{または} \quad x\to a \text{ のとき } f(x)\to\alpha$$

と表記する．また，一定の値 α を，$x\to a$ のときの $f(x)$ の極限値という．

> **Memo**
> $\displaystyle\lim_{x\to a}f(x)=\alpha$ とは，
> $\displaystyle\lim_{x\to a+0}f(x)=\lim_{x\to a-0}f(x)=\alpha$
> すなわち，右方（右側）極限と左方（左側）極限が一致することを示す．

(2) 関数の連続性

関数 $f(x)$ の定義域に属する x の一つの値を a とし，

$$\lim_{x\to a}f(x)=f(a)$$

が成り立つとき，関数 $f(x)$ は $x=a$ において連続であるという．

> **Memo**
> $x=a$ で連続とは，
> $\displaystyle\lim_{x\to a+0}f(x)=\lim_{x\to a-0}f(x)=f(a)$

▶ **例題 5**　つぎの関数の $x=0$ における連続性を調べなさい．

(1) $\begin{cases}f(x)=\sin\dfrac{1}{x} & (x\neq 0)\\ f(0)=0\end{cases}$　　(2) $\begin{cases}f(x)=x\sin\dfrac{1}{x} & (x\neq 0)\\ f(0)=0\end{cases}$

> ▶▶ **考え方**
> 定石どおり，$\displaystyle\lim_{x\to 0}f(x)=f(0)$ が成り立つかどうかを吟味する．

解答 ▷　(1) $|f(x)|=\left|\sin\dfrac{1}{x}\right|\leqq 1$ から，$x\to 0$ のとき，$f(x)$ は -1 と 1 の間を振動して，確定値をとらないので，$x=0$ で不連続である．　　(答) 不連続である

(2) $0 \leq |f(x)| = \left|x \sin \dfrac{1}{x}\right| = |x|\left|\sin \dfrac{1}{x}\right| \leq |x|$ から，$\lim_{x \to 0} f(x) = 0$ となって，$\lim_{x \to 0} f(x) = f(0) = 0$ より，$x = 0$ で連続である．

（答）連続である

> **Check!**
> (2) の場合，$f'(0) = \lim_{x \to 0} \dfrac{f(x) - f(0)}{x} = \lim_{x \to 0} \sin \dfrac{1}{x}$ が存在しないので，$x = 0$ で連続であるが，微分可能ではない．

重要 関数の連続性に関する基本定理

▶ **中間値の定理**

関数 $f(x)$ が閉区間 $[a,b]$ で連続で，$f(a) \neq f(b)$ ならば，$f(a)$ と $f(b)$ の中間の任意の値 α に対して，$f(c) = \alpha$，$a < c < b$ を満たす c が少なくとも一つ存在する．

▶ **最大値・最小値の定理（ワイエルシュトラスの定理）**

関数 $f(x)$ が閉区間 $[a,b]$ で連続ならば，$f(x)$ はこの区間で必ず最大値と最小値をとる．

3 指数関数・対数関数・逆三角関数

▶▶ **出題傾向と学習上のポイント**

指数関数と対数関数の極限に関する基本公式は確実に覚えましょう．また，逆三角関数に関する問題の出題頻度は非常に高いので，演習問題を十分にこなして，正答率の高い解答が得られるようにしましょう．

(1) 指数関数と対数関数

公式 ❶〜❻ を以下に示す．

$$\lim_{x \to 0}(1+x)^{\frac{1}{x}} = e \quad \cdots ❶$$

$$\lim_{x \to \pm\infty}\left(1 + \dfrac{1}{x}\right)^x = e \quad \cdots ❷$$

> **Memo**
> 公式 ❶ のイメージ
> $\lim_{\bigcirc \to 0}(1 + \bigcirc)^{\frac{1}{\bigcirc}} = e$
> 3か所の〇に注目！

公式 ❶ $\lim_{x \to 0}(1+x)^{\frac{1}{x}} = e$ は，自然対数の底 e の定義である．

公式 ❶ で $\dfrac{1}{x} = y$ とおけば，$x \to 0$ のとき，$y \to \pm\infty$ なので，$\lim_{y \to \pm\infty}\left(1 + \dfrac{1}{y}\right)^y = e$ となって，公式 ❷ になる．

3 指数関数・対数関数・逆三角関数

例1 つぎの関係式が成り立つことを示す.

(1) $\displaystyle\lim_{x\to 0}(1+ax)^{\frac{1}{x}}=e^a$ 　　　(2) $\displaystyle\lim_{x\to\pm\infty}\left(1+\frac{a}{x}\right)^{bx}=e^{ab}$

(1) $ax=t$ とおけば, $x=\dfrac{t}{a}$ となる. よって,

$$\lim_{x\to 0}(1+ax)^{\frac{1}{x}}=\lim_{t\to 0}(1+t)^{\frac{a}{t}}=\lim_{t\to 0}\{(1+t)^{\frac{1}{t}}\}^a=e^a \quad (\because \text{❶})$$

(2) $\dfrac{a}{x}=\dfrac{1}{t}$ とおけば, $x=at$ となる. よって,

$$\lim_{x\to\pm\infty}\left(1+\frac{a}{x}\right)^x=\lim_{t\to\pm\infty}\left(1+\frac{1}{t}\right)^{abt}=\lim_{t\to\pm\infty}\left\{\left(1+\frac{1}{t}\right)^t\right\}^{ab}$$
$$=e^{ab} \quad (\because \text{❷})$$

> **Memo**
> 例1 (1), (2) のイメージ
> □ → 0, ○ → ±∞, □ × ○ = 定数のとき　$(1+\square)^\bigcirc \to e^{\square\times\bigcirc}$

さらに, いくつかの公式を示す. ただし, $a>0$, $a\neq 1$ である.

❶で, a を底とする対数をとれば,

$$\lim_{x\to 0}\log_a(1+x)^{\frac{1}{x}}=\log_a e$$

よって, $\displaystyle\lim_{x\to 0}\frac{\log_a(1+x)}{x}=\frac{1}{\log_e a}$　…❸

❸で, $a=e$ とすれば,

$$\lim_{x\to 0}\frac{\log_e(1+x)}{x}=1 \quad \text{…❹}$$

> **Memo**
> 公式❸〜❻は, 後述のロピタルの定理を用いても導くことができる.

❸で, $\log_a(1+x)=t$ とおけば, $x=a^t-1$ で, $x\to 0$ のとき, $t\to 0$ だから,

$$\lim_{t\to 0}\frac{t}{a^t-1}=\frac{1}{\log_e a},\quad \lim_{t\to 0}\frac{a^t-1}{t}=\log_e a$$

よって, $\displaystyle\lim_{x\to 0}\frac{a^x-1}{x}=\log_e a$　…❺

❺で, $a=e$ とすれば,

$$\lim_{x\to 0}\frac{e^x-1}{x}=1 \quad \text{…❻}$$

第 1 章　極限に関する基本概念

重要 指数・対数関数の極限の基本公式 ❶〜❻ のまとめ

❶ $\displaystyle\lim_{x\to 0}(1+x)^{\frac{1}{x}}=e$　　❷ $\displaystyle\lim_{x\to\pm\infty}\left(1+\frac{1}{x}\right)^{x}=e$

❸ $\displaystyle\lim_{x\to 0}\frac{\log_a(1+x)}{x}=\frac{1}{\log_e a}$　$(a>0,\ a\neq 1)$

❹ $\displaystyle\lim_{x\to 0}\frac{\log_e(1+x)}{x}=1$　　❺ $\displaystyle\lim_{x\to 0}\frac{a^x-1}{x}=\log_e a$　$(a>0,\ a\neq 1)$

❻ $\displaystyle\lim_{x\to 0}\frac{e^x-1}{x}=1$

▶ **例題 6**　つぎの極限値を求めなさい．

(1) $\displaystyle\lim_{x\to 1}x^{\frac{1}{1-x}}$　　　　　　　(2) $\displaystyle\lim_{x\to 0}\frac{a^x-b^x}{x}$　$(a>0,\ b>0)$

(3) $\displaystyle\lim_{x\to 0}\left(\frac{1+x}{1-x}\right)^{\frac{1}{x}}$　　　(4★) $\displaystyle\lim_{x\to\infty}(a^x+b^x+c^x)^{\frac{1}{x}}$　$(a,b,c>0)$

(5) $\displaystyle\lim_{x\to\infty}\frac{a_0 x^n+a_1 x^{n-1}+\cdots+a_n}{b_0 x^m+b_1 x^{m-1}+\cdots+b_m}$　$(a_0 b_0\neq 0)$

▶▶ **考え方**
(1)〜(3) は，指数・対数関数の極限の基本公式 ❶〜❻ を活用する．(4) は，例題 3 を参考にする．(5) は，n と m の大小関係による場合分けを考える．

解答 ▷　(1)　$1-x=t$ とおけば，

$$\lim_{x\to 1}x^{\frac{1}{1-x}}=\lim_{t\to 0}(1-t)^{\frac{1}{t}}=e^{-1}=\frac{1}{e}$$

　　　　　　　　　　　　　　　　　　　　　　　　　　　　　　(答) $\dfrac{1}{e}$

(2) $\displaystyle\lim_{x\to 0}\frac{a^x-b^x}{x}$　$(a>0,\ b>0)$

$=\displaystyle\lim_{x\to 0}\frac{(a^x-1)-(b^x-1)}{x}=\lim_{x\to 0}\frac{(a^x-1)}{x}-\lim_{x\to 0}\frac{(b^x-1)}{x}$

公式 ❺ を利用すれば，

$$\lim_{x\to 0}\frac{a^x-b^x}{x}=\log_e a-\log_e b=\log_e\frac{a}{b}$$

　　　　　　　　　　　　　　　　　　　　　　　　　　　　　　(答) $\log_e\dfrac{a}{b}$

(3) $\displaystyle\lim_{x\to 0}\left(\frac{1+x}{1-x}\right)^{\frac{1}{x}}=\lim_{x\to 0}\left(1+\frac{2}{\frac{1}{x}-1}\right)^{\frac{1}{x}}$

$\dfrac{1}{x}-1=t$ とおけば，$x\to 0$ のとき $t\to\pm\infty$ より，

$$\lim_{x\to 0}\left(\frac{1+x}{1-x}\right)^{\frac{1}{x}}=\lim_{t\to\pm\infty}\left(1+\frac{2}{t}\right)^{t+1}=\lim_{t\to\pm\infty}\left(1+\frac{2}{t}\right)^{t}\cdot\lim_{t\to\pm\infty}\left(1+\frac{2}{t}\right)$$

$$= e^2 \cdot 1 = e^2 \qquad \text{(答)}\ e^2$$

(4) $a,\ b,\ c$ のうち, a が最大であるとする. このとき, $a \geqq b$ かつ $a \geqq c$ であり, $\dfrac{b}{a} \leqq 1$ より $0 < \left(\dfrac{b}{a}\right)^x \leqq 1$, 同様に $0 < \left(\dfrac{c}{a}\right)^x \leqq 1$ である.

ここで,
$$(a^x + b^x + c^x)^{\frac{1}{x}} = \left[a^x\left\{1 + \left(\dfrac{b}{a}\right)^x + \left(\dfrac{c}{a}\right)^x\right\}\right]^{\frac{1}{x}} = a\left\{1 + \left(\dfrac{b}{a}\right)^x + \left(\dfrac{c}{a}\right)^x\right\}^{\frac{1}{x}}$$

となり, $0 < \left(\dfrac{b}{a}\right)^x \leqq 1,\ 0 < \left(\dfrac{c}{a}\right)^x \leqq 1$ より,
$$1 < 1 + \left(\dfrac{b}{a}\right)^x + \left(\dfrac{c}{a}\right)^x \leqq 3$$

よって, $1 < \left\{1 + \left(\dfrac{b}{a}\right)^x + \left(\dfrac{c}{a}\right)^x\right\}^{\frac{1}{x}} \leqq 3^{\frac{1}{x}}$ となり,
$$a < a\left\{1 + \left(\dfrac{b}{a}\right)^x + \left(\dfrac{c}{a}\right)^x\right\}^{\frac{1}{x}} \leqq a \cdot 3^{\frac{1}{x}}$$

はさみうちの原理より, $\displaystyle\lim_{x \to \infty} a \cdot 3^{\frac{1}{x}} = a$ となって, $\displaystyle\lim_{x \to \infty}(a^x + b^x + c^x)^{\frac{1}{x}} = a$ となる.

同様に, b が最大のとき, $\displaystyle\lim_{x \to \infty}(a^x + b^x + c^x)^{\frac{1}{x}} = b$, c が最大のとき, $\displaystyle\lim_{x \to \infty}(a^x + b^x + c^x)^{\frac{1}{x}} = c$ となる.

まとめて, $\displaystyle\lim_{x \to \infty}\{a^x + b^x + c^x\}^{\frac{1}{x}} = \max\{a, b, c\}$ と表せる. $\qquad$ (答) $\max\{a, b, c\}$

(5) $\displaystyle\lim_{x \to \infty} \dfrac{a_0 x^n + a_1 x^{n-1} + \cdots + a_n}{b_0 x^m + b_1 x^{m-1} + \cdots + b_m} = \lim_{x \to \infty} \dfrac{a_0 x^n\left(1 + \dfrac{a_1}{a_0} \cdot \dfrac{1}{x} + \cdots + \dfrac{a_n}{a_0} \cdot \dfrac{1}{x^n}\right)}{b_0 x^m\left(1 + \dfrac{b_1}{b_0} \cdot \dfrac{1}{x} + \cdots + \dfrac{b_m}{b_0} \cdot \dfrac{1}{x^m}\right)}$

$$= \lim_{x \to \infty} x^{n-m} \cdot \dfrac{a_0\left(1 + \dfrac{a_1}{a_0} \cdot \dfrac{1}{x} + \cdots + \dfrac{a_n}{a_0} \cdot \dfrac{1}{x^n}\right)}{b_0\left(1 + \dfrac{b_1}{b_0} \cdot \dfrac{1}{x} + \cdots + \dfrac{b_m}{b_0} \cdot \dfrac{1}{x^m}\right)}$$

$$\lim_{x \to \infty} x^{n-m} = \begin{cases} 1 & (n = m) \\ \infty & (n > m) \\ 0 & (n < m) \end{cases} \text{より,}$$

$$\lim_{x \to \infty} \dfrac{a_0 x^n + a_1 x^{n-1} + \cdots + a_n}{b_0 x^m + b_1 x^{m-1} + \cdots + b_m}$$

$$= \begin{cases} \dfrac{a_0}{b_0} & (n = m) \\ 0 & (n < m) \\ \pm\infty & (n > m) \end{cases} \text{ただし,} \begin{cases} a_0 b_0 > 0 \text{ のとき, } +\infty \\ a_0 b_0 < 0 \text{ のとき, } -\infty \end{cases}$$

$$(\text{答}) \begin{cases} \dfrac{a_0}{b_0} & (n = m) \\ 0 & (n < m) \\ \pm\infty & (n > m) \end{cases} \text{ただし,} \begin{cases} a_0 b_0 > 0 \text{ のとき, } +\infty \\ a_0 b_0 < 0 \text{ のとき, } -\infty \end{cases}$$

別解 ▷ (2) 後述するロピタルの定理より

$$\lim_{x \to 0} \frac{a^x - b^x}{x} = \lim_{x \to 0} \frac{a^x \log_e a - b^x \log_e b}{1} = \log_e a - \log_e b = \log_e \frac{a}{b}$$

(2) 逆三角関数

重要 逆三角関数の基本性質とグラフ

逆三角関数	定義域	値域（主値）
逆正弦関数 $y = \sin^{-1} x$	$-1 \leqq x \leqq 1$	$-\dfrac{\pi}{2} \leqq y \leqq \dfrac{\pi}{2}$
逆余弦関数 $y = \cos^{-1} x$	$-1 \leqq x \leqq 1$	$0 \leqq y \leqq \pi$
逆正接関数 $y = \tan^{-1} x$	$-\infty < x < \infty$	$-\dfrac{\pi}{2} < y < \dfrac{\pi}{2}$

Memo
逆三角関数は, $\sin^{-1} x$, $\cos^{-1} x$, $\tan^{-1} x$ のほかに, それぞれ $\arcsin x$, $\arccos x$, $\arctan x$ と表記することもある。

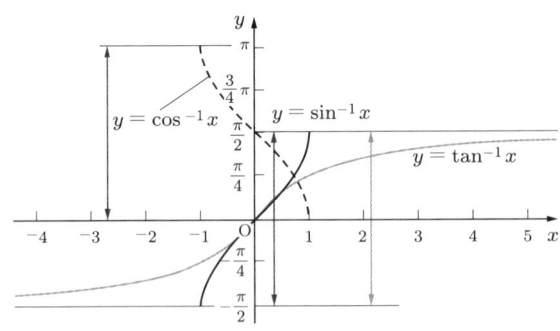

図 1.1

例 2 $y = \sin^{-1} x$ は，$-1 \leqq x \leqq 1$ で単調増加，原点を通る奇関数である（図 1.2）．おもな値は，つぎのとおり．

$$\sin^{-1}(-1) = -\frac{\pi}{2}, \quad \sin^{-1}\left(-\frac{1}{2}\right) = -\frac{\pi}{6},$$
$$\sin^{-1} 0 = 0, \quad \sin^{-1} \frac{1}{2} = \frac{\pi}{6},$$
$$\sin^{-1} \frac{1}{\sqrt{2}} = \frac{\pi}{4}, \quad \sin^{-1} 1 = \frac{\pi}{2}$$

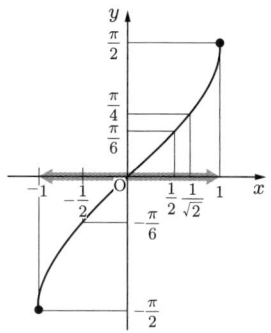

図 1.2　$y = \sin^{-1} x$

例 3 $y = \cos^{-1} x$ は，$-1 \leqq x \leqq 1$ で単調減少（図 1.3）．おもな値は，つぎのとおり．

$$\cos^{-1}(-1) = \pi, \quad \cos^{-1}\left(-\frac{1}{\sqrt{2}}\right) = \frac{3}{4}\pi,$$
$$\cos^{-1} 0 = \frac{\pi}{2}, \quad \cos^{-1}\left(\frac{1}{\sqrt{2}}\right) = \frac{\pi}{4},$$
$$\cos^{-1} 1 = 0$$

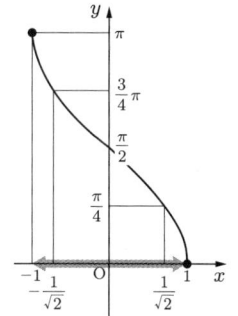

図 1.3　$y = \cos^{-1} x$

例 4 $y = \tan^{-1} x$ は，$-\infty < x < \infty$ で単調増加，$y = \pm\dfrac{\pi}{2}$ を漸近線とし，原点を通る奇関数である（図 1.4）．おもな値は，つぎのとおり．

$$\tan^{-1}(-1) = -\frac{\pi}{4}, \quad \tan^{-1} 0 = 0, \quad \tan^{-1} \frac{1}{\sqrt{3}} = \frac{\pi}{6}, \quad \tan^{-1} 1 = \frac{\pi}{4},$$

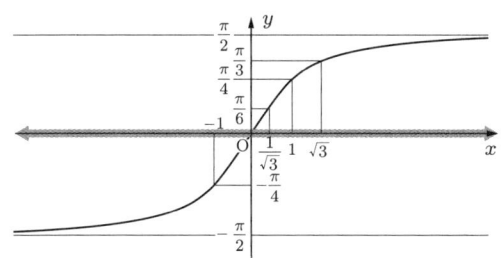

図 1.4　$y = \tan^{-1} x$

$$\tan^{-1}\sqrt{3} = \frac{\pi}{3}, \quad \lim_{x \to \infty} \tan^{-1} x = \frac{\pi}{2}, \quad \lim_{x \to -\infty} \tan^{-1} x = -\frac{\pi}{2}$$

▶**例題 7** つぎの式を満たす x の値を求めなさい．
(1) $\tan^{-1}\sqrt{5} = \cos^{-1} x$ (2) $\sin^{-1} a + \cos^{-1} a = \cos^{-1} x$

┌─▶▶考え方─────────────────────────
│ 逆三角関数を適当な変数におき換えて，三角関数の変形や計算にもちこむ．たとえば，
│ $\cos^{-1} x = A$ とおくと，$x = \cos A \ (0 \leqq A \leqq \pi)$ となる．その際，定義域や値域（主
│ 値）にも注意することが大切である．
└─────────────────────────────

解答▷ (1) $\tan^{-1}\sqrt{5} = A$ とおくと，
$$\tan A = \sqrt{5} \quad \left(0 < A < \frac{\pi}{2}\right)$$

$\cos^{-1} x = A$ より，$x = \cos A$
$1 + \tan^2 A = \dfrac{1}{\cos^2 A}$ より，$\cos A = \pm\dfrac{1}{\sqrt{6}}$
$0 < A < \dfrac{\pi}{2}$ より，$\cos A > 0$ となり，$x = \cos A = \dfrac{1}{\sqrt{6}}$ （答）$\dfrac{1}{\sqrt{6}}$

(2) $\sin^{-1} a = A$，$\cos^{-1} a = B$ とおくと，
$$a = \sin A = \cos B \quad \left(-\frac{\pi}{2} \leqq A \leqq \frac{\pi}{2}, \ 0 \leqq B \leqq \pi\right)$$

$\cos^{-1} x = A + B$ より，$x = \cos(A + B)$
$$x = \cos A \cos B - \sin A \sin B = a \cos A - a \sin B \quad \cdots ①$$
$$\cos A = \pm\sqrt{1 - \sin^2 A} = \pm\sqrt{1 - a^2}$$

$-\dfrac{\pi}{2} \leqq A \leqq \dfrac{\pi}{2}$ より，$\cos A \geqq 0$ なので，$\cos A = \sqrt{1 - a^2}$
また，$\sin B = \pm\sqrt{1 - \cos^2 B} = \pm\sqrt{1 - a^2}$
$0 \leqq B \leqq \pi$ より，$\sin B \geqq 0$ なので，$\sin B = \sqrt{1 - a^2}$
よって，これらを①に代入して，$x = a\sqrt{1 - a^2} - a\sqrt{1 - a^2} = 0$ （答）0

▶**例題 8** つぎの等式を証明しなさい．
(1) $\sin^{-1}\dfrac{16}{65} + \sin^{-1}\dfrac{5}{13} = \sin^{-1}\dfrac{3}{5}$ (2) $\tan^{-1} x + \tan^{-1} y = \tan^{-1}\dfrac{x + y}{1 - xy}$

┌─▶▶考え方─────────────────────────
│ 例題 7 と同様に，逆三角関数は適当な変数におき換えて，三角関数の計算にもちこむ．
└─────────────────────────────

解答▷ (1) $\sin^{-1}\dfrac{16}{65}=X$, $\sin^{-1}\dfrac{5}{13}=Y$ とおくと,
$$\sin X=\dfrac{16}{65}, \quad \sin Y=\dfrac{5}{13}$$
$0<X<\dfrac{\pi}{4}$, $0<Y<\dfrac{\pi}{4}$ より, $0<X+Y<\dfrac{\pi}{2}$ で, $\cos X>0$, $\cos Y>0$ なので,
$$\cos X=\sqrt{1-\sin^2 X}=\sqrt{1-\left(\dfrac{16}{65}\right)^2}=\dfrac{63}{65}$$
$$\cos Y=\sqrt{1-\sin^2 Y}=\sqrt{1-\left(\dfrac{5}{13}\right)^2}=\dfrac{12}{13}$$

> **Check!**
> $\sin^{-1}\dfrac{1}{\sqrt{2}}=\dfrac{\pi}{4}$ より,
> $x<\dfrac{1}{\sqrt{2}}\ (\fallingdotseq 0.71)$ ならば, $\sin^{-1}x<\dfrac{\pi}{4}$ である.

となる.したがって,
$$\sin(X+Y)=\sin X\cos Y+\cos X\sin Y$$
$$=\dfrac{16}{65}\cdot\dfrac{12}{13}+\dfrac{63}{65}\cdot\dfrac{5}{13}=\dfrac{3}{5}$$

$0<X+Y<\dfrac{\pi}{2}$ より,$\sin(X+Y)=\dfrac{3}{5}>0$ を満たすので,
$$X+Y=\sin^{-1}\dfrac{3}{5}$$

> **Check!**
> $0<X+Y<\dfrac{\pi}{2}$ より,逆正弦関数の主値になり得ることも確認する.

よって,$\sin^{-1}\dfrac{16}{65}+\sin^{-1}\dfrac{5}{13}=\sin^{-1}\dfrac{3}{5}$ が成り立つ.

(2) $\tan^{-1}x=X$, $\tan^{-1}y=Y$ とおくと,
$$x=\tan X, \quad y=\tan Y$$
$$\tan(X+Y)=\dfrac{\tan X+\tan Y}{1-\tan X\tan Y}=\dfrac{x+y}{1-xy}$$

すなわち,$X+Y=\tan^{-1}\dfrac{x+y}{1-xy}$

よって,$\tan^{-1}x+\tan^{-1}y=\tan^{-1}\dfrac{x+y}{1-xy}$ が成り立つ.

> **Memo**
> (2) は公式として覚えておくとよい.なお,$y=\dfrac{1}{x}$ では
> $\tan^{-1}x+\tan^{-1}\dfrac{1}{x}=\dfrac{\pi}{2}$
> となる.

▶ **例題 9★** a, b を相異なる正の実数とするとき,
$$\tan^{-1}\dfrac{a}{b}+\tan^{-1}\dfrac{a+b}{a-b} \tag{$*$}$$
を考える.ただし,すべての実数 x において,$-\dfrac{\pi}{2}<\tan^{-1}x<\dfrac{\pi}{2}$ とする.このとき,つぎの場合における($*$)の値を求めなさい.

(1) $a>b$ (2) $a<b$

第 1 章　極限に関する基本概念

> **▶考え方**
> $a > b$ と $a < b$ の場合で，$\tan^{-1}\dfrac{a}{b}$，$\tan^{-1}\dfrac{a+b}{a-b}$ がそれぞれどのような値をとり得るかを考えながら，範囲を絞りこんでいく．

解答▷ $\tan^{-1}\dfrac{a}{b} = X$，$\tan^{-1}\dfrac{a+b}{a-b} = Y$ とおくと，

$$\tan X = \frac{a}{b}, \quad \tan Y = \frac{a+b}{a-b}$$

$$\tan(X+Y) = \frac{\tan X + \tan Y}{1 - \tan X \tan Y} = \frac{\dfrac{a}{b} + \dfrac{a+b}{a-b}}{1 - \dfrac{a}{b} \cdot \dfrac{a+b}{a-b}}$$

$$= \frac{a(a-b) + b(a+b)}{b(a-b) - a(a+b)} = \frac{a^2 + b^2}{-a^2 - b^2} = -1$$

> **Check!**
> 例題 8 (2) からも
> $\tan^{-1}\dfrac{a}{b} + \tan^{-1}\dfrac{a+b}{a-b}$
> $= \tan^{-1}(-1)$
> が確認できる．

また，$-\dfrac{\pi}{2} < X < \dfrac{\pi}{2}$，$-\dfrac{\pi}{2} < Y < \dfrac{\pi}{2}$ より，$-\pi < X + Y < \pi$ で，$\tan(X+Y) = -1$ を満たす $X+Y$ は，$X+Y = -\dfrac{\pi}{4}, \dfrac{3}{4}\pi$ に限られる．

(1) $a > b$ のとき
　$X = \tan^{-1}\dfrac{a}{b}$ で，$\dfrac{a}{b} > 1$ より，$\dfrac{\pi}{4} < X < \dfrac{\pi}{2}$
　$Y = \tan^{-1}\dfrac{a+b}{a-b}$ で，$\dfrac{a+b}{a-b} > 0$ より，$0 < Y < \dfrac{\pi}{2}$
　よって，$\dfrac{\pi}{4} < X+Y < \pi$ より，$X+Y = \dfrac{3}{4}\pi$ 　　　　　（答）$\dfrac{3}{4}\pi$

(2) $a < b$ のとき
　$X = \tan^{-1}\dfrac{a}{b} > 0$ で，$0 < \dfrac{a}{b} < 1$ より，$0 < X < \dfrac{\pi}{4}$
　$Y = \tan^{-1}\dfrac{a+b}{a-b} < 0$ で，$\dfrac{a+b}{a-b} < 0$ より，$-\dfrac{\pi}{2} < Y < 0$
　よって，$-\dfrac{\pi}{2} < X+Y < \dfrac{\pi}{4}$ より，$X+Y = -\dfrac{\pi}{4}$ 　　　　（答）$-\dfrac{\pi}{4}$

参考▷ a, b に適当な数値を入れて，結果を確認してみよう．
(1) $a > b$ のとき，たとえば $a = \sqrt{3}$，$b = 1$ として，

$$\tan^{-1}\frac{a}{b} = \tan^{-1}\sqrt{3} = \frac{\pi}{3} \quad (=60°)$$

$$\tan^{-1}\frac{a+b}{a-b} = \tan^{-1}\frac{\sqrt{3}+1}{\sqrt{3}-1} = \tan^{-1}\left(2+\sqrt{3}\right) = \frac{5}{12}\pi \quad (=75°)$$

よって，$\dfrac{\pi}{3} + \dfrac{5}{12}\pi = \dfrac{3}{4}\pi$，すなわち，$60° + 75° = 135°$ となる．

> **Check!**
> $\tan^{-1}(2+\sqrt{3}) = 75°$ は，以下のように確認できる．

16

$$\tan 75° = \tan(30° + 45°) = \frac{\tan 30° + \tan 45°}{1 - \tan 30° \tan 45°} = \frac{(1/\sqrt{3}) + 1}{1 - (1/\sqrt{3})} = \frac{\sqrt{3} + 1}{\sqrt{3} - 1} = 2 + \sqrt{3}$$

(2) $a < b$ のとき,たとえば $a = 1$, $b = \sqrt{3}$ として,

$$\tan^{-1} \frac{a}{b} = \tan^{-1} \frac{1}{\sqrt{3}} = \frac{\pi}{6} \quad (= 30°)$$

$$\tan^{-1} \frac{a+b}{a-b} = \tan^{-1} \frac{1+\sqrt{3}}{1-\sqrt{3}} = \tan^{-1}(-2-\sqrt{3}) = -\frac{5}{12}\pi \quad (= -75°)$$

よって,$\frac{\pi}{6} + \left(-\frac{5}{12}\pi\right) = -\frac{\pi}{4}$,すなわち,$30° + (-75°) = -45°$ となる.

▶▶▶ 演習問題 1

1 つぎの極限値を求めなさい.

(1) $\displaystyle\lim_{x \to \infty} x(\sqrt[x]{a} - 1) \quad (a > 0)$ (2) $\displaystyle\lim_{x \to 0} \frac{\tan^{-1} 3x}{x}$

(3★) $\displaystyle\lim_{x \to 0} \frac{\sin(3 \tan^{-1} x)}{\tan(\sin^{-1} 3x)}$

2 つぎの等式を証明しなさい.

(1) $2 \sin^{-1} \frac{5}{13} + \cos^{-1} \frac{4}{5} = \cos^{-1} \frac{116}{845}$ (2) $\tan^{-1} \frac{1}{2} + \tan^{-1} \frac{1}{5} + \tan^{-1} \frac{1}{8} = \frac{\pi}{4}$

3 つぎの等式を満たす正の整数の組 (x, y) をすべて求めなさい.

$$\tan^{-1} \frac{1}{x} + \sin^{-1} \frac{1}{\sqrt{1+y^2}} = \tan^{-1} \frac{1}{6}$$

ただし,すべての実数 θ に対して,$-\frac{\pi}{2} < \tan^{-1} \theta < \frac{\pi}{2}$.また,$0 \leqq \varphi \leqq 1$ に対して $0 \leq \sin^{-1} \varphi \leqq \frac{\pi}{2}$ とする.

▶▶▶ 演習問題 1 解答

1 ▶▶考え方

(1) は $\sqrt[x]{a} - 1 = t$,(2) は $\tan^{-1} 3x = X$ と,それぞれおき換える.(3) は (2) の結果を用いる.

解答▷ (1) $\sqrt[x]{a} - 1 = t$ とおくと,$a = (t+1)^x$ より,$x = \dfrac{\log_e a}{\log_e (t+1)}$

$x \to \infty$ のとき $t \to 0$ より,

$$\lim_{x \to \infty} x(\sqrt[x]{a} - 1) = \lim_{t \to 0} \frac{t \log_e a}{\log_e (t+1)} = \log_e a$$

(答) $\underline{\log_e a}$

Check!
$$\lim_{x \to 0} \frac{\log_e (1+x)}{x} = 1$$

第 1 章　極限に関する基本概念

(2) $\tan^{-1} 3x = X$ とおくと，$x = \dfrac{\tan X}{3}$

$x \to 0$ のとき $X \to 0$ より，$\displaystyle\lim_{x \to 0} \dfrac{\tan^{-1} 3x}{x} = \lim_{X \to 0} \dfrac{X}{\dfrac{\tan X}{3}} = 3$ 　　　　（答）3

(3) $\dfrac{\sin(3\tan^{-1} x)}{\tan(\sin^{-1} 3x)} = \dfrac{\sin(3\tan^{-1} x)}{3\tan^{-1} x} \cdot \dfrac{3\tan^{-1} x}{\sin^{-1} 3x} \cdot \dfrac{\sin^{-1} 3x}{\tan(\sin^{-1} 3x)}$

また，

$$\dfrac{3\tan^{-1} x}{\sin^{-1} 3x} = \dfrac{3\tan^{-1} x}{x} \cdot x \cdot \dfrac{3x}{\sin^{-1} 3x} \cdot \dfrac{1}{3x}$$
$$= \dfrac{\tan^{-1} x}{x} \cdot \dfrac{3x}{\sin^{-1} 3x}$$

> **Check!**
> $\displaystyle\lim_{x \to 0} \dfrac{\sin^{-1} x}{x} = 1$
> $\displaystyle\lim_{x \to 0} \dfrac{\tan^{-1} x}{x} = 1$

より

$$\dfrac{\sin(3\tan^{-1} x)}{\tan(\sin^{-1} 3x)} = \dfrac{\sin(3\tan^{-1} x)}{3\tan^{-1} x} \cdot \dfrac{\tan^{-1} x}{x} \cdot \dfrac{3x}{\sin^{-1} 3x} \cdot \dfrac{\sin^{-1} 3x}{\tan(\sin^{-1} 3x)}$$

したがって，$\displaystyle\lim_{x \to 0} \dfrac{\sin(3\tan^{-1} x)}{\tan(\sin^{-1} 3x)} = 1 \cdot 1 \cdot 1 \cdot 1 = 1$ 　　　　（答）1

2 ▶▶ **考え方**
$\sin^{-1} \dfrac{5}{13} = A$ などとおき換えてみる．

解答 ▷ (1) $\sin^{-1} \dfrac{5}{13} = A$ … ①，$\cos^{-1} \dfrac{4}{5} = B$ … ② とおいて，$\cos(2A + B) = \dfrac{116}{845}$ を示せばよい．

① より，$\sin A = \dfrac{5}{13} \left(0 < A < \dfrac{\pi}{4}\right)$ である．また，$\cos A \geqq 0$ より，$\cos A = \sqrt{1 - \sin^2 A} = \dfrac{12}{13}$ となる．

② より，$\cos B = \dfrac{4}{5} \left(0 < B < \dfrac{\pi}{4}\right)$ である．また，$\sin B \geqq 0$ より，$\sin B = \sqrt{1 - \cos^2 B} = \dfrac{3}{5}$ となる．

$$\begin{aligned}\cos(2A + B) &= \cos 2A \cos B - \sin 2A \sin B \\ &= (2\cos^2 A - 1)\cos B - 2\sin A \cos A \sin B \\ &= \left(2 \cdot \dfrac{12^2}{13^2} - 1\right)\dfrac{4}{5} - 2 \cdot \dfrac{5}{13} \cdot \dfrac{12}{13} \cdot \dfrac{3}{5} = \dfrac{116}{845}\end{aligned}$$

$0 < 2A + B < \dfrac{3}{4}\pi < \pi$ より，逆余弦関数の主値になり得るので，$2A + B = \cos^{-1} \dfrac{116}{845}$

よって，$2\sin^{-1} \dfrac{5}{13} + \cos^{-1} \dfrac{4}{5} = \cos^{-1} \dfrac{116}{845}$ が成り立つ．

(2) $\tan^{-1}\dfrac{1}{2}=A$, $\tan^{-1}\dfrac{1}{5}=B$, $\tan^{-1}\dfrac{1}{8}=C$ とおいて，$\tan(A+B+C)=1$ を示せばよい．

$$\tan(A+B+C)=\tan\{(A+B)+C\}=\dfrac{\tan(A+B)+\tan C}{1-\tan(A+B)\tan C}$$

ここで，$\tan(A+B)=\dfrac{\tan A+\tan B}{1-\tan A\tan B}=\dfrac{\dfrac{1}{2}+\dfrac{1}{5}}{1-\dfrac{1}{2}\cdot\dfrac{1}{5}}=\dfrac{7}{9}$，$\tan C=\dfrac{1}{8}$ を上式に代入すると，$\tan(A+B+C)=\dfrac{\dfrac{7}{9}+\dfrac{1}{8}}{1-\dfrac{7}{9}\cdot\dfrac{1}{8}}=1$ を確認できる．

よって，

$$\tan^{-1}\dfrac{1}{2}+\tan^{-1}\dfrac{1}{5}+\tan^{-1}\dfrac{1}{8}=\dfrac{\pi}{4}$$

が成り立つ．

なお，$\dfrac{\pi}{6}=\tan^{-1}\dfrac{1}{\sqrt{3}}\fallingdotseq\tan^{-1}(0.577)$ より，$0<A<\dfrac{\pi}{6}$，$0<B<\dfrac{\pi}{6}$，$0<C<\dfrac{\pi}{6}$ で，$0<A+B+C<\dfrac{\pi}{2}$ より，$A+B+C$ は逆正接関数の主値になり得る．

3 ▶▶ **考え方**
整数と関連させた逆三角関数の問題である．

解答 ▷ $\tan^{-1}\dfrac{1}{x}=X$ $\cdots$ ①, $\sin^{-1}\dfrac{1}{\sqrt{1+y^2}}=Y$ $\cdots$ ② とおく．

① より，$\tan X=\dfrac{1}{x}$

また，② より，$\sin Y=\dfrac{1}{\sqrt{1+y^2}}$

ここで，$0<\dfrac{1}{\sqrt{1+y^2}}<1$ より，$0<\sin^{-1}\dfrac{1}{\sqrt{1+y^2}}<\dfrac{\pi}{2}$ である．

すなわち，$0<Y<\dfrac{\pi}{2}$ で，$\cos Y>0$ となるので，

$$\cos Y=\sqrt{1-\sin^2 Y}=\sqrt{1-\dfrac{1}{1+y^2}}=\dfrac{|y|}{\sqrt{1+y^2}}=\dfrac{y}{\sqrt{1+y^2}} \quad (\because y>0)$$

よって，

$$\tan Y=\dfrac{\sin Y}{\cos Y}=\dfrac{1}{\sqrt{1+y^2}}\cdot\dfrac{\sqrt{1+y^2}}{y}=\dfrac{1}{y}$$

第 1 章　極限に関する基本概念

与式は，$X + Y = \tan^{-1}\dfrac{1}{6}$，すなわち，$\tan(X+Y) = \dfrac{1}{6}$ となる．

$\tan(X+Y) = \dfrac{\tan X + \tan Y}{1 - \tan X \tan Y} = \dfrac{1}{6}$ に代入して，

$$\dfrac{\dfrac{1}{x}+\dfrac{1}{y}}{1-\dfrac{1}{xy}} = \dfrac{1}{6}, \quad xy - 6x - 6y = 1\ となる．$$

上式を変形・整理して，$(x-6)(y-6) = 37$

37 は素数で，$37 = 1 \times 37 = 37 \times 1$ より

(i)　$x - 6 = 1$，$y - 6 = 37$ のとき，$(x,y) = (7, 43)$
(ii)　$x - 6 = 37$，$y - 6 = 1$ のとき，$(x,y) = (43, 7)$

（答）$(x,y) = (7, 43), (43, 7)$

Check!
$x - 6 = -1$，$y - 6 = -37$ も考えられるが，x，y は正の整数より不適である．

参考▷　上記のように，$\tan Y = \dfrac{\sin Y}{\cos Y} = \dfrac{1}{y}$ であることは，解図 1.1 より確認できる．

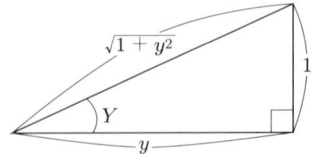

解図 1.1

Chapter 2 微分法

1 導関数の計算

▶▶ 出題傾向と学習上のポイント

導関数の計算は偏微分でも行うので，計算力の養成は確実に行いましょう．とくに，ライプニッツの定理を活用した高次導関数や，ロピタルの定理による極限値を求める問題は，比較的多く出題されているので要注意です．

また，マクローリンの定理による展開や，極限に関する問題，無限級数に関連する問題も重要です．おもな導関数や第 n 次導関数の公式は，巻末に載せていますので，適宜活用しましょう．

(1) 微分可能性

$f'(a) = \lim_{h \to 0} \dfrac{f(a+h) - f(a)}{h}$ が存在するとき，関数 $f(x)$ は $x = a$ で微分可能であるという．これは，$\lim_{h \to +0} \dfrac{f(a+h) - f(a)}{h} = \lim_{h \to -0} \dfrac{f(a+h) - f(a)}{h}$ を意味する．

Memo

$x = a$ で微分可能とは，右微分係数 $f_+'(a) = \lim_{h \to +0} \dfrac{f(a+h) - f(a)}{h}$，左微分係数 $f_-'(a) = \lim_{h \to -0} \dfrac{f(a+h) - f(a)}{h}$ の両係数が存在して，これらが一致することである．

▶ **例題1** a を正の定数とするとき，つぎの関数 $f(x)$ について，以下の問いに答えなさい．

$$f(x) = \begin{cases} |x|^a \sin \dfrac{1}{x} & (x \neq 0 \text{ のとき}) \\ 0 & (x = 0 \text{ のとき}) \end{cases}$$

(1) $f(x)$ は $x = 0$ で連続であることを示しなさい．
(2) $f(x)$ が $x = 0$ で微分可能となるような，a の値の範囲を求めなさい．

▶▶ 考え方

(1) 「関数 $f(x)$ が $x = x_1$ で連続である」とは, 「$\lim_{x \to x_1} f(x) = f(x_1)$」である.

(2) 「$x = x_1$ で微分可能である」とは, 「$\lim_{x \to x_1} \dfrac{f(x) - f(x_1)}{x - x_1}$ が存在する」である.

解答▷ (1) 定義より
$$f(0) = 0 \qquad \cdots ①$$

である. つぎに, $x \neq 0$ のとき, $\left|\sin \dfrac{1}{x}\right| \leqq 1$ より, $-|x|^a \leqq |x|^a \sin \dfrac{1}{x} \leqq |x|^a$ となる.

ここで, $\lim_{x \to 0} |x| = 0$ と $a > 0$ より, $\lim_{x \to 0} |x|^a = \lim_{x \to 0} (-|x|^a) = 0$ である.

よって, はさみうちの原理より
$$\lim_{x \to 0} |x|^a \sin \dfrac{1}{x} = 0 \qquad \cdots ②$$

①, ② より $\lim_{x \to 0} f(x) = f(0)$ が成り立つので, $f(x)$ は $x = 0$ で連続である.

(2) $f(x)$ が $x = 0$ で微分可能であるとは, 極限値 $\lim_{x \to 0} \dfrac{f(x) - f(0)}{x}$ が存在することである. これは, $\lim_{x \to +0} \dfrac{f(x) - f(0)}{x}$ $\cdots ③$ と $\lim_{x \to -0} \dfrac{f(x) - f(0)}{x}$ がともに存在し, かつ両者の値が一致することと同値である.

まず, 右からの極限 ③ について考える. $x > 0$ のとき

$$\dfrac{f(x) - f(0)}{x} = \dfrac{|x|^a \sin \dfrac{1}{x}}{x} = |x|^{a-1} \sin \dfrac{1}{x}$$

(i) $a > 1$ のとき

② より $\lim_{x \to 0} |x|^{a-1} \sin \dfrac{1}{x} = 0$, よって ③ が存在し, その値は 0 である.

(ii) $a = 1$ のとき

$\lim_{x \to 0} |x|^{a-1} \sin \dfrac{1}{x} = \lim_{x \to 0} \sin \dfrac{1}{x}$ は発散する (振動).

(iii) $0 < a < 1$ のとき, $1 - a > 0$ となって

$\lim_{x \to 0} |x|^{a-1} \sin \dfrac{1}{x} = \lim_{x \to 0} \dfrac{\sin \dfrac{1}{x}}{|x|^{1-a}}$ は発散する (振動).

よって, ③ の存在には $a > 1$ が必要である.

さらに, $a > 1$ のとき, $f(-x) = |-x|^a \sin\left(\dfrac{1}{-x}\right) = -|x|^a \sin \dfrac{1}{x} = -f(x)$ から,

$$\lim_{x \to -0} \dfrac{f(x) - f(0)}{x} = \lim_{x \to -0} \dfrac{f(x)}{x} = \lim_{t \to +0} \dfrac{f(-t)}{-t} = \lim_{t \to +0} \dfrac{f(t)}{t}$$

$$= \lim_{t \to +0} \frac{f(t) - f(0)}{t} = 0$$

すなわち，右微分係数と左微分係数が，ともに存在して一致する．
　以上より，求める a の範囲は，$a > 1$ である． 　　　　　　　　　　（答）$a > 1$

重要 関数の微分可能性に関する基本定理

▶ 平均値の定理

関数 $f(x)$ が閉区間 $[a, b]$ で連続で，開区間 (a, b) で微分可能であるとき，

$$\frac{f(b) - f(a)}{b - a} = f'(c) \quad (a < c < b)$$

となる c が，少なくとも一つ存在する．

▶ ロル（Rolle）の定理

関数 $f(x)$ が閉区間 $[a, b]$ で連続，開区間 (a, b) で微分可能で，かつ $f(a) = f(b)$ ならば，

$$f'(c) = 0 \quad (a < c < b)$$

▶ Memo
ロルの定理は，平均値の定理の特別な場合である．

となる c が，少なくとも一つ存在する．

▶ コーシー（Cauchy）の平均値の定理

関数 $f(x)$, $g(x)$ が閉区間 $[a, b]$ で連続，開区間 (a, b) で微分可能，かつ開区間 (a, b) で $g'(x) \neq 0$ とすれば，

$$\frac{f(b) - f(a)}{g(b) - g(a)} = \frac{f'(c)}{g'(c)} \quad (a < c < b)$$

となる c が，少なくとも一つ存在する．

(2) 導関数の計算

A. 逆三角関数の導関数

重要 逆三角関数の導関数

▶ $|x| < 1$ において，$\dfrac{d}{dx} \sin^{-1} x = \dfrac{1}{\sqrt{1 - x^2}}$ 　…❶

▶ $|x| < 1$ において，$\dfrac{d}{dx} \cos^{-1} x = -\dfrac{1}{\sqrt{1 - x^2}}$ 　…❷

▶ $|x| < +\infty$ において，$\dfrac{d}{dx} \tan^{-1} x = \dfrac{1}{1 + x^2}$ 　…❸

> **Memo**
> $\sin^{-1} x$ と $\tan^{-1} x$ は単調増加, $\cos^{-1} x$ は単調減少であることは, $\dfrac{d}{dx}\sin^{-1} x > 0$, $\dfrac{d}{dx}\tan^{-1} x > 0$, $\dfrac{d}{dx}\cos^{-1} x < 0$ からもわかる.

❶, ❷, ❸ の公式は（万が一忘れても），つぎのように導出できる．

❶ は $y = \sin^{-1} x$ とおいて, $x = \sin y \quad \left(-\dfrac{\pi}{2} < y < \dfrac{\pi}{2}\right)$

$$\dfrac{dx}{dy} = \cos y \text{ から}, \quad \dfrac{dy}{dx} = \dfrac{1}{\dfrac{dx}{dy}} = \dfrac{1}{\cos y}$$

$$\cos^2 y = 1 - \sin^2 y = 1 - x^2 \text{ より}, \quad \cos y = \pm\sqrt{1-\sin^2 y} = \pm\sqrt{1-x^2}$$

ただし, $-\dfrac{\pi}{2} < y < \dfrac{\pi}{2}$ より $\cos y > 0$ なので, $\cos y = \sqrt{1-x^2}$

よって, $\dfrac{dy}{dx} = \dfrac{1}{\cos y} = \dfrac{1}{\sqrt{1-x^2}}$ が得られる.

例1 公式 ❷, ❸ の導出も同様に示す．

❷ $y = \cos^{-1} x$ とおいて, $x = \cos y \quad (0 < y < \pi)$

$$\dfrac{dx}{dy} = -\sin y \text{ から}, \quad \dfrac{dy}{dx} = \dfrac{1}{\dfrac{dx}{dy}} = -\dfrac{1}{\sin y}$$

$$\sin^2 y = 1 - \cos^2 y = 1 - x^2 \text{ より } \sin y = \pm\sqrt{1-x^2}$$

ただし, $0 < y < \pi$ より $\sin y > 0$ なので, $\sin y = \sqrt{1-x^2}$

よって, $\dfrac{dy}{dx} = -\dfrac{1}{\sin y} = -\dfrac{1}{\sqrt{1-x^2}}$ が得られる.

❸ $y = \tan^{-1} x$ とおいて, $x = \tan y \quad \left(-\dfrac{\pi}{2} < y < \dfrac{\pi}{2}\right)$

$$\dfrac{dx}{dy} = \dfrac{1}{\cos^2 y}, \quad \dfrac{dy}{dx} = \dfrac{1}{\dfrac{dx}{dy}} = \cos^2 y = \dfrac{1}{1+\tan^2 y} = \dfrac{1}{1+x^2} \text{ が得られる.}$$

▶ **例題2** つぎの導関数をそれぞれ求めなさい．

(1) $y = x^{\sin^{-1} x}$ (2) $y = \sin^{-1}(\cos x)$ (3) $y = \tan^{-1}\dfrac{a\sin x + b\cos x}{a\cos x - b\sin x}$

> ▶▶ **考え方**
> 逆三角関数の導関数の公式を用いる.

解答▷ (1) 対数微分法を用いる．$\log_e y = \sin^{-1} x \cdot \log_e x$ より，$\dfrac{y'}{y} = \dfrac{\log_e x}{\sqrt{1-x^2}} + \dfrac{\sin^{-1} x}{x}$

したがって，$y' = x^{\sin^{-1} x}\left(\dfrac{\log_e x}{\sqrt{1-x^2}} + \dfrac{\sin^{-1} x}{x}\right)$ （答）$x^{\sin^{-1} x}\left(\dfrac{\log_e x}{\sqrt{1-x^2}} + \dfrac{\sin^{-1} x}{x}\right)$

(2) $y' = \dfrac{1}{\sqrt{1-\cos^2 x}}(\cos x)' = \dfrac{-\sin x}{|\sin x|}$

(i) $\sin x > 0$，すなわち，$2n\pi < x < (2n+1)\pi$ （n は整数）のとき

$$\dfrac{d}{dx}\sin^{-1}(\cos x) = -1$$

(ii) $\sin x < 0$，すなわち，$(2n+1)\pi < x < 2(n+1)\pi$ （n は整数）のとき

$$\dfrac{d}{dx}\sin^{-1}(\cos x) = 1$$

(iii) $\sin x = 0$，すなわち，$x = n\pi$ （n は整数）のとき

　　　分母が 0 になり，導関数はなし

（答）$\begin{cases} -1 & (2n\pi < x < (2n+1)\pi) \\ 1 & ((2n+1)\pi < x < 2(n+1)\pi) \\ \text{導関数はなし} & (x = n\pi) \end{cases}$（$n$ は整数）

(3) $y' = \dfrac{1}{1 + \left(\dfrac{a\sin x + b\cos x}{a\cos x - b\sin x}\right)^2} \times \dfrac{(a\cos x - b\sin x)^2 + (a\sin x + b\cos x)^2}{(a\cos x - b\sin x)^2} = 1$

（答）1

Memo　対数微分法 （対数をとって微分する手法）

$y = f_1(x)f_2(x)\cdots f_n(x)$ に対して，対数微分法を適用する．まず，両辺の対数をとると，

$$\log_e y = \log_e f_1(x) + \log_e f_2(x) + \cdots + \log_e f_n(x)$$

両辺を微分すると，

$$\dfrac{y'}{y} = \dfrac{f_1{}'(x)}{f_1(x)} + \dfrac{f_2{}'(x)}{f_2(x)} + \cdots + \dfrac{f_n{}'(x)}{f_n(x)} = \sum_{i=1}^n \dfrac{f_i{}'(x)}{f_i(x)}$$

B. 媒介変数表示された関数の導関数

重要　媒介変数表示された関数の導関数

t を媒介変数にもつ関数 $x = x(t)$，$y = y(t)$ について，

導関数　$\dfrac{dy}{dx} = \dfrac{y'(t)}{x'(t)}$

第 2 章 微分法

> **第 2 次導関数** $\dfrac{d^2y}{dx^2} = \dfrac{y''(t)x'(t) - y'(t)x''(t)}{\{x'(t)\}^3}$

第 2 次導関数 $\dfrac{d^2y}{dx^2}$ はつぎのようにして導出できる.

$$\dfrac{d^2y}{dx^2} = \dfrac{d}{dx}\left(\dfrac{dy}{dx}\right) = \dfrac{d}{dt}\left(\dfrac{y'(t)}{x'(t)}\right)\dfrac{1}{x'(t)}$$
$$= \dfrac{y''(t)x'(t) - y'(t)x''(t)}{\{x'(t)\}^2} \dfrac{1}{x'(t)} = \dfrac{y''(t)x'(t) - y'(t)x''(t)}{\{x'(t)\}^3}$$

▶**例題 3** $t > 0$ を媒介変数にもつ曲線 $\begin{cases} x(t) = t^2 \\ y(t) = t^t \end{cases}$ について, つぎの問いに答えなさい. ただし, e を自然対数の底とします.

(1) $t = e$ における $\dfrac{dy}{dx}$ の値を求めなさい.

(2★) $t = e$ における $\dfrac{d^2y}{dx^2}$ の値を求めなさい.

▶▶考え方
重要で示した導関数の公式を用いる.

解答▷ (1) $x'(t) = 2t$ である. $y'(t)$ を求めるには, 対数微分法を用いる. $\log_e y = t \log_e t$ の両辺を微分すると, $\dfrac{y'(t)}{y} = \log_e t + 1$ となるので, $y'(t) = t^t(\log_e t + 1)$

よって, $\dfrac{dy}{dx} = \dfrac{y'(t)}{x'(t)} = \dfrac{t^t(\log_e t + 1)}{2t} = \dfrac{t^{t-1}(\log_e t + 1)}{2}$

$t = e$ を上式に代入して, $\dfrac{dy}{dx} = \dfrac{e^{e-1}(1+1)}{2} = e^{e-1}$ 　　　　　(答) $\underline{e^{e-1}}$

(2) $\dfrac{d^2y}{dx^2} = \dfrac{y''(t)x'(t) - y'(t)x''(t)}{\{x'(t)\}^3}$

$x'(t) = 2t$, $x''(t) = 2$, $y'(t) = t^t(\log_e t + 1)$, $y''(t) = t^t(\log_e t + 1)^2 + t^t \cdot \dfrac{1}{t} = t^t(\log_e t + 1)^2 + t^{t-1}$ を上式に代入して,

$$\dfrac{d^2y}{dx^2} = \dfrac{\{t^t(\log_e t + 1)^2 + t^{t-1}\} \cdot 2t - 2t^t(\log_e t + 1)}{(2t)^3}$$
$$= \dfrac{t^{t+1}(\log_e t + 1)^2 + t^t - t^t(\log_e t + 1)}{4t^3} = \dfrac{t^{t+1}(\log_e t + 1)^2 - t^t \log_e t}{4t^3}$$

$t = e$ を代入して,

$$\frac{d^2y}{dx^2} = \frac{4e^{e+1} - e^e}{4e^3} = \frac{e^e(4e-1)}{4e^3} = \frac{e^{e-3}(4e-1)}{4} \qquad (答) \; \underline{\frac{e^{e-3}(4e-1)}{4}}$$

C. ライプニッツの定理

重要 ライプニッツの定理

$f(x)$, $g(x)$ がいずれも n 回微分可能とするとき,

$$\{f(x) \cdot g(x)\}^{(n)} = \sum_{r=0}^{n} \binom{n}{r} f^{(n-r)}(x) g^{(r)}(x)$$

$$= f^{(n)}(x)g(x) + \binom{n}{1} f^{(n-1)}(x) g'(x)$$

$$+ \binom{n}{2} f^{(n-2)}(x) g''(x) + \cdots$$

$$+ \binom{n}{r} f^{(n-r)}(x) g^{(r)}(x) + \cdots + f(x) g^{(n)}(x)$$

ここで, $f^{(n)}(x)$ は第 n 次導関数である.

Memo

$$\binom{n}{r} = {}_n C_r = \frac{n(n-1)\cdots(n-r+1)}{r!}, \quad \binom{n}{0} = 1$$

たとえば, $n = 1$ では,

$$\{f(x) \cdot g(x)\}' = \binom{1}{0} f^{(1)}(x) g^{(0)}(x) + \binom{1}{1} f^{(0)}(x) g^{(1)}(x)$$
$$= f'(x)g(x) + f(x)g'(x)$$

$n = 2$ では,

$$\{f(x) \cdot g(x)\}'' = f''(x)g(x) + 2f'(x)g'(x) + f(x)g''(x)$$

$n = 3$ では,

$$\{f(x) \cdot g(x)\}^{(3)} = f'''(x)g(x) + 3f''(x)g'(x) + 3f'(x)g''(x) + f(x)g'''(x)$$

したがって, 係数をみると, 二項定理の展開に似ていることがわかる.

例 2 つぎの関係が成り立つことを確認する.

(1) $\dfrac{d^n}{dx^n} \sin x = \sin\left(x + \dfrac{n\pi}{2}\right)$

(2) $\dfrac{d^n}{dx^n} x^\alpha = \alpha(\alpha-1)(\alpha-2)\cdots(\alpha-n+1)x^{\alpha-n}$ （α：実数）

(1) $(\sin x)' = \cos x = \sin\left(x + \dfrac{\pi}{2}\right)$, $(\sin x)'' = -\sin x = \sin\left(x + \dfrac{\pi}{2} \times 2\right)$,
$(\sin x)''' = -\cos x = \sin\left(x + \dfrac{\pi}{2} \times 3\right), \ldots, (\sin x)^{(n)} = \sin\left(x + \dfrac{n\pi}{2}\right)$

なお，$\dfrac{d^n}{dx^n}\cos x = \cos\left(x + \dfrac{n\pi}{2}\right)$ も同様に成り立つ．

(2) $(x^\alpha)' = \alpha x^{\alpha-1}, (x^\alpha)'' = \alpha(\alpha-1)x^{\alpha-2}, \ldots,$
$(x^\alpha)^{(n)} = \alpha(\alpha-1)\cdots(\alpha-n+1)x^{\alpha-n}$

▶ **例題 4** つぎの関数の第 n 次導関数を求めなさい．

(1) $y = xe^x$　　　　(2) $y = \dfrac{1-x}{1+x}$　　　　(3) $y = e^x \sin x$

▶▶ **考え方**
数学的帰納法を使うか，ライプニッツの定理で直接計算する．

解答 ▷ (1) $y = xe^x$, $y' = e^x + xe^x = (x+1)e^x$, $y'' = e^x + (x+1)e^x = (x+2)e^x$,
$y''' = e^x + (x+2)e^x = (x+3)e^x$ より，$y^{(n)} = (x+n)e^x$ と推測できる．
$n = k$，すなわち $y^{(k)} = (x+k)e^x$ が成り立つとして，

$$y^{(k+1)} = \dfrac{dy^{(k)}}{dx} = e^x + (x+k)e^x = (x+k+1)e^x$$

$n = k+1$ でも成り立つことがわかるので，$y^{(n)} = (x+n)e^x$　　（答）$(x+n)e^x$

(2) $y' = \dfrac{-2}{(1+x)^2}, y'' = \dfrac{-2(-2)}{(1+x)^3}, y''' = \dfrac{-2(-2)(-3)}{(1+x)^4}$ より，$y^{(n)} = \dfrac{(-1)^n 2 \cdot n!}{(1+x)^{n+1}}$ と推測できる．

$n = k$ で成り立つとして，

$$y^{(k+1)} = \dfrac{d}{dx}\dfrac{(-1)^k 2 \cdot k!}{(1+x)^{k+1}} = \dfrac{(-1)^k(-k-1)2 \cdot k!}{(1+x)^{k+2}} = \dfrac{(-1)^{k+1} 2 \cdot (k+1)!}{(1+x)^{k+2}}$$

$n = k+1$ でも成り立つことがわかるので，$y^{(n)} = \dfrac{(-1)^n 2 \cdot n!}{(1+x)^{n+1}}$　　（答）$\dfrac{(-1)^n 2 \cdot n!}{(1+x)^{n+1}}$

(3) $y = e^x \sin x$, $y' = (e^x \sin x)' = e^x \sin x + e^x \cos x = \sqrt{2} e^x \sin\left(x + \dfrac{\pi}{4}\right)$
$y'' = \sqrt{2} e^x \left\{\sin\left(x + \dfrac{\pi}{4}\right) + \cos\left(x + \dfrac{\pi}{4}\right)\right\} = (\sqrt{2})^2 e^x \sin\left(x + \dfrac{\pi}{4} \times 2\right)$ より
$y^{(n)} = (\sqrt{2})^n e^x \sin\left(x + \dfrac{n\pi}{4}\right)$ と推測できる．$n = k$ で成り立つとして，

$$y^{(k+1)} = \frac{d}{dx}y^{(k)} = (\sqrt{2})^k e^x \left\{ \sin\left(x + \frac{k\pi}{4}\right) + \cos\left(x + \frac{k\pi}{4}\right) \right\}$$
$$= (\sqrt{2})^k \sqrt{2} e^x \sin\left(x + \frac{k\pi}{4} + \frac{\pi}{4}\right) = (\sqrt{2})^{k+1} e^x \sin\left(x + \frac{(k+1)\pi}{4}\right)$$

$n = k+1$ でも成り立つことがわかるので，$y^{(n)} = (\sqrt{2})^n e^x \sin\left(x + \frac{n\pi}{4}\right)$

(答) $(\sqrt{2})^n e^x \sin\left(x + \frac{n\pi}{4}\right)$

別解 ▷ (1) ライプニッツの定理より

$$y^{(n)} = \sum_{r=0}^{n} \binom{n}{r} (e^x)^{(n-r)} \cdot (x)^{(r)} = \binom{n}{0}(e^x)^{(n)} x + \binom{n}{1}(e^x)^{(n-1)}(x)'$$
$$= e^x x + n e^x = (x+n) e^x$$

(2) ライプニッツの定理より

$$y^{(n)} = \sum_{r=0}^{n} \binom{n}{r} \left(\frac{1}{1+x}\right)^{(n-r)} \cdot (1-x)^{(r)}$$
$$= \binom{n}{0}\left(\frac{1}{1+x}\right)^{(n)}(1-x)$$
$$+ \binom{n}{1}\left(\frac{1}{1+x}\right)^{(n-1)}(1-x)'$$
$$= \frac{n!(-1)^n(1-x)}{(1+x)^{n+1}} + \frac{n \cdot (n-1)!(-1)^{n-1}(-1)}{(1+x)^n}$$
$$= \frac{n!(-1)^n}{(1+x)^{n+1}}(1-x+1+x) = \frac{(-1)^n 2 \cdot n!}{(1+x)^{n+1}}$$

Check!
$r \geqq 2$ では，$x^{(r)}$，$(1-x)^{(r)}$ がともに 0 になる．

▶**例題 5**★ つぎの関係式が成り立つことをそれぞれ示しなさい．

(1) $y = \sin^{-1} x$ に対して，

$$(1-x^2)y^{(n+2)} - (2n+1)xy^{(n+1)} - n^2 y^{(n)} = 0$$

(2) ルジャンドルの多項式 $P_n(x) = \frac{1}{2^n n!}\frac{d^n}{dx^n}(x^2-1)^n$ に対して，

$$(x^2-1)P_n''(x) + 2x P_n'(x) - n(n+1)P_n(x) = 0$$

▶▶**考え方**── 第 n 次導関数に関する等式の証明は，ライプニッツの定理を使うことが多いが，計算が複雑になることもあるので，丁寧かつ慎重に進める．

第 2 章 微分法

解答▷ (1) $y' = \dfrac{1}{\sqrt{1-x^2}}$ より $\sqrt{1-x^2}\,y' = 1$

両辺を x で微分すると，$-\dfrac{x}{\sqrt{1-x^2}}y' + \sqrt{1-x^2}\,y'' = 0$

よって，次式が得られる．

$$y''(1-x^2) = y'x \qquad \cdots ①$$

① の両辺を n 回微分すると，

$$(y'')^{(n)}(1-x^2) + \binom{n}{1}(y'')^{(n-1)}(-2x) + \binom{n}{2}(y'')^{(n-2)}(-2)$$
$$= (y')^{(n)} x + \binom{n}{1}(y')^{(n-1)} \cdot 1$$

となるので

$$(1-x^2)y^{(n+2)} - 2nxy^{(n+1)} - n(n-1)y^{(n)} = y^{(n+1)}x + ny^{(n)}$$

よって，$(1-x^2)y^{(n+2)} - (2n+1)xy^{(n+1)} - n^2 y^{(n)} = 0$ が成り立つ．

(2) $y = (x^2-1)^n$ とおいて，両辺を x で微分すると，$y' = n \cdot 2x(x^2-1)^{n-1}$

よって，次式が得られる．

$$(x^2-1)y' = 2nxy \qquad \cdots ②$$

② の両辺をライプニッツの定理を用いて，さらに $(n+1)$ 回微分すると，

Check!
$y^{(n)} = 2^n n!\, P_n(x)$ より，
$y^{(n+1)} = 2^n n!\, P_n{}'(x)$
$y^{(n+2)} = 2^n n!\, P_n{}''(x)$

$$②の左辺 = y^{(n+2)}(x^2-1) + (n+1)y^{(n+1)} \cdot 2x$$
$$+ \dfrac{n(n+1)}{2}y^{(n)} \cdot 2$$
$$= 2^n n!\,\{(x^2-1)P_n{}''(x) + 2(n+1)x P_n{}'(x) + n(n+1)P_n(x)\}$$

$$②の右辺 = 2ny^{(n+1)} \cdot x + 2n(n+1)y^{(n)}$$
$$= 2^n n!\,\{2n P_n{}'(x) \cdot x + 2n(n+1)P_n(x)\}$$

よって，② の両辺を $2^n n!$ で割ると，

$$(x^2-1)P_n{}''(x) + 2(n+1)x P_n{}'(x) + n(n+1)P_n(x)$$
$$= 2nx P_n{}'(x) + 2n(n+1)P_n(x)$$

整理して，$(x^2-1)P_n{}''(x) + 2x P_n{}'(x) - n(n+1)P_n(x) = 0$ が得られる．

Memo ルジャンドルの多項式

ルジャンドル (Legendre) の多項式 $P_n(x)$ は，ルジャンドルの微分方程式 $\dfrac{d}{dx}\left\{(1-x^2)\dfrac{dy}{dx}\right\} + n(n+$

1) $y=0$ の解で,ロドリゲス (Rodrigues) の公式 $P_n(x) = \dfrac{1}{2^n n!}\dfrac{d^n}{dx^n}(x^2-1)^n$ で表される.関数空間の内積に関して直交系を成すのが特徴で,物理学や応用数学などで広く活用されている.

(3) テイラーの定理とマクローリンの定理

重要 テイラーの定理

$f(x)$ が閉区間 $[a,b]$ を含むある閉区間で,n 回微分可能であるとき,

$$f(b) = f(a) + f'(a)(b-a) + \frac{f''(a)}{2!}(b-a)^2 + \cdots$$
$$+ \frac{f^{(n-1)}(a)}{(n-1)!}(b-a)^{n-1} + R_n$$
$$R_n = \frac{f^{(n)}(c)}{n!}(b-a)^n$$

となる c $(a < c < b)$ が存在する.

重要 マクローリンの定理

$f(x)$ が点 $x=0$ を含むある閉区間で,n 回微分可能であるとき,

$$f(x) = f(0) + f'(0)x + \frac{f''(0)}{2!}x^2 + \cdots + \frac{f^{(n-1)}(0)}{(n-1)!}x^{n-1} + R_n$$
$$R_n = \frac{f^{(n)}(\theta x)}{n!}x^n \quad (0 < \theta < 1)$$

と表せる.R_n をラグランジュ (Lagrange) の剰余という.

▶ **例題 6** つぎの関数にマクローリンの定理を適用しなさい.

(1) $f(x) = e^x$ (2) $f(x) = \sin x$
(3) $f(x) = (1+x)^\alpha$ (α は実数) (4) $f(x) = \log_e(1+x)$

> ▶▶ **考え方**
> 導関数を計算し,最後にラグランジュの剰余を加える.

解答▷ (1) $f'(x) = e^x, f''(x) = e^x, \ldots, f^{(n)}(x) = e^x$ から,

$$e^x = 1 + x + \frac{x^2}{2!} + \cdots + \frac{x^{n-1}}{(n-1)!} + \frac{x^n}{n!}e^{\theta x} \quad (0 < \theta < 1)$$

(答) $1 + x + \dfrac{x^2}{2!} + \cdots + \dfrac{x^{n-1}}{(n-1)!} + \dfrac{x^n}{n!}e^{\theta x}$ $(0 < \theta < 1)$

第 2 章　微分法

(2) $f'(x) = \cos x, f''(x) = -\sin x, \ldots, f^{(n)}(x) = \sin\left(x + \dfrac{n\pi}{2}\right)$ から，$f^{(2n)}(x) = (-1)^n \sin x$, $f^{(2n+1)}(x) = (-1)^n \cos x$ となって，

$$\sin x = x - \frac{x^3}{3!} + \frac{x^5}{5!} + \cdots + (-1)^{n-1}\frac{x^{2n-1}}{(2n-1)!}$$
$$+ (-1)^n \frac{x^{2n+1}}{(2n+1)!}\cos\theta x \quad (0 < \theta < 1)$$

(答)　$x - \dfrac{x^3}{3!} + \dfrac{x^5}{5!} + \cdots + (-1)^{n-1}\dfrac{x^{2n-1}}{(2n-1)!} + (-1)^n \dfrac{x^{2n+1}}{(2n+1)!}\cos\theta x \ (0 < \theta < 1)$

(3) $f'(x) = \alpha(1+x)^{\alpha-1}, f''(x) = \alpha(\alpha-1)(1+x)^{\alpha-2}, \ldots, f^{(n)}(x) = \alpha(\alpha-1)\cdots(\alpha-n+1)(1+x)^{\alpha-n}$ となって，

$$(1+x)^\alpha = 1 + \alpha x + \frac{\alpha(\alpha-1)}{2!}x^2 + \cdots + \frac{\alpha(\alpha-1)\cdots(\alpha-n+2)}{(n-1)!}x^{n-1}$$
$$+ \frac{\alpha(\alpha-1)\cdots(\alpha-n+1)}{n!}(1+\theta x)^{\alpha-n}x^n \quad (0 < \theta < 1)$$

(答)　$1 + \alpha x + \dfrac{\alpha(\alpha-1)}{2!}x^2 + \cdots + \dfrac{\alpha(\alpha-1)\cdots(\alpha-n+2)}{(n-1)!}x^{n-1}$
$+ \dfrac{\alpha(\alpha-1)\cdots(\alpha-n+1)}{n!}(1+\theta x)^{\alpha-n}x^n \quad (0 < \theta < 1)$

(4) $f'(x) = \dfrac{1}{1+x}, f''(x) = -\dfrac{1}{(1+x)^2}, f'''(x) = \dfrac{2}{(1+x)^3}, f^{(4)}(x) = -\dfrac{3\cdot 2}{(1+x)^4}, \ldots, f^{(n)}(x) = (-1)^{n-1}\dfrac{(n-1)!}{(1+x)^n}$ となって，

$$\log_e(1+x) = x - \frac{x^2}{2} + \frac{x^3}{3} + \cdots + (-1)^{n-2}\frac{x^{n-1}}{n-1}$$
$$+ (-1)^{n-1}\frac{x^n}{n}\cdot\frac{1}{(1+\theta x)^n} \quad (0 < \theta < 1)$$

(答)　$x - \dfrac{x^2}{2} + \dfrac{x^3}{3} + \cdots + (-1)^{n-2}\dfrac{x^{n-1}}{n-1} + (-1)^{n-1}\dfrac{x^n}{n}\cdot\dfrac{1}{(1+\theta x)^n} \quad (0 < \theta < 1)$

▶ **例題 7**　つぎの関数にマクローリンの定理を適用し，(1) は x^4 の項まで，(2) は x^5 の項まで求めなさい．

(1)　$f(x) = \cos^2 x$ 　　　　　　　　(2)　$f(x) = \tan x$

▶▶ **考え方**
直接導関数を求めるのが近道であるが，かなりの計算を強いられる場合がある．なお，別解では一工夫した解き方で求めている．

解答▷ (1) $f(x) = \cos^2 x$, $f'(x) = 2\cos x(-\sin x) = -\sin 2x$, $f''(x) = -2\cos 2x$,
$f'''(x) = 2^2 \sin 2x$, $f^{(4)}(x) = 2^3 \cos 2x$ より,

$$f(0) = 1, \quad f'(0) = 0, \quad f''(0) = -2, \quad f'''(0) = 0, \quad f^{(4)}(0) = 8$$

よって, $\cos^2 x = f(0) + f'(0)x + \dfrac{f''(0)}{2!}x^2 + \dfrac{f'''(0)}{3!}x^3 + \dfrac{f^{(4)}(0)}{4!}x^4$

$$= 1 + \dfrac{(-2)}{2!}x^2 + \dfrac{8}{4!}x^4 = 1 - x^2 + \dfrac{x^4}{3} \qquad \text{(答)} \ 1 - x^2 + \dfrac{x^4}{3}$$

(2) $f(x) = \tan x$, $f'(x) = \dfrac{1}{\cos^2 x} = 1 + \tan^2 x$

$f''(x) = 2\tan x(1 + \tan^2 x) = 2\tan x + 2\tan^3 x$

$f'''(x) = 2(1 + \tan^2 x) + 6\tan^2 x(1 + \tan^2 x) = 2 + 8\tan^2 x + 6\tan^4 x$

$f^{(4)}(x) = 16\tan x(1 + \tan^2 x) + 24\tan^3 x(1 + \tan^2 x)$

$\qquad = 16\tan x + 40\tan^3 x + 24\tan^5 x$

$f^{(5)}(x) = 16(1 + \tan^2 x) + 120\tan^2 x(1 + \tan^2 x) + 120\tan^4 x(1 + \tan^2 x)$ より

$$f(0) = 0, \quad f'(0) = 1, \quad f''(0) = 0, \quad f'''(0) = 2, \quad f^{(4)}(0) = 0, \quad f^{(5)}(0) = 16$$

よって, $\tan x = f(0) + f'(0)x + \dfrac{f''(0)}{2!}x^2 + \cdots + \dfrac{f^{(5)}(0)}{5!}x^5$

$$= 1 \cdot x + \dfrac{2}{3!}x^3 + \dfrac{16}{5!}x^5 = x + \dfrac{x^3}{3} + \dfrac{2}{15}x^5 \qquad \text{(答)} \ x + \dfrac{x^3}{3} + \dfrac{2}{15}x^5$$

別解▷ (1) $\cos x = 1 - \dfrac{x^2}{2!} + \dfrac{x^4}{4!} - \cdots + (-1)^n \dfrac{x^{2n}}{(2n)!} + \cdots$ より,

$$\cos 2x = 1 - \dfrac{(2x)^2}{2!} + \dfrac{(2x)^4}{4!} - \cdots + (-1)^n \dfrac{(2x)^{2n}}{(2n)!} + \cdots$$

$\cos^2 x = \dfrac{1}{2}(1 + \cos 2x)$

$= \dfrac{1}{2}\left\{1 + 1 - \dfrac{(2x)^2}{2!} + \dfrac{(2x)^4}{4!} - \cdots + (-1)^n \dfrac{(2x)^{2n}}{(2n)!} + \cdots\right\}$

$= 1 - \dfrac{1}{2} \cdot \dfrac{1}{2!}4x^2 + \dfrac{1}{2} \cdot \dfrac{2^4 x^4}{4!} + \cdots \fallingdotseq 1 - x^2 + \dfrac{x^4}{3}$

(2) $(\tan x)' = \dfrac{1}{\cos^2 x} \fallingdotseq \dfrac{1}{1 + \left(-x^2 + \dfrac{x^4}{3}\right)}$

$\qquad = 1 + x^2 - \dfrac{x^4}{3} + \left(x^2 - \dfrac{x^4}{3}\right)^2 + \cdots$

$\qquad = 1 + x^2 - \dfrac{x^4}{3} + x^4 - \dfrac{2}{3}x^6 + \dfrac{x^8}{9} + \cdots = 1 + x^2 + \dfrac{2}{3}x^4 + \cdots$

Check!
$\dfrac{1}{1-x} = 1 + x + x^2 + \cdots$
より, x を $x^2 - \dfrac{x^4}{3}$ におき換える.

第 2 章 微分法

項別積分を行って，$\tan x = x + \dfrac{x^3}{3} + \dfrac{2}{15} x^5$

Memo 項別積分

関数項級数 $f = g_1 + g_2 + \cdots = \displaystyle\sum_{n=1}^{\infty} g_n$ の積分を考えると，$\displaystyle\int f\,dx = \int g_1\,dx + \int g_2\,dx + \cdots$ となる．すなわち，項別積分とは，$\displaystyle\int \sum_{n=1}^{\infty} g_n\,dx = \sum_{m=1}^{\infty} \int g_m\,dx$ ということである．

▶ **例題 8** つぎの関数にマクローリンの定理を適用し，(1) は x^6 の項まで，(2), (3) は x^7 の項までをそれぞれ求めなさい．

(1) $\cosh x$ (2) $\sinh x$ (3) $\tanh x$

▶▶ 考え方

双曲線関数の展開で，$e^x = \displaystyle\sum_{n=0}^{\infty} \dfrac{x^n}{n!} = 1 + x + \dfrac{x^2}{2} + \dfrac{x^3}{3!} + \cdots$ より考える．

解答 ▷ $e^x = 1 + x + \dfrac{x^2}{2!} + \dfrac{x^3}{3!} + \cdots$，$e^{-x} = 1 - x + \dfrac{x^2}{2!} - \dfrac{x^3}{3!} + \cdots$ を用いて，

(1) $\cosh x = \dfrac{1}{2}(e^x + e^{-x}) = 1 + \dfrac{x^2}{2!} + \dfrac{x^4}{4!} + \dfrac{x^6}{6!} + \cdots \left(= \displaystyle\sum_{n=0}^{\infty} \dfrac{x^{2n}}{(2n)!}\right)$

$$(答)\ \underline{1 + \dfrac{x^2}{2!} + \dfrac{x^4}{4!} + \dfrac{x^6}{6!}}$$

(2) $\sinh x = \dfrac{1}{2}(e^x - e^{-x}) = x + \dfrac{x^3}{3!} + \dfrac{x^5}{5!} + \dfrac{x^7}{7!} + \cdots \left(= \displaystyle\sum_{n=0}^{\infty} \dfrac{x^{2n+1}}{(2n+1)!}\right)$

$$(答)\ \underline{x + \dfrac{x^3}{3!} + \dfrac{x^5}{5!} + \dfrac{x^7}{7!}}$$

(3) $\tanh x = \dfrac{\sinh x}{\cosh x} = \sinh x \times (\cosh x)^{-1}$ で，(1) より，

$$(\cosh x)^{-1} = \left\{1 + \left(\dfrac{x^2}{2} + \dfrac{x^4}{24} + \dfrac{x^6}{720} + \cdots\right)\right\}^{-1}$$

$$= 1 - \left(\dfrac{x^2}{2} + \dfrac{x^4}{24} + \dfrac{x^6}{720} + \cdots\right) + \left(\dfrac{x^2}{2} + \dfrac{x^4}{24} + \dfrac{x^6}{720} + \cdots\right)^2$$

$$\quad - \left(\dfrac{x^2}{2} + \dfrac{x^4}{24} + \dfrac{x^6}{720} + \cdots\right)^3 + \cdots$$

$$= 1 - \left(\dfrac{x^2}{2} + \dfrac{x^4}{24} + \dfrac{x^6}{720}\right) + \left(\dfrac{x^2}{2} + \dfrac{x^4}{24}\right)^2 - \left(\dfrac{x^2}{2}\right)^3 + \cdots$$

$$= 1 - \frac{1}{2}x^2 + \frac{5}{24}x^4 - \frac{61}{720}x^6 + \cdots$$

となるから，

$$\tanh x = \left(x + \frac{x^3}{6} + \frac{x^5}{120} + \frac{x^7}{5040} + \cdots\right)\left(1 - \frac{1}{2}x^2 + \frac{5}{24}x^4 - \frac{61}{720}x^6 + \cdots\right)$$

$$= x - \frac{1}{3}x^3 + \frac{2}{15}x^5 - \frac{17}{315}x^7 + \cdots$$

(答) $x - \dfrac{1}{3}x^3 + \dfrac{2}{15}x^5 - \dfrac{17}{315}x^7$

Memo 三角関数と双曲線関数の類似性

$\sin x$ と $\sinh x$ などのように，展開した項の係数の絶対値が等しくなる．

三角関数	双曲線関数
$\sin x = x - \dfrac{x^3}{3!} + \dfrac{x^5}{5!} - \dfrac{x^7}{7!} + \cdots$	$\sinh x = x + \dfrac{x^3}{3!} + \dfrac{x^5}{5!} + \dfrac{x^7}{7!} + \cdots$
$\cos x = 1 - \dfrac{x^2}{2!} + \dfrac{x^4}{4!} - \dfrac{x^6}{6!} + \cdots$	$\cosh x = 1 + \dfrac{x^2}{2!} + \dfrac{x^4}{4!} + \dfrac{x^6}{6!} + \cdots$
$\tan x = x + \dfrac{x^3}{3} + \dfrac{2}{15}x^5 + \dfrac{17}{315}x^7 + \cdots$	$\tanh x = x - \dfrac{x^3}{3} + \dfrac{2}{15}x^5 - \dfrac{17}{315}x^7 + \cdots$

また，$\sin x$ と $\sinh x$ はともに奇関数で，すべての項の係数が正である $\sinh x$ が，x の増加ともに単調増加する（図 2.1 (a)）．$\cos x$ と $\cosh x$ はともに偶関数であるが，すべての係数が正になる $\cosh x$ が単調増加する（図 (b)）．$\tan x$ と $\tanh x$ も奇関数であるが，すべての係数が正になる $\tan x$ が単調増加する（図 (c)）．

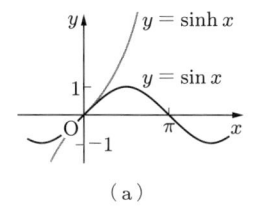

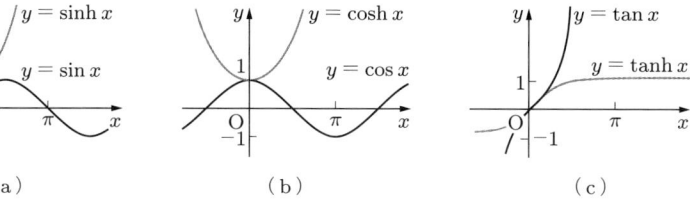

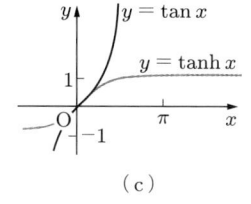

図 2.1

(4) ロピタルの定理

重要 ロピタルの定理

関数 $f(x)$，$g(x)$ がともに $x = a$ で微分可能（すなわち $x = a$ で連続），さらに，$g'(a) \neq 0$ で，$f(a) = g(a) = 0$ とする．$\displaystyle\lim_{x \to a} \frac{f'(x)}{g'(x)}$ が存在すれば，

$$\lim_{x \to a} \frac{f(x)}{g(x)} = \lim_{x \to a} \frac{f'(x)}{g'(x)} \quad \left(\text{すなわち，} \frac{0}{0} \text{ 形}\right)$$

第 2 章 微分法

が成り立つ．なお，a が $\pm\infty$ の場合でも成り立つ．

さらに，$x \to a$ で $f(x) \to \pm\infty$, $g(x) \to \pm\infty$ $\left(\text{すなわち，} \dfrac{\infty}{\infty} \text{形}\right)$ でも，ロピタル (de l'Hospital) の定理が適用できる．

▶ **例題 9** つぎの極限値を求めなさい．

(1) $\displaystyle\lim_{x \to 0} \frac{x - \sin x}{x^3}$ (2) $\displaystyle\lim_{x \to 0} \frac{\log_e \cos(\alpha x)}{\log_e \cos(\beta x)}$ (3) $\displaystyle\lim_{x \to \infty} x \log_e \frac{x-1}{x+1}$

(4) $\displaystyle\lim_{x \to \infty} x^{\frac{1}{x}}$ (5★) $\displaystyle\lim_{x \to 0} \left(\frac{a_1{}^x + \cdots + a_n{}^x}{n}\right)^{\frac{n}{x}}$ ($a_i > 0$)

▶▶ 考え方

(1), (2) は $\dfrac{0}{0}$ 形．(3), (4), (5) は変形した後で，ロピタルの定理を適用する．

解答 ▷ (1) $\displaystyle\lim_{x \to 0} \frac{x - \sin x}{x^3} = \lim_{x \to 0} \frac{1 - \cos x}{3x^2} = \lim_{x \to 0} \frac{\sin x}{6x} = \lim_{x \to 0} \frac{\cos x}{6} = \frac{1}{6}$

$\left(\displaystyle\lim_{x \to 0} \frac{\sin x}{6x} = \frac{1}{6} \lim_{x \to 0} \frac{\sin x}{x} = \frac{1}{6} \text{ と計算してもよい}\right)$ （答）$\dfrac{1}{6}$

(2) $\displaystyle\lim_{x \to 0} \frac{\log_e \cos(\alpha x)}{\log_e \cos(\beta x)} = \lim_{x \to 0} \frac{\dfrac{-\alpha \sin \alpha x}{\cos \alpha x}}{\dfrac{-\beta \sin \beta x}{\cos \beta x}} = \lim_{x \to 0} \frac{\sin \alpha x}{\sin \beta x} \cdot \frac{\cos \beta x}{\cos \alpha x} \cdot \frac{\alpha}{\beta}$

ここで，$\displaystyle\lim_{x \to 0} \frac{\sin \alpha x}{\sin \beta x} = \lim_{x \to 0} \frac{\sin \alpha x}{\alpha x} \cdot \frac{\beta x}{\sin \beta x} \cdot \frac{\alpha}{\beta} = \frac{\alpha}{\beta}$ より，$\displaystyle\lim_{x \to 0} \frac{\log_e \cos(\alpha x)}{\log_e \cos(\beta x)} = \frac{\alpha^2}{\beta^2}$

（答）$\dfrac{\alpha^2}{\beta^2}$

(3) $\displaystyle\lim_{x \to \infty} x \log_e \frac{x-1}{x+1} = \lim_{x \to \infty} \frac{\log_e \dfrac{x-1}{x+1}}{\dfrac{1}{x}}$

$= \displaystyle\lim_{x \to \infty} \frac{\dfrac{1}{x-1} - \dfrac{1}{x+1}}{-\dfrac{1}{x^2}} = \lim_{x \to \infty} \frac{-2x^2}{(x-1)(x+1)}$

$= -2 \displaystyle\lim_{x \to \infty} \frac{1}{\left(1 - \dfrac{1}{x}\right)\left(1 + \dfrac{1}{x}\right)} = -2$ （答）-2

> **Check!**
> (3) で
> $\left(\log_e \dfrac{x-1}{x+1}\right)'$
> $= \dfrac{1}{x-1} - \dfrac{1}{x+1}$

(4) $x^{\frac{1}{x}} = e^{\log_e x^{\frac{1}{x}}} = e^{\frac{\log_e x}{x}}$ と変形できるので，

$\displaystyle\lim_{x \to \infty} x^{\frac{1}{x}} = \lim_{x \to \infty} e^{\frac{\log_e x}{x}} = \lim_{x \to \infty} e^{\frac{1}{x}} = 1$ （答）1

(5) $\lim_{x \to 0} \left(\dfrac{a_1{}^x + \cdots + a_n{}^x}{n} \right)^{\frac{n}{x}}$ $(a_i > 0)$ において,

$$\left(\dfrac{a_1{}^x + \cdots + a_n{}^x}{n} \right)^{\frac{n}{x}} = e^{\log_e \left(\frac{a_1{}^x + \cdots + a_n{}^x}{n} \right)^{\frac{n}{x}}} = e^{\frac{n}{x} \log_e \left(\frac{a_1{}^x + \cdots + a_n{}^x}{n} \right)}$$

より, $\lim_{x \to 0} \dfrac{n}{x} \log_e \left(\dfrac{a_1{}^x + \cdots + a_n{}^x}{n} \right)$ は $\dfrac{0}{0}$ 形になるので, ロピタルの定理を適用する.

$$\lim_{x \to 0} \dfrac{n \log_e \left(\dfrac{a_1{}^x + \cdots + a_n{}^x}{n} \right)}{x}$$
$$= \lim_{x \to 0} \left(n \cdot \dfrac{n}{a_1{}^x + \cdots + a_n{}^x} \cdot \dfrac{a_1{}^x \log_e a_1 + \cdots + a_n{}^x \log_e a_n}{n} \right)$$
$$= n \cdot \dfrac{n}{n} \cdot \dfrac{\log_e a_1 + \cdots + \log_e a_n}{n}$$
$$= \log_e a_1 a_2 \cdots a_n$$

Check!
$(a^x)' = a^x \log_e a$

よって,
$$\lim_{x \to 0} \left(\dfrac{a_1{}^x + \cdots + a_n{}^x}{n} \right)^{\frac{n}{x}} = \lim_{x \to 0} e^{\frac{n}{x} \log_e \left(\frac{a_1{}^x + \cdots + a_n{}^x}{n} \right)} = e^{\log_e a_1 \cdots a_n} = a_1 a_2 \cdots a_n$$

(答) $a_1 a_2 \cdots a_n$

別解 ▷ (1) マクローリンの定理(マクローリン級数展開)を利用すると, $\sin x = x - \dfrac{x^3}{3!} + \dfrac{x^5}{5!} + \cdots$ より,

$$\lim_{x \to 0} \dfrac{x - \sin x}{x^3} = \lim_{x \to 0} \dfrac{x - \left(x - \dfrac{x^3}{3!} + \dfrac{x^5}{5!} + \cdots \right)}{x^3} = \lim_{x \to 0} \dfrac{\dfrac{1}{3!} x^3 - \dfrac{1}{5!} x^5 + \cdots}{x^3}$$
$$= \lim_{x \to 0} \left(\dfrac{1}{3!} - \dfrac{1}{5!} x^2 + \cdots \right) = \dfrac{1}{6}$$

▶ **例題 10** ★★ $A = \{a_i\}$ $(i = 1, 2, \ldots, k)$ を, 正の数からなる定まった数列とします. $x \neq 0$ である実数 x に対して, 関数 $f_A(x) = \left(\dfrac{1}{k} \displaystyle\sum_{i=1}^{k} a_i{}^x \right)^{\frac{1}{x}}$ と定義します. このとき, つぎの極限値を求めなさい.

(1) $\lim_{x \to 0} f_A(x)$ (2) $\lim_{x \to +\infty} f_A(x)$ (3) $\lim_{x \to -\infty} f_A(x)$

▶▶**考え方**
(1) はロピタルの定理を活用する(例題 9 (5) を参考にするとよい). (2), (3) は極限値をとるためには a_i $(i = 1, 2, \ldots, k)$ にどういう条件が必要かを考える.

解答 ▷ (1) $\log_e f_A(x) = \dfrac{1}{x} \log_e \dfrac{1}{k} (a_1{}^x + a_2{}^x + \cdots + a_k{}^x)$

第 2 章 微分法

$$\lim_{x \to 0} \log_e f_A(x) = \lim_{x \to 0} \frac{\log_e \frac{1}{k}(a_1{}^x + a_2{}^x + \cdots + a_k{}^x)}{x}$$

ここで，ロピタルの定理を用いると，

$$\lim_{x \to 0} \frac{\log_e \frac{1}{k}(a_1{}^x + a_2{}^x + \cdots + a_k{}^x)}{x}$$

$$= \lim_{x \to 0} \frac{1}{\frac{1}{k}(a_1{}^x + a_2{}^x + \cdots + a_k{}^x)} \times \frac{1}{k}(a_1{}^x \log_e a_1 + \cdots + a_k{}^x \log_e a_k)$$

$$= \frac{1}{k}(\log_e a_1 + \cdots + \log_e a_k) = \log_e \sqrt[k]{a_1 a_2 \cdots a_k}$$

ゆえに，$\displaystyle\lim_{x \to 0} f_A(x) = \sqrt[k]{a_1 a_2 \cdots a_k}$ （答）$\sqrt[k]{a_1 a_2 \cdots a_k}$

(2) $A = \{a_i\}$ $(i = 1, 2, \ldots, k)$ のうち，最大の数を a とする（すなわち，$a = \max\{a_1, a_2, \ldots, a_k\}$）．

$$f_A(x) = \left(\frac{1}{k} \sum_{i=1}^{k} a_i{}^x\right)^{\frac{1}{x}} \text{ より，}$$

$$\{f_A(x)\}^x = \frac{1}{k} \sum_{i=1}^{k} a_i{}^x = \frac{1}{k} \cdot a^x \cdot \sum_{i=1}^{k} \left(\frac{a_i}{a}\right)^x$$

a_i は正の数なので，$0 < \dfrac{a_i}{a} \leqq 1$ である．よって，

$$f_A(x) = \left\{\frac{1}{k} \cdot a^x \cdot \sum_{i=1}^{k} \left(\frac{a_i}{a}\right)^x\right\}^{\frac{1}{x}} = a \left\{\frac{1}{k} \sum_{i=1}^{k} \left(\frac{a_i}{a}\right)^x\right\}^{\frac{1}{x}}$$

(i) $0 < \dfrac{a_i}{a} < 1$ のとき $\displaystyle\lim_{x \to +\infty} \left(\frac{a_i}{a}\right)^x = 0$ である．

(ii) $\dfrac{a_i}{a} = 1$ のとき $\displaystyle\lim_{x \to +\infty} \left(\frac{a_i}{a}\right)^x = 1$ である．

ゆえに，$\displaystyle\lim_{x \to +\infty} f_A(x) = a \cdot \lim_{x \to +\infty} \left(\frac{l}{k}\right)^{\frac{1}{x}} = a = \max\{a_1, a_2, \ldots, a_k\}$

すなわち，$\{a_1, a_2, \ldots, a_k\}$ の最大値に収束する．ここで，l は $\displaystyle\lim_{x \to +\infty} \left(\frac{a_i}{a}\right)^x = 1$ を満たす a_i $(i = 1, 2, \ldots, k)$ の個数で，$1 \leqq l \leqq k$ である． （答）$\max\{a_1, a_2, \ldots, a_k\}$

(3) $A = \{a_i\}$ $(i = 1, 2, \ldots, k)$ のうち，最小の数を a とする（すなわち，$a = \min\{a_1, a_2, \ldots, a_k\}$）．

$\displaystyle\lim_{x \to -\infty} f_A(x)$ は $x = -y$ とおくと，$f_A(-y) = \left(\dfrac{1}{k} \displaystyle\sum_{i=1}^{k} a_i{}^{-y}\right)^{-\frac{1}{y}}$ より，

$$\{f_A(-y)\}^{-y} = \frac{1}{k}\sum_{i=1}^{k} a_i^{-y} = \frac{1}{k}\cdot a^{-y}\cdot \sum_{i=1}^{k}\left(\frac{a_i}{a}\right)^{-y}$$

a_i は正の数なので，$\frac{a_i}{a} \geqq 1$ である．よって，

$$f_A(-y) = \left\{\frac{1}{k}\cdot a^{-y}\cdot \sum_{i=1}^{k}\left(\frac{a_i}{a}\right)^{-y}\right\}^{-\frac{1}{y}} = a\left\{\frac{1}{k}\sum_{i=1}^{k}\left(\frac{a_i}{a}\right)^{-y}\right\}^{-\frac{1}{y}}$$

(i) $\frac{a_i}{a} > 1$ のとき $\displaystyle\lim_{y\to+\infty}\left(\frac{a_i}{a}\right)^{-y} = 0$ である．

(ii) $\frac{a_i}{a} = 1$ のとき $\displaystyle\lim_{y\to+\infty}\left(\frac{a_i}{a}\right)^{-y} = 1$ である．

よって，$\displaystyle\lim_{x\to-\infty} f_A(x) = \lim_{y\to+\infty} f_A(-y) = a\cdot \lim_{y\to+\infty}\left(\frac{l}{k}\right)^{-\frac{1}{y}} = a = \min\{a_1, a_2, \ldots, a_k\}$

すなわち，$\{a_1, a_2, \ldots, a_k\}$ の最小値に収束する．ここで，l は $\displaystyle\lim_{y\to+\infty}\left(\frac{a_i}{a}\right)^{-y} = 1$ を満たす a_i $(i = 1, 2, \ldots, k)$ の個数で，$1 \leqq l \leqq k$ である．　　　　　(答) $\min\{a_1, a_2, \ldots, a_k\}$

2 微分法の応用

▶▶ 出題傾向と学習上のポイント

微分法の応用として，関数の極値や最小値・最大値を求める問題や，方程式や不等式への応用などの問題に十分対応できるようにしましょう．

(1) 極値，最大値・最小値

▶ **例題 11** 楕円 $\dfrac{x^2}{a^2} + \dfrac{y^2}{b^2} = 1$ $(a > b > 0)$ 上の第 1 象限内の 1 点を P とし，P における接線が x 軸，y 軸と交わる点をそれぞれ A, B とします．

また，原点を O とするとき，つぎの問いに答えなさい．

(1) 線分 AB の長さが最小となるような点 P の座標と，線分の長さの最小値を求めなさい．

(2) 三角形 ABO の面積が最小となるような点 P の座標と，面積の最小値を求めなさい．

▶▶ 考え方

点 P の座標を $(a\cos\theta, b\sin\theta)$，もしくは (x_0, y_0) で表すことが考えられる．後者ならば，別解のように 1 変数 x_0（もしくは y_0）の極値問題になる．

解答▷ (1) 点 P の座標を $(a\cos\theta, b\sin\theta)$ とする（ただし，$0° < \theta < 90°$）．このとき，点 P における接線の方程式は，$\dfrac{\cos\theta}{a}x + \dfrac{\sin\theta}{b}y = 1$ であるので，点 A，B の座標はそれぞれ，$A\left(\dfrac{a}{\cos\theta}, 0\right)$，$B\left(0, \dfrac{b}{\sin\theta}\right)$ である．したがって，

$$AB^2 = \frac{a^2}{\cos^2\theta} + \frac{b^2}{\sin^2\theta} = (\cos^2\theta + \sin^2\theta)\left(\frac{a^2}{\cos^2\theta} + \frac{b^2}{\sin^2\theta}\right)$$
$$= (a^2 + b^2) + \left(\frac{\sin^2\theta}{\cos^2\theta}a^2 + \frac{\cos^2\theta}{\sin^2\theta}b^2\right)$$

a, b, $\sin\theta$, $\cos\theta$ はすべて正の数であるので，（相加平均）$\geqq$（相乗平均）の関係より，

$$AB^2 \geqq (a^2+b^2) + 2\sqrt{\frac{\sin^2\theta}{\cos^2\theta}a^2 \cdot \frac{\cos^2\theta}{\sin^2\theta}b^2} = (a^2+b^2) + 2ab = (a+b)^2$$

AB^2 が最小になるのは，先の不等式において等号が成立するとき，すなわち，

$$\frac{\sin^2\theta}{\cos^2\theta}a^2 = \frac{\cos^2\theta}{\sin^2\theta}b^2$$

が成り立つときである．よって，$\tan^2\theta = \dfrac{b}{a}$ のとき，AB は最小値 $a+b$ をとる．このとき，

$$\cos\theta = \sqrt{\frac{a}{a+b}}, \quad \sin\theta = \sqrt{\frac{b}{a+b}}$$

であるので，点 P の座標は $\left(\dfrac{a\sqrt{a}}{\sqrt{a+b}}, \dfrac{b\sqrt{b}}{\sqrt{a+b}}\right)$ である．

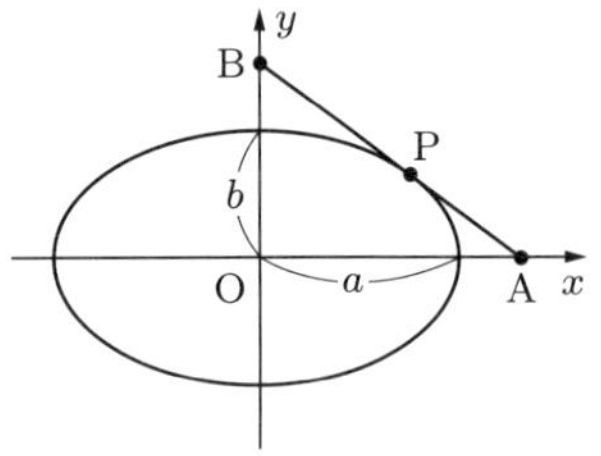

図 2.2

（答）$P\left(\dfrac{a\sqrt{a}}{\sqrt{a+b}}, \dfrac{b\sqrt{b}}{\sqrt{a+b}}\right)$ のとき，最小値 $a+b$

(2) 面積は $\dfrac{1}{2}OA \cdot OB = \dfrac{ab}{2\sin\theta\cos\theta} = \dfrac{ab}{\sin 2\theta}$ より，$\sin 2\theta = 1$ のとき，面積の最小値は ab となる．このとき，$\theta = 45°$ より，点 P の座標は $\left(\dfrac{a}{\sqrt{2}}, \dfrac{b}{\sqrt{2}}\right)$ となる．

（答）$P\left(\dfrac{a}{\sqrt{2}}, \dfrac{b}{\sqrt{2}}\right)$ のとき，最小値 ab

別解▷ (1) 対称性から第 1 象限にある点 P を考え，点 P の座標を (x_0, y_0) とする．
点 P における接線の方程式は，$\dfrac{x_0}{a^2}x + \dfrac{y_0}{b^2}y = 1$ で，点 A，B の座標は，それぞれ，$A\left(\dfrac{a^2}{x_0}, 0\right)$，$B\left(0, \dfrac{b^2}{y_0}\right)$ である．したがって，

$$AB^2 = \frac{a^4}{x_0{}^2} + \frac{b^4}{y_0{}^2} = \frac{a^4}{x_0{}^2} + \frac{a^2 b^2}{a^2 - x_0{}^2} = a^2 \left(\frac{a^2}{x_0{}^2} + \frac{b^2}{a^2 - x_0{}^2} \right)$$

ここで,$f(x_0) = \dfrac{a^2}{x_0{}^2} + \dfrac{b^2}{a^2 - x_0{}^2}$ として,

$$f'(x_0) = -\frac{2a^2}{x_0{}^3} + \frac{2b^2 x_0}{(a^2 - x_0{}^2)^2} = 2\left\{ \frac{b^2 x_0{}^4 - a^2(a^2 - x_0{}^2)^2}{x_0{}^3 (a^2 - x_0{}^2)^2} \right\} = 0$$

となる x_0 は,$0 \leqq x_0 \leqq a$ では,$x_0 = \sqrt{\dfrac{a^3}{a+b}}$(このとき,$y_0 = \sqrt{\dfrac{b^3}{a+b}}$)である.

> **Check!**
> $x_0 = \sqrt{\dfrac{a^3}{a+b}}$
> $= \sqrt{a^2 - \dfrac{a^2 b}{a+b}}$
> $< \sqrt{a^2} = a$

この x_0 に対して,$f(x_0) = \dfrac{a^2}{x_0{}^2} + \dfrac{b^2}{a^2 - x_0{}^2} = \dfrac{(a+b)^2}{a^2}$ と最小値をとる.よって,線分 AB の長さの最小値は $a+b$ となる.

(2) 方程式や不等式への応用

▶ **例題12★** つぎの方程式の実数解の数を調べなさい.n は正の整数とします.

$$ax^n - x + 1 = 0 \quad (a > 0,\ n \geqq 2)$$

> **▶▶ 考え方**
> $y = ax^n - x$ と,$y = -1$ との交点を調べる.$y' = anx^{n-1} - 1$ より,n が偶数か奇数かによって,この関数の極値のとり方,すなわち,$y = ax^n - x$ の概形が変わるので要注意.さらに,a の値によっても場合分けが必要になる.

解答▷ $y = ax^n - x$ の導関数 $y' = anx^{n-1} - 1$,$y'' = an(n-1)x^{n-2}$ について,n が奇数と偶数の場合を考える.

(i) n が奇数のとき,$y' = anx^{n-1} - 1 = 0$ より,極値をとる x の値は

> **Check!**
> $n-1$ は偶数で $y' = 0$ を満たす x は 2 個あることに注意する.

$$x_1 = -\left(\frac{1}{na}\right)^{\frac{1}{n-1}}, \quad x_2 = \left(\frac{1}{na}\right)^{\frac{1}{n-1}}$$

y は $x = x_1$ で極大値 $\dfrac{1}{a^{\frac{1}{n-1}}} \cdot \dfrac{n-1}{n^{\frac{n}{n-1}}}$,$x = x_2$ で極小値 $-\dfrac{1}{a^{\frac{1}{n-1}}} \cdot \dfrac{n-1}{n^{\frac{n}{n-1}}}$ をとる.極小値と,$y = -1$ との大小を比較すると,つぎのようになる(図 2.3 参照).

① $-\dfrac{1}{a^{\frac{1}{n-1}}} \cdot \dfrac{n-1}{n^{\frac{n}{n-1}}} < -1$,すなわち,$0 < a < \dfrac{(n-1)^{n-1}}{n^n}$ のとき 3 実数解

② $-\dfrac{1}{a^{\frac{1}{n-1}}} \cdot \dfrac{n-1}{n^{\frac{n}{n-1}}} = -1$,すなわち,$a = \dfrac{(n-1)^{n-1}}{n^n}$ のとき 2 実数解(重解含む)

③ $-\dfrac{1}{a^{\frac{1}{n-1}}}\cdot\dfrac{n-1}{n^{\frac{n}{n-1}}}>-1$, すなわち, $a>\dfrac{(n-1)^{n-1}}{n^n}$ のとき 1 実数解

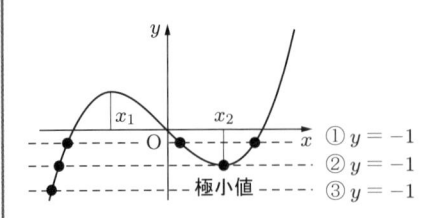

図 2.3　　　　　　　　　　　　図 2.4

(ii) n が偶数のとき, $y'=anx^{n-1}-1=0$ より, $x=x_0=\left(\dfrac{1}{na}\right)^{\frac{1}{n-1}}$ で極小値 $-\dfrac{1}{a^{\frac{1}{n-1}}}\cdot\dfrac{n-1}{n^{\frac{n}{n-1}}}$ をとる. 極小値と $y=-1$ の大小を比較すると, つぎのようになる（図 2.4 参照）.

Check!
$n-1$ は奇数で $y'=0$ を満たす x は 1 個であることに注意する.

① $-\dfrac{1}{a^{\frac{1}{n-1}}}\cdot\dfrac{n-1}{n^{\frac{n}{n-1}}}<-1$, すなわち, $0<a<\dfrac{(n-1)^{n-1}}{n^n}$ のとき 2 実数解

② $-\dfrac{1}{a^{\frac{1}{n-1}}}\cdot\dfrac{n-1}{n^{\frac{n}{n-1}}}=-1$, すなわち, $a=\dfrac{(n-1)^{n-1}}{n^n}$ のとき 1 実数解（重解）

③ $-\dfrac{1}{a^{\frac{1}{n-1}}}\cdot\dfrac{n-1}{n^{\frac{n}{n-1}}}>-1$, すなわち, $a>\dfrac{(n-1)^{n-1}}{n^n}$ のとき実数解はなし

（答）n が奇数のとき $\begin{cases} 3\text{個} & \left(0<a<\dfrac{(n-1)^{n-1}}{n^n}\right) \\ 2\text{個} & \left(a=\dfrac{(n-1)^{n-1}}{n^n}\right) \\ 1\text{個} & \left(a>\dfrac{(n-1)^{n-1}}{n^n}\right) \end{cases}$

n が偶数のとき $\begin{cases} 2\text{個} & \left(0<a<\dfrac{(n-1)^{n-1}}{n^n}\right) \\ 1\text{個} & \left(a=\dfrac{(n-1)^{n-1}}{n^n}\right) \\ 0\text{個} & \left(a>\dfrac{(n-1)^{n-1}}{n^n}\right) \end{cases}$

▶▶▶ 演習問題 2

1★ 実数全体を定義域とする関数

$$f(x) = \begin{cases} \dfrac{\sin x}{x} & (x \neq 0) \\ 1 & (x = 0) \end{cases}$$

があるとき，$f(x)$ はすべての実数 x において微分可能であり，$f(x)$ の導関数 $f'(x)$ は連続であることを証明しなさい．

2 つぎの関数の導関数を求めなさい．

(1) $y = e^{\sin x} \cos x$　　(2) $y = \dfrac{\log_e x}{e^{\sin x}}$　　(3) $y = x^{x^2}$

(4) $y = \dfrac{1}{2}\left(x\sqrt{x^2+a} + a\log_e\left|x+\sqrt{x^2+a}\right|\right)$　$(a \neq 0)$

3 つぎの関数 y に対して，$\dfrac{y'''}{y'} - \dfrac{3}{2}\left(\dfrac{y''}{y'}\right)^2$ を求めなさい．

(1) $y = \dfrac{ax+b}{cx+d}$　（a, b, c, d は定数で，$ad - bc \neq 0$）

(2) $y = 1 - x^n$　（n は定数で，$n \neq 0$）

4 a, b を定数として，$x = a\cos t + b\sin t$, $y = a\sin t - b\cos t$ のとき，$\dfrac{d^m x}{dt^m}\dfrac{d^n y}{dt^n} - \dfrac{d^n x}{dt^n}\dfrac{d^m y}{dt^m} = (a^2+b^2)\sin\dfrac{(n-m)\pi}{2}$ であることを示しなさい．ただし，m, n は自然数とする．

5 関数 $f(x) = e^{3x}\sin 2x$ について，つぎの問いに答えなさい．ただし，$f^{(n)}(x)$ は $f(x)$ の第 n 次導関数を表します．

(1) $f^{(4)}(0)$ の値を求めなさい．　　(2) $f^{(5)}(0)$ の値を求めなさい．

6 ある実数 λ に対して，$\displaystyle\lim_{x \to 0}\dfrac{\tan x - x - \lambda x^3}{x^5}$ が有限な値であるとき，つぎの問いに答えなさい．

(1) λ の値を求めなさい．

(2) λ が (1) の値をとるとき，この極限値を求めなさい．

7 図 2.5 のように，1 辺の長さが 2 の正方形 ABCD の中心 O を中心として，正方形の各辺と交わる円を描く．正方形と円の食い違う部分（図の灰色部分）の面積を最小にするような半径 r の値を求めなさい．

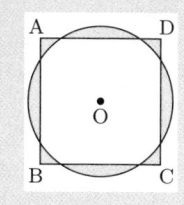

図 2.5

第 2 章 微分法

▶▶▶ 演習問題 2 解答

1 ┌ ▶▶ **考え方** ─────────────────────────
この問題は，以下の 2 項目を証明しなければならないことに注意する．
・$f(x)$ は，すべての実数 x（$x \neq 0$ と $x = 0$）において微分可能である．
・$f(x)$ の導関数 $f'(x)$ は，すべての実数 x（$x \neq 0$ と $x = 0$）において連続である．

解答▷ $x \neq 0$ のとき，$f(x)$ は微分可能で

$$f'(x) = \frac{x \cos x - \sin x}{x^2}$$

これは $x \neq 0$ において連続である．一方，$x = 0$ における微分係数 $f'(0)$ について，

$$f'(0) = \lim_{x \to 0} \frac{f(x) - f(0)}{x} = \lim_{x \to 0} \frac{1}{x}\left(\frac{\sin x}{x} - 1\right) = \lim_{x \to 0} \frac{\sin x - x}{x^2}$$
$$= \lim_{x \to 0} \frac{(\sin x - x)'}{(x^2)'} = \lim_{x \to 0} \frac{\cos x - 1}{2x} = \lim_{x \to 0} \frac{(\cos x - 1)'}{(2x)'} = \lim_{x \to 0} \frac{-\sin x}{2} = 0$$

すなわち，$x = 0$ でも微分可能で $f'(0) = 0$ がわかる．
つぎに，$x = 0$ における $f'(x)$ の連続性を調べる．

$$\lim_{x \to 0} f'(x) = \lim_{x \to 0} \frac{x \cos x - \sin x}{x^2} = \lim_{x \to 0} \frac{(x \cos x - \sin x)'}{(x^2)'}$$
$$= \lim_{x \to 0} \frac{\cos x - x \sin x - \cos x}{2x} = \lim_{x \to 0} \frac{-\sin x}{2} = 0 = f'(0)$$

よって，$f'(x)$ は $x = 0$ で連続である．
以上より，すべての x について $f(x)$ は微分可能であり，導関数 $f'(x)$ は連続であることが示された．

参考▷ $y = \dfrac{\sin x}{x}$ $(= \mathrm{sinc}(x))$ のグラフを解図 2.1 に示す．なお，$\dfrac{\sin x}{x}$ はシンク関数とよばれ，デジタル信号処理への応用で使われる．$\mathrm{sinc}\,(x)$ とも表記される．

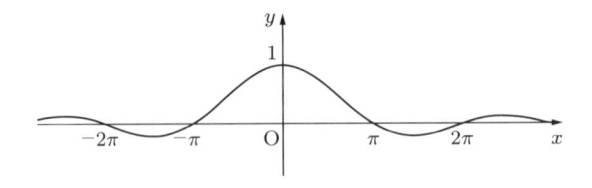

解図 2.1

2 ┌ ▶▶ **考え方** ─────────────────────────
関数の積や商に関する導関数の公式などを活用する．

解答▷ (1) $y' = e^{\sin x}\cos^2 x - e^{\sin x}\sin x = e^{\sin x}(\cos^2 x - \sin x)$

(答) $\underline{e^{\sin x}(\cos^2 x - \sin x)}$

(2) $y' = \dfrac{\dfrac{1}{x}e^{\sin x} - \log_e x \cdot e^{\sin x}\cos x}{e^{2\sin x}} = \dfrac{1 - x\log_e x \cdot \cos x}{xe^{\sin x}}$

(答) $\underline{\dfrac{1 - x\log_e x \cdot \cos x}{xe^{\sin x}}}$

(3) 対数微分法を用いる．両辺の底を e とする対数をとると，

$$\log_e y = x^2 \log_e x$$

両辺を x について微分すれば，

$$\dfrac{y'}{y} = 2x\log_e x + x^2 \cdot \dfrac{1}{x} = 2x\log_e x + x = x(2\log_e x + 1)$$

$$y' = yx(2\log_e x + 1) = x^{x^2}x(2\log_e x + 1) = x^{x^2+1}(2\log_e x + 1)$$

(答) $\underline{x^{x^2+1}(2\log_e x + 1)}$

(4) $y' = \dfrac{1}{2}\left(\sqrt{x^2+a} + x\dfrac{2x}{2\sqrt{x^2+a}} + a\dfrac{1+\dfrac{2x}{2\sqrt{x^2+a}}}{x+\sqrt{x^2+a}}\right)$

$= \dfrac{1}{2}\left(\dfrac{2x^2+a}{\sqrt{x^2+a}} + a\dfrac{1}{\sqrt{x^2+a}}\right) = \sqrt{x^2+a}$

(答) $\underline{\sqrt{x^2+a}}$

> **Memo**
> (4) から，$\displaystyle\int \sqrt{x^2+a}\,dx = \dfrac{1}{2}\left(x\sqrt{x^2+a} + a\log_e\left|x+\sqrt{x^2+a}\right|\right) + C$ という不定積分の公式が導ける．ここで，C は積分定数である．

3 ▶▶ **考え方**
第 3 次導関数まで丁寧に計算を進めていく．

解答▷ (1) $y' = \dfrac{ad-bc}{(cx+d)^2},\ y'' = -\dfrac{2c(ad-bc)}{(cx+d)^3}$,

$y''' = \dfrac{6c^2(ad-bc)}{(cx+d)^4}$ より，

$\dfrac{y'''}{y'} = \dfrac{6c^2(ad-bc)}{(cx+d)^4} \cdot \dfrac{(cx+d)^2}{ad-bc} = \dfrac{6c^2}{(cx+d)^2}$

$\left(\dfrac{y''}{y'}\right)^2 = \left\{-\dfrac{2c(ad-bc)}{(cx+d)^3} \cdot \dfrac{(cx+d)^2}{ad-bc}\right\}^2$

> **Check!**
> (1) $y = \dfrac{ax+b}{cx+d}$
> $= \dfrac{a}{c} + \dfrac{bc-ad}{c(cx+d)}$
> より，$ad - bc = 0$ では y は定数になってしまう．

$$= \left(-\frac{2c}{cx+d}\right)^2 = \frac{4c^2}{(cx+d)^2}$$

よって，$\dfrac{y'''}{y'} - \dfrac{3}{2}\left(\dfrac{y''}{y'}\right)^2 = \dfrac{6c^2}{(cx+d)^2} - \dfrac{3}{2}\dfrac{4c^2}{(cx+d)^2} = 0$ \hfill (答) 0

(2) $y' = -nx^{n-1}$, $y'' = -n(n-1)x^{n-2}$, $y''' = -n(n-1)(n-2)x^{n-3}$ より，

$$\frac{y'''}{y'} = \frac{-n(n-1)(n-2)x^{n-3}}{-nx^{n-1}} = (n-1)(n-2)x^{-2}$$

$$\left(\frac{y''}{y'}\right)^2 = \left\{\frac{-n(n-1)x^{n-2}}{-nx^{n-1}}\right\}^2 = (n-1)^2 x^{-2}$$

よって，$\dfrac{y'''}{y'} - \dfrac{3}{2}\left(\dfrac{y''}{y'}\right)^2 = (n-1)(n-2)x^{-2} - \dfrac{3}{2}(n-1)^2 x^{-2} = -\dfrac{(n-1)(n+1)}{2x^2}$

\hfill (答) $-\dfrac{(n-1)(n+1)}{2x^2}$

参考▷ $\dfrac{y'''}{y'} - \dfrac{3}{2}\left(\dfrac{y''}{y'}\right)^2$ をシュワルツ導関数という．(1) のシュワルツ導関数は 0 であるが，(2) のシュワルツ導関数が 0 になるのは，$n = \pm 1$ のときである．

$n = 1$ のとき，$y = 1 - x$ となって，(1) の $y = \dfrac{ax+b}{cx+d}$ で，$a = -1$, $b = 1$, $c = 0$, $d = 1$ ($ad - bc = -1 \neq 0$) に相当する．

また，$n = -1$ のとき，$y = 1 - \dfrac{1}{x} = \dfrac{x-1}{x}$ となって，(1) の $y = \dfrac{ax+b}{cx+d}$ で，$a = 1$, $b = -1$, $c = 1$, $d = 0$ ($ad - bc = 1 \neq 0$) に相当する．

4 ▶▶**考え方**

$(\sin t)^{(m)} = \sin\left(t + \dfrac{m\pi}{2}\right)$, $(\cos t)^{(m)} = \cos\left(t + \dfrac{m\pi}{2}\right)$ を活用する．

解答▷ $\dfrac{d^m x}{dt^m} \dfrac{d^n y}{dt^n}$

$= \left\{a\cos\left(t + \dfrac{m\pi}{2}\right) + b\sin\left(t + \dfrac{m\pi}{2}\right)\right\}\left\{a\sin\left(t + \dfrac{n\pi}{2}\right) - b\cos\left(t + \dfrac{n\pi}{2}\right)\right\}$

$= a^2 \cos\left(t + \dfrac{m\pi}{2}\right)\sin\left(t + \dfrac{n\pi}{2}\right) - b^2 \sin\left(t + \dfrac{m\pi}{2}\right)\cos\left(t + \dfrac{n\pi}{2}\right)$

$\quad - ab\left\{\cos\left(t + \dfrac{m\pi}{2}\right)\cos\left(t + \dfrac{n\pi}{2}\right) - \sin\left(t + \dfrac{m\pi}{2}\right)\sin\left(t + \dfrac{n\pi}{2}\right)\right\}$

上式から m と n を入れ換えた $\dfrac{d^n x}{dt^n} \dfrac{d^m y}{dt^m}$ を引くと，

$\dfrac{d^m x}{dt^m}\dfrac{d^n y}{dt^n} - \dfrac{d^n x}{dt^n}\dfrac{d^m y}{dt^m} = a^2 \sin\dfrac{(n-m)\pi}{2} + b^2 \sin\dfrac{(n-m)\pi}{2}$

$\qquad\qquad = (a^2 + b^2)\sin\dfrac{(n-m)\pi}{2}$

5 ▶▶ **考え方**
高次導関数を直接計算するか，ライプニッツの定理を適用するかを考える．

解答 ▷ (1) $f'(x) = 3e^{3x}\sin 2x + e^{3x}\cdot 2\cos 2x = e^{3x}(3\sin 2x + 2\cos 2x)$
$f''(x) = 3e^{3x}(3\sin 2x + 2\cos 2x) + e^{3x}(6\cos 2x - 4\sin 2x)$
$\quad = e^{3x}(5\sin 2x + 12\cos 2x)$
$f'''(x) = 3e^{3x}(5\sin 2x + 12\cos 2x) + e^{3x}(10\cos 2x - 24\sin 2x)$
$\quad = e^{3x}(-9\sin 2x + 46\cos 2x)$
$f^{(4)}(x) = 3e^{3x}(-9\sin 2x + 46\cos 2x) + e^{3x}(-18\cos 2x - 92\sin 2x)$
$\quad = e^{3x}(-119\sin 2x + 120\cos 2x)$
より，$f^{(4)}(0) = 120$ 　　　　　　　　　　　　　　　　　　　　（答）120

(2) $f^{(5)}(x) = 3e^{3x}(-119\sin 2x + 120\cos 2x) + e^{3x}(-238\cos 2x - 240\sin 2x)$
$\quad = e^{3x}(-597\sin 2x + 122\cos 2x)$
より，$f^{(5)}(0) = 122$ 　　　　　　　　　　　　　　　　　　　　（答）122

別解 ▷ (1) ライプニッツの定理を用いると，

$$f^{(4)}(x) = (e^{3x}\cdot \sin 2x)^{(4)} = \sum_{r=0}^{4}\binom{4}{r}(e^{3x})^{(4-r)}\cdot (\sin 2x)^{(r)}$$

$$= \binom{4}{0}(e^{3x})^{(4)}\sin 2x + \binom{4}{1}(e^{3x})^{(3)}(\sin 2x)' + \binom{4}{2}(e^{3x})''(\sin 2x)''$$

$$+ \binom{4}{3}(e^{3x})'(\sin 2x)^{(3)} + \binom{4}{4}(e^{3x})(\sin 2x)^{(4)}$$

$$= 81e^{3x}\sin 2x + 4\cdot 27e^{3x}(2\cos 2x) + 6\cdot 3\cdot 3e^{3x}(-4\sin 2x)$$

$$+ 4\cdot 3e^{3x}(-8\cos 2x) + e^{3x}(16\sin 2x)$$

$$= e^{3x}(-119\sin 2x + 120\cos 2x)$$

が得られ，$f^{(4)}(0) = 120$ となる．

6 ▶▶ **考え方**
ロピタルの定理を適用する．

解答 ▷ (1) $(\tan x)' = \dfrac{1}{\cos^2 x} = 1 + \tan^2 x$ より，

$$\frac{(\tan x - x - \lambda x^3)'}{(x^5)'} = \frac{\dfrac{1}{\cos^2 x} - 1 - 3\lambda x^2}{5x^4} = \frac{\tan^2 x - 3\lambda x^2}{5x^4}$$

第 2 章　微分法

分子・分母をさらに微分して，
$$\frac{2\tan x(1+\tan^2 x)-6\lambda x}{20x^3} = \frac{\tan x+\tan^3 x-3\lambda x}{10x^3}$$

さらに微分して，
$$\frac{1+\tan^2 x+3\tan^2 x(1+\tan^2 x)-3\lambda}{30x^2} = \frac{(1-3\lambda)+4\tan^2 x+3\tan^4 x}{30x^2} \quad \cdots ①$$

$x \to 0$ で ① の分子・分母がともに 0 になるには，$1-3\lambda = 0$，すなわち $\lambda = \dfrac{1}{3}$

(答) $\dfrac{1}{3}$

(2) ① に $\lambda = \dfrac{1}{3}$ を代入して，分子・分母の微分を続けると，つぎのようになる.

$$\frac{8\tan x(1+\tan^2 x)+12\tan^3 x(1+\tan^2 x)}{60x} = \frac{8\tan x+20\tan^3 x+12\tan^5 x}{60x}$$

上式の分子・分母を微分して，
$$\frac{8(1+\tan^2 x)+60\tan^2 x(1+\tan^2 x)+60\tan^4 x(1+\tan^2 x)}{60}$$
$$= \frac{8+68\tan^2 x+120\tan^4 x+60\tan^6 x}{60} \quad \cdots ②$$

$x \to 0$ のとき ② $\to \dfrac{8}{60} = \dfrac{2}{15}$

(答) $\dfrac{2}{15}$

別解 ▷　$\tan x = x + \dfrac{1}{3}x^3 + \dfrac{2}{15}x^5 + \cdots$ を知っていれば，つぎのように解答できる.

$\tan x = x + \dfrac{1}{3}x^3 + \dfrac{2}{15}x^5 + O(x^7)$ 　($O(x^7)$：x^7 以上の項) より，

$$\frac{\tan x - x - \lambda x^3}{x^5} = \frac{x+\dfrac{1}{3}x^3+\dfrac{2}{15}x^5+O(x^7)-x-\lambda x^3}{x^5}$$
$$= \frac{\left(\dfrac{1}{3}-\lambda\right)x^3+\dfrac{2}{15}x^5+O(x^7)}{x^5}$$

である．$\lambda = \dfrac{1}{3}$ のとき，上式は $\dfrac{\dfrac{2}{15}x^5+O(x^7)}{x^5} = \dfrac{2}{15}+O(x^2)$ となる.

よって，$\lambda = \dfrac{1}{3}$ のとき，極限値 $\displaystyle\lim_{x \to 0} \dfrac{\tan x - x - \dfrac{1}{3}x^3}{x^5} = \dfrac{2}{15}$ が得られる.

7 ▶▶ **考え方**

何を変数にして，灰色部分の面積を表すかを考える．導関数から最大・最小を求める基本的な問題である.

解答▷ 解図 2.2 に示すように，辺の AD の中点を M，円周と AD とが交わる点のうち，点 A に近いほうを E，他方を F とし，∠EOM = θ（ラジアン）とおく．円の半径は，

$$r = \frac{1}{\cos\theta}$$

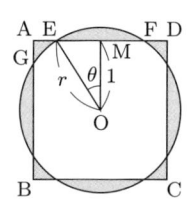

である．正方形の外にはみ出た円の部分の一つである弓形 $\stackrel{\frown}{EF}$ の面積は，

解図 2.2

$$r^2\theta - \tan\theta = \frac{\theta}{\cos^2\theta} - \tan\theta \qquad \cdots ①$$

一方，円周と AB との交点のうち，点 A に近いほうを G とすると，円の外にはみ出した正方形の部分の一つである AEG の面積は，

$$(1-\tan\theta) - \left(\frac{\pi}{4}-\theta\right)r^2 = (1-\tan\theta) - \left(\frac{\pi}{4}-\theta\right)\cdot\frac{1}{\cos^2\theta} \qquad \cdots ②$$

①，② を加えると，以下のようになり，これを $f(\theta)$ とおく．

$$f(\theta) = 1 - 2\tan\theta + \left(2\theta - \frac{\pi}{4}\right)\cdot\frac{1}{\cos^2\theta}$$

ただし，$f(\theta)$ は求める灰色部分の面積の $\frac{1}{4}$ である．

$$f'(\theta) = -\frac{2}{\cos^2\theta} + \frac{2}{\cos^2\theta} + \left(2\theta-\frac{\pi}{4}\right)(-2)\frac{(-\sin\theta)}{\cos^3\theta} = 4\left(\theta-\frac{\pi}{8}\right)\frac{\sin\theta}{\cos^3\theta}$$

θ	0	$\cdots$	$\frac{\pi}{8}$	$\cdots$	$\frac{\pi}{4}$
$f'(\theta)$	0	$-$	0	$+$	
$f(\theta)$		$\searrow$	極小	$\nearrow$	

増減表より，灰色部分の面積は，$\theta = \frac{\pi}{8}$ のとき最小になる．このとき，

$$r = \frac{1}{\cos\frac{\pi}{8}} = \frac{1}{\frac{\sqrt{2+\sqrt{2}}}{2}} = \sqrt{4-2\sqrt{2}} \ となる．\qquad （答）\underline{\sqrt{4-2\sqrt{2}}}$$

Chapter 3 積分法

1 不定積分の計算

▶ 出題傾向と学習上のポイント

不定積分は定積分法の計算やその応用，さらに，重積分のベースになりますので，確実に計算力をつけましょう．なお，本書では，原則として不定積分の積分定数は省略しますが，普段の学習や「数学検定」受検で答案を書く際には，積分定数 C を必ず書く習慣をつけましょう．不定積分（原始関数）基本公式は巻末に載せていますので，適宜活用しましょう．

(1) 三角関数による置換

▶ **例題 1** つぎの不定積分を示しなさい．

(1) $\displaystyle\int \frac{1}{\sqrt{a^2-x^2}}\,dx = \sin^{-1}\frac{x}{a}\quad (a>0)$

(2) $\displaystyle\int \sqrt{a^2-x^2}\,dx = \frac{1}{2}\left(x\sqrt{a^2-x^2}+a^2\sin^{-1}\frac{x}{a}\right)\quad (a>0)$

(3) $\displaystyle\int \frac{1}{x^2+a^2}\,dx = \frac{1}{a}\tan^{-1}\frac{x}{a}\quad (a\neq 0)$

▶▶ 考え方

被積分関数に $\sqrt{a^2-x^2}$ や x^2+a^2 を含む場合，三角関数による置換積分を行う．

解答▷ (1) $-a<x<a$ であるから，$x=a\sin\theta\ \left(-\dfrac{\pi}{2}<\theta<\dfrac{\pi}{2}\right)$ とおくと，$\cos\theta>0$，$dx=a\cos\theta\,d\theta$ より，

$$\int \frac{1}{\sqrt{a^2-x^2}}\,dx = \int \frac{a\cos\theta}{a\cos\theta}\,d\theta = \int d\theta = \theta = \sin^{-1}\frac{x}{a}$$

(2) これも (1) と同様に，$x=a\sin\theta\ \left(-\dfrac{\pi}{2}<\theta<\dfrac{\pi}{2}\right)$ とおく．

$$\int \sqrt{a^2-x^2}\,dx = a^2\int \cos^2\theta\,d\theta = \frac{a^2}{2}\int(1+\cos 2\theta)\,d\theta$$
$$= \frac{a^2}{2}\left(\theta+\frac{\sin 2\theta}{2}\right) = \frac{a^2}{2}(\theta+\sin\theta\cos\theta)$$

$\sin\theta = \dfrac{x}{a},\ \cos\theta = \sqrt{1-\dfrac{x^2}{a^2}} = \dfrac{\sqrt{a^2-x^2}}{a}\quad (\because \cos\theta>0)$ より,

$$\int \sqrt{a^2-x^2}\,dx = \frac{a^2}{2}\left(\sin^{-1}\frac{x}{a}+\frac{x}{a}\cdot\frac{\sqrt{a^2-x^2}}{a}\right)$$
$$= \frac{1}{2}\left(x\sqrt{a^2-x^2}+a^2\sin^{-1}\frac{x}{a}\right)$$

(3) $x = a\tan\theta$ とおくと, $dx = \dfrac{a}{\cos^2\theta}\,d\theta$ より,

$$\int \frac{1}{x^2+a^2}\,dx = \int \frac{\frac{a}{\cos^2\theta}\,d\theta}{a^2(1+\tan^2\theta)} = \frac{1}{a}\int d\theta = \frac{1}{a}\theta = \frac{1}{a}\tan^{-1}\frac{x}{a}$$

(2) 被積分関数に $\sin x$, $\cos x$ を含む場合

重要 $\displaystyle\int R(\sin x, \cos x)\,dx$ のパターン

$\tan\dfrac{x}{2} = t$ とおくと, $\sin x = \dfrac{2t}{1+t^2}$, $\cos x = \dfrac{1-t^2}{1+t^2}$, $dx = \dfrac{2}{1+t^2}\,dt$ となる.

上記関係式を確認してみる.
$\tan\dfrac{x}{2} = t$ で, $1+\tan^2\dfrac{x}{2} = \dfrac{1}{\cos^2\frac{x}{2}}$ より, $\cos^2\dfrac{x}{2} = \dfrac{1}{1+\tan^2\frac{x}{2}} = \dfrac{1}{1+t^2}$

したがって,
$$\cos x = 2\cos^2\frac{x}{2}-1 = \frac{2}{1+t^2}-1 = \frac{1-t^2}{1+t^2}$$

また, $\tan x = \tan\left(\dfrac{x}{2}+\dfrac{x}{2}\right) = \dfrac{2\tan\frac{x}{2}}{1-\tan^2\frac{x}{2}} = \dfrac{2t}{1-t^2} = \dfrac{\sin x}{\cos x}$ より,

$$\sin x = \tan x\cdot\cos x = \frac{2t}{1-t^2}\cdot\frac{1-t^2}{1+t^2} = \frac{2t}{1+t^2}$$

となる. $\tan\dfrac{x}{2} = t$ より $\dfrac{\frac{1}{2}dx}{\cos^2\frac{x}{2}} = dt$ である. よって,

第3章 積分法

$$dx = 2\cos^2 \frac{x}{2} dt = \frac{2}{1+t^2} dt$$

▶ **例題 2** $\displaystyle \int \frac{1}{\sin x} dx = \log_e \left| \tan \frac{x}{2} \right|$ を示しなさい．

▶▶ **考え方**
$\tan \dfrac{x}{2} = t$ とおけば，即座に解答が得られる．

解答 ▷ $\tan \dfrac{x}{2} = t$ とおくと，

$$\int \frac{1}{\sin x} dx = \int \frac{1+t^2}{2t} \cdot \frac{2}{1+t^2} dt$$
$$= \int \frac{1}{t} dt = \log_e |t| = \log_e \left| \tan \frac{x}{2} \right|$$

Check!
$\displaystyle \int \frac{\sin x}{\sin^2 x} dx$
$\displaystyle = \int \frac{\sin x}{1 - \cos^2 x} dx$
より，$\cos x = t$ とおいても計算できる．

(3) 被積分関数に $\sin^2 x$, $\cos^2 x$ を含む場合

重要 $\displaystyle \int R(\sin^2 x, \cos^2 x) \, dx$ のパターン

$\tan x = t$ とおくと，$\cos^2 x = \dfrac{1}{1+t^2}$，$\sin^2 x = \dfrac{t^2}{1+t^2}$，$dx = \dfrac{1}{1+t^2} dt$ となる．

▶ **例題 3** $\displaystyle \int \frac{1}{a\cos^2 x + b\sin^2 x} dx = \frac{1}{\sqrt{ab}} \tan^{-1} \left(\sqrt{\frac{b}{a}} \tan x \right)$ を示しなさい．ただし，$a > 0$，$b > 0$ とする．

▶▶ **考え方**
被積分関数は $\sin^2 x$, $\cos^2 x$ を含むので，$\tan x = t$ とおく．$a > 0$，$b > 0$ であることに注意する．

解答 ▷ $\tan x = t$ とおくと，$\cos^2 x = \dfrac{1}{1+t^2}$，$dx = \dfrac{dt}{1+t^2}$ より，

$$\int \frac{1}{a\cos^2 x + b\sin^2 x} dx$$
$$= \int \frac{1}{\cos^2 x (a + b\tan^2 x)} dx$$
$$= \int \frac{1+t^2}{a+bt^2} \cdot \frac{1}{1+t^2} dt = \int \frac{1}{a+bt^2} dt$$

Check!
$\displaystyle \int \frac{1}{x^2 + a^2} dx$
$\displaystyle = \frac{1}{a} \tan^{-1} \frac{x}{a} \quad (a \neq 0)$

$$= \int \frac{1}{b\left(t^2 + \frac{a}{b}\right)} dt = \frac{1}{b} \sqrt{\frac{b}{a}} \tan^{-1}\left(\sqrt{\frac{b}{a}}\, t\right) = \frac{1}{\sqrt{ab}} \tan^{-1}\left(\sqrt{\frac{b}{a}} \tan x\right)$$

▶ **例題 4** $\displaystyle \int \frac{1}{a\cos^2 x + b\sin^2 x} dx \quad (a > 0,\ b < 0)$ を求めなさい.

▶▶ **考え方**
例題 3 と同様に $\tan x = t$ とおくが,今度は $b < 0$ であることに注意する.

解答▷ $\tan x = t$ とおいて,

$$\int \frac{1}{a\cos^2 x + b\sin^2 x} dx = \int \frac{1}{a + bt^2} dt$$

$-b = b' > 0$ として,

$$= \int \frac{1}{a - b't^2} dt = \int \frac{1}{-b'\left(t^2 - \frac{a}{b'}\right)} dt$$

ここで,部分分数分解して

$$= \frac{1}{-b'} \int \left(\frac{\frac{1}{2}\sqrt{\frac{b'}{a}}}{t - \sqrt{\frac{a}{b'}}} - \frac{\frac{1}{2}\sqrt{\frac{b'}{a}}}{t + \sqrt{\frac{a}{b'}}} \right) dt = \frac{1}{-b'} \cdot \frac{1}{2} \cdot \sqrt{\frac{b'}{a}} \log_e \left| \frac{\tan x - \sqrt{\frac{a}{b'}}}{\tan x + \sqrt{\frac{a}{b'}}} \right|$$

$$= -\frac{1}{2}\sqrt{\frac{1}{-ab}} \log_e \left| \frac{\sqrt{\frac{-b}{a}} \tan x - 1}{\sqrt{\frac{-b}{a}} \tan x + 1} \right| \quad (\because b' = -b)$$

$$= \frac{1}{2\sqrt{-ab}} \log_e \left| \frac{\sqrt{\frac{-b}{a}} \tan x + 1}{\sqrt{\frac{-b}{a}} \tan x - 1} \right| \qquad \text{(答)}\ \frac{1}{2\sqrt{-ab}} \log_e \left| \frac{\sqrt{\frac{-b}{a}} \tan x + 1}{\sqrt{\frac{-b}{a}} \tan x - 1} \right|$$

(4) 被積分関数に無理関数 $\sqrt[n]{\dfrac{ax+b}{cx+d}}$ を含む場合

重要 $\displaystyle \int R\left(x,\ \sqrt[n]{\frac{ax+b}{cx+d}}\right) dx \quad (n:\text{自然数},\ ad - bc \neq 0)$ のパターン

$\sqrt[n]{\dfrac{ax+b}{cx+d}} = t$ とおくと,両辺を n 乗して $x = \dfrac{dt^n - b}{a - ct^n},\ dx = \dfrac{n(ad - bc)t^{n-1}}{(a - ct^n)^2} dt$
となる.

▶ **例題 5** $\int \dfrac{1}{(1+x)\sqrt{1-x}}\,dx = \dfrac{1}{\sqrt{2}}\log_e \left| \dfrac{\sqrt{1-x}-\sqrt{2}}{\sqrt{1-x}+\sqrt{2}} \right|$ を示しなさい．

▶▶ **考え方**
$\sqrt{1-x}=t$ とおく．

解答 ▷ $\sqrt{1-x}=t$ とおくと，$x=1-t^2$，$dx=-2t\,dt$ より，

$$\int \dfrac{dx}{(1+x)\sqrt{1-x}} = \int \dfrac{-2t}{(2-t^2)t}\,dt = \int \dfrac{2\,dt}{(t^2-2)}$$
$$= \dfrac{1}{\sqrt{2}}\int \left(\dfrac{1}{t-\sqrt{2}} - \dfrac{1}{t+\sqrt{2}}\right)dt = \dfrac{1}{\sqrt{2}}\log_e \left|\dfrac{\sqrt{1-x}-\sqrt{2}}{\sqrt{1-x}+\sqrt{2}}\right|$$

(5) 被積分関数に無理関数 $\sqrt{ax^2+bx+c}$ $(a\neq 0)$ **を含む場合**
$a>0$ の場合と，$a<0$ の場合で計算方法が異なることに注意する．

重要 $\int R(x,\sqrt{ax^2+bx+c})\,dx$ $(a>0)$ **のパターン**

$\sqrt{ax^2+bx+c}=t-\sqrt{a}\,x$ とおくと，両辺を 2 乗して $x=\dfrac{t^2-c}{b+2\sqrt{a}\,t}$，
$dx=\dfrac{2(\sqrt{a}\,t^2+bt+c\sqrt{a})}{(b+2\sqrt{a}\,t)^2}\,dt$ となる．

▶ **例題 6** つぎの不定積分を示しなさい．
(1) $\int \dfrac{1}{\sqrt{x^2+a}}\,dx = \log_e \left| x+\sqrt{x^2+a} \right|$
(2) $\int \sqrt{x^2+a}\,dx = \dfrac{1}{2}\left(x\sqrt{x^2+a} + a\log_e \left|x+\sqrt{x^2+a}\right|\right)$

▶▶ **考え方**
$\sqrt{x^2+a}=t-x$ とおく．

解答 ▷ (1) $\sqrt{x^2+a}=t-x$ とおくと，両辺を 2 乗して，$x=\dfrac{t^2-a}{2t}$ となるので，

$$\sqrt{x^2+a}=t-x=t-\dfrac{t^2-a}{2t}=\dfrac{t^2+a}{2t},\quad dx=\dfrac{t^2+a}{2t^2}\,dt$$ より，

$$\int \dfrac{1}{\sqrt{x^2+a}}\,dx = \int \dfrac{2t}{t^2+a}\cdot\dfrac{t^2+a}{2t^2}\,dt = \int \dfrac{1}{t}\,dt = \log_e |t|$$
$$= \log_e \left|x+\sqrt{x^2+a}\right|$$

1 不定積分の計算

(2) $\sqrt{x^2+a} = t-x$ とおくと，$\sqrt{x^2+a} = \dfrac{t^2+a}{2t}$，$dx = \dfrac{t^2+a}{2t^2}dt$ より，

$$\int \sqrt{x^2+a}\,dx = \int \dfrac{t^2+a}{2t}\cdot\dfrac{t^2+a}{2t^2}\,dt = \int \dfrac{t^4+2at^2+a^2}{4t^3}\,dt$$

$$= \dfrac{1}{4}\int\left(t+\dfrac{2a}{t}+\dfrac{a^2}{t^3}\right)dt = \dfrac{t^2}{8}+\dfrac{a}{2}\log_e|t|-\dfrac{a^2}{8t^2}$$

$$= \dfrac{\left(x+\sqrt{x^2+a}\right)^2}{8}+\dfrac{a}{2}\log_e\left|x+\sqrt{x^2+a}\right|-\dfrac{a^2}{8\left(x+\sqrt{x^2+a}\right)^2}$$

ここで，

$$\dfrac{\left(x+\sqrt{x^2+a}\right)^2}{8}-\dfrac{a^2}{8\left(x+\sqrt{x^2+a}\right)^2} = \dfrac{\left(x+\sqrt{x^2+a}\right)^4-a^2}{8\left(x+\sqrt{x^2+a}\right)^2}$$

$$= \dfrac{\left\{\left(x+\sqrt{x^2+a}\right)^2+a\right\}\left\{\left(x+\sqrt{x^2+a}\right)^2-a\right\}}{8\left(x+\sqrt{x^2+a}\right)^2}$$

$$= \dfrac{4x\left(x+\sqrt{x^2+a}\right)\left(x^2+a+x\sqrt{x^2+a}\right)}{8\left(x+\sqrt{x^2+a}\right)^2}$$

$$= \dfrac{x\left(x^2+a+x\sqrt{x^2+a}\right)\left(x-\sqrt{x^2+a}\right)}{2\left(x+\sqrt{x^2+a}\right)\left(x-\sqrt{x^2+a}\right)}$$

$$= \dfrac{1}{2}x\sqrt{x^2+a}$$

> **Check!**
> 有理化も忘れずに行う！

よって，$\displaystyle\int\sqrt{x^2+a}\,dx = \dfrac{1}{2}\left(x\sqrt{x^2+a}+a\log_e\left|x+\sqrt{x^2+a}\right|\right)$

別解▷ (2) 部分積分と (1) の結果を使うと，計算が楽になる．

$$\int \sqrt{x^2+a}\,dx = \int (x)'\sqrt{x^2+a}\,dx$$
$$= x\sqrt{x^2+a} - \int \dfrac{x^2}{\sqrt{x^2+a}}\,dx$$
$$= x\sqrt{x^2+a} - \int \dfrac{x^2+a-a}{\sqrt{x^2+a}}\,dx$$
$$= x\sqrt{x^2+a} - \int \sqrt{x^2+a}\,dx + \int \dfrac{a}{\sqrt{x^2+a}}\,dx$$

> **Check!**
> 部分積分 $\displaystyle\int u'v\,dx = uv - \int uv'\,dx$

第 3 章　積分法

(1) より，
$$\int \frac{1}{\sqrt{x^2+a}}\,dx = \log_e \left| x + \sqrt{x^2+a} \right|$$
を使って，
$$2\int \sqrt{x^2+a}\,dx = x\sqrt{x^2+a} + a\log_e \left| x + \sqrt{x^2+a} \right|$$
よって，$\int \sqrt{x^2+a}\,dx = \dfrac{1}{2}\left(x\sqrt{x^2+a} + a\log_e \left| x + \sqrt{x^2+a} \right| \right)$

重要 $\int R(x, \sqrt{ax^2+bx+c})\,dx \quad (a<0)$ のパターン

$ax^2 + bx + c = 0$ が二つの解（$\alpha,\ \beta\ ;\ \alpha < \beta$）をもつとして，
$$ax^2 + bx + c = a(x-\alpha)(x-\beta) = -a(x-\alpha)(\beta-x)$$
より
$$\sqrt{ax^2+bx+c} = \sqrt{-a(x-\alpha)(\beta-x)} = (x-\alpha)\sqrt{\frac{-a(\beta-x)}{x-\alpha}}$$
となって，(4) 被積分関数に無理関数 $\sqrt[r]{\dfrac{ax+b}{cx+d}}$ を含むパターンに帰着できる．

▶ **例題 7** $\displaystyle\int \frac{1}{(2+3x)\sqrt{4-x^2}}\,dx = \frac{1}{4\sqrt{2}} \log_e \left| \frac{\sqrt{2-x} - \sqrt{2(2+x)}}{\sqrt{2-x} + \sqrt{2(2+x)}} \right|$ を示しなさい．

▶▶ **考え方**
$\sqrt{4-x^2}$ があるからといって，$x = 2\sin\theta$ と置換しないようにする．

解答▷ $4 - x^2 = (2-x)(2+x) = -(x-2)(x+2)$ なので，
$$\sqrt{4-x^2} = \sqrt{-(x-2)(x+2)} = (x+2)\sqrt{\frac{2-x}{x+2}},\quad \sqrt{\frac{2-x}{x+2}} = t \text{ とおく．}$$
$x = \dfrac{2(1-t^2)}{1+t^2}$ から，$x+2 = \dfrac{4}{1+t^2}$，$dx = -\dfrac{8t}{(1+t^2)^2}\,dt$ となるので，
$$\sqrt{4-x^2} = \frac{4}{1+t^2}\cdot t = \frac{4t}{1+t^2},\quad 2+3x = 2+3\frac{2(1-t^2)}{1+t^2} = \frac{4(2-t^2)}{1+t^2} \text{ より}$$

1 不定積分の計算

$$\int \frac{1}{(2+3x)\sqrt{4-x^2}}\,dx = \int \frac{-\dfrac{8t}{(1+t^2)^2}}{\dfrac{4(2-t^2)}{1+t^2} \cdot \dfrac{4t}{1+t^2}}\,dt$$

$$= \frac{1}{2}\int \frac{1}{t^2-2}\,dt = \frac{1}{4\sqrt{2}}\log_e\left|\frac{t-\sqrt{2}}{t+\sqrt{2}}\right| = \frac{1}{4\sqrt{2}}\log_e\left|\frac{\sqrt{2-x}-\sqrt{2(x+2)}}{\sqrt{2-x}+\sqrt{2(x+2)}}\right|$$

(6) 部分分数分解

すでに部分分数分解を用いた計算は行っているが，ここで改めて説明する．

重要 部分分数分解可能パターン

有理関数 $\dfrac{f(x)}{g(x)}$ において，多項式 $f(x)$ の次数が $g(x)$ よりも低く，もし $g(x) = k(x-\alpha)^m(x^2+px+q)^n$ と因数分解できるならば $(p^2-4q<0)$，つぎのように部分分数分解できる．

$$\frac{f(x)}{g(x)} = \frac{A_1}{x-\alpha} + \frac{A_2}{(x-\alpha)^2} + \cdots + \frac{A_m}{(x-\alpha)^m}$$
$$+ \frac{B_1x+C_1}{x^2+px+q} + \frac{B_2x+C_2}{(x^2+px+q)^2} + \cdots + \frac{B_nx+C_n}{(x^2+px+q)^n}$$

▶ **例題 8** $\dfrac{x-2}{(x-1)^2(x^2-x+1)}$ を部分分数分解しなさい．

解答▷ $\dfrac{x-2}{(x-1)^2(x^2-x+1)} = \dfrac{A}{(x-1)^2} + \dfrac{B}{x-1} + \dfrac{Cx+D}{x^2-x+1}$ とおいて，分母を払うと，

$$x-2 = A(x^2-x+1) + B(x-1)(x^2-x+1) + (Cx+D)(x-1)^2$$

これから，A，B，C の値を求める．

ここで，$x=1$ を上式に代入すると，$A=-1$ を得て，これを上式に代入する．

$$x^2-1 = B(x-1)(x^2-x+1) + (Cx+D)(x-1)^2$$

よって，$x+1 = B(x^2-x+1) + (Cx+D)(x-1)$

さらに，$x=1$ を上式に代入すると，$B=2$ を得て，これを上式に代入する．

Check! 係数比較法でもよいが，計算がやや大変になる．

$$Cx+D = -2x+1$$

よって，$\dfrac{x-2}{(x-1)^2(x^2-x+1)} = -\dfrac{1}{(x-1)^2} + \dfrac{2}{x-1} + \dfrac{-2x+1}{x^2-x+1}$

(答) $-\dfrac{1}{(x-1)^2} + \dfrac{2}{x-1} + \dfrac{-2x+1}{x^2-x+1}$

第 3 章 積分法

▶**例題 9** つぎの不定積分を求めなさい.

(1) $\displaystyle\int \frac{1}{x^4-1}\, dx$
(2) $\displaystyle\int \frac{1}{1+x^3}\, dx$
(3★) $\displaystyle\int \frac{1}{1+x^4}\, dx$

解答 ▷ (1) $\dfrac{1}{x^4-1} = \dfrac{1}{2}\left(\dfrac{1}{x^2-1} - \dfrac{1}{x^2+1}\right) = \dfrac{1}{2}\left\{\dfrac{1}{2}\left(\dfrac{1}{x-1} - \dfrac{1}{x+1}\right) - \dfrac{1}{x^2+1}\right\}$

より

$$\int \frac{1}{x^4-1}\, dx = \frac{1}{2}\left\{\frac{1}{2}\log_e\left|\frac{x-1}{x+1}\right| - \tan^{-1} x\right\}$$

(答) $\underline{\dfrac{1}{2}\left\{\dfrac{1}{2}\log_e\left|\dfrac{x-1}{x+1}\right| - \tan^{-1} x\right\}}$

(2) $x^3+1 = (x+1)(x^2-x+1)$ より, $\dfrac{1}{x^3+1} = \dfrac{A}{x+1} + \dfrac{Bx+C}{x^2-x+1}$

$(A+B)x^2 + (-A+B+C)x + A+C = 1$ となるように, 係数 A, B, C を決定する.
$A+B=0$, $-A+B+C=0$, $A+C=1$ から, $A=\dfrac{1}{3}$, $B=-\dfrac{1}{3}$, $C=\dfrac{2}{3}$ となる.

$$\frac{1}{x^3+1} = \frac{1}{3}\cdot\frac{1}{x+1} - \frac{1}{3}\cdot\frac{x-2}{x^2-x+1} = \frac{1}{3}\cdot\frac{1}{x+1} - \frac{1}{6}\cdot\frac{2x-1-3}{x^2-x+1}$$
$$= \frac{1}{3}\cdot\frac{1}{x+1} - \frac{1}{6}\cdot\frac{2x-1}{x^2-x+1} + \frac{1}{2}\cdot\frac{1}{\left(x-\frac{1}{2}\right)^2 + \left(\frac{\sqrt{3}}{2}\right)^2}$$

よって,

$$\int \frac{1}{1+x^3}\, dx$$
$$= \frac{1}{3}\log_e|x+1| - \frac{1}{6}\log_e|x^2-x+1| + \frac{1}{2}\cdot\frac{1}{\frac{\sqrt{3}}{2}}\tan^{-1}\frac{x-\frac{1}{2}}{\frac{\sqrt{3}}{2}}$$
$$= \frac{1}{6}\log_e\frac{(x+1)^2}{x^2-x+1} + \frac{1}{\sqrt{3}}\tan^{-1}\frac{2x-1}{\sqrt{3}}$$

> **Check!**
> $x^2-x+1>0$ に注意する.

(答) $\underline{\dfrac{1}{6}\log_e\dfrac{(x+1)^2}{x^2-x+1} + \dfrac{1}{\sqrt{3}}\tan^{-1}\dfrac{2x-1}{\sqrt{3}}}$

(3) $x^4+1 = (x^2+1)^2 - 2x^2 = (x^2+\sqrt{2}x+1)(x^2-\sqrt{2}x+1)$ より,

$$\frac{1}{x^4+1} = \frac{\frac{1}{2\sqrt{2}}x + \frac{1}{2}}{x^2+\sqrt{2}x+1} + \frac{-\frac{1}{2\sqrt{2}}x + \frac{1}{2}}{x^2-\sqrt{2}x+1}$$
$$= \frac{1}{4\sqrt{2}}\left(\frac{2x+\sqrt{2}}{x^2+\sqrt{2}x+1} + \frac{\sqrt{2}}{x^2+\sqrt{2}x+1}\right)$$

$$
\begin{aligned}
&\quad -\frac{1}{4\sqrt{2}}\left(\frac{2x-\sqrt{2}}{x^2-\sqrt{2}x+1}-\frac{\sqrt{2}}{x^2-\sqrt{2}x+1}\right)\\
&=\frac{1}{4\sqrt{2}}\left\{\frac{2x+\sqrt{2}}{x^2+\sqrt{2}x+1}+\frac{\sqrt{2}}{\left(x+\frac{1}{\sqrt{2}}\right)^2+\left(\frac{1}{\sqrt{2}}\right)^2}\right\}\\
&\quad -\frac{1}{4\sqrt{2}}\left\{\frac{2x-\sqrt{2}}{x^2-\sqrt{2}x+1}-\frac{\sqrt{2}}{\left(x-\frac{1}{\sqrt{2}}\right)^2+\left(\frac{1}{\sqrt{2}}\right)^2}\right\}
\end{aligned}
$$

よって,
$$
\begin{aligned}
&\int \frac{1}{1+x^4}\,dx\\
&=\frac{1}{4\sqrt{2}}\log_e\frac{x^2+\sqrt{2}x+1}{x^2-\sqrt{2}x+1}\\
&\quad +\frac{1}{2\sqrt{2}}\{\tan^{-1}(\sqrt{2}x+1)+\tan^{-1}(\sqrt{2}x-1)\}\\
&=\frac{1}{4\sqrt{2}}\log_e\frac{x^2+\sqrt{2}x+1}{x^2-\sqrt{2}x+1}\\
&\quad +\frac{1}{2\sqrt{2}}\tan^{-1}\frac{\sqrt{2}x+1+\sqrt{2}x-1}{1-(\sqrt{2}x+1)(\sqrt{2}x-1)}\\
&=\frac{1}{4\sqrt{2}}\log_e\frac{x^2+\sqrt{2}x+1}{x^2-\sqrt{2}x+1}+\frac{1}{2\sqrt{2}}\tan^{-1}\frac{\sqrt{2}x}{1-x^2}
\end{aligned}
$$

(答) $\underline{\dfrac{1}{4\sqrt{2}}\log_e\dfrac{x^2+\sqrt{2}x+1}{x^2-\sqrt{2}x+1}+\dfrac{1}{2\sqrt{2}}\tan^{-1}\dfrac{\sqrt{2}x}{1-x^2}}$

> **Check!**
> $x^2-\sqrt{2}x+1>0$
> $x^2+\sqrt{2}x+1>0$
> に注意する.

> **Check!**
> $\tan^{-1}x+\tan^{-1}y$
> $=\tan^{-1}\dfrac{x+y}{1-xy}$ を使う.
> (第 1 章例題 8 (2) 参照)

(7) 漸化式

▶ **例題 10** つぎの漸化式をつくりなさい.ただし,$n>1$ とする.

(1) $I_n=\displaystyle\int \sin^n x\,dx$ 　　(2) $I_n=\displaystyle\int \tan^n x\,dx$

> ▶▶ **考え方**
> 基本的には部分積分で計算する.

解答 ▷ (1) $I_n=\displaystyle\int \sin x\sin^{n-1}x\,dx=\int(-\cos x)'\sin^{n-1}x\,dx$ と部分積分を行うと,

$$I_n=-\sin^{n-1}x\cos x+\int(n-1)\sin^{n-2}x\cos^2 x\,dx$$

$$= -\sin^{n-1} x \cos x + (n-1) \int \sin^{n-2} x (1 - \sin^2 x) \, dx$$
$$= -\sin^{n-1} x \cos x + (n-1) \int \sin^{n-2} x \, dx - (n-1) \int \sin^n x \, dx$$
$$= -\sin^{n-1} x \cos x + (n-1) I_{n-2} - (n-1) I_n$$

I_n について解くと,$I_n = -\dfrac{\sin^{n-1} x \cos x}{n} + \dfrac{n-1}{n} I_{n-2}$

$$\text{(答)}\ I_n = -\frac{\sin^{n-1} x \cos x}{n} + \frac{n-1}{n} I_{n-2}$$

(2) $(\tan^{n-1} x)' = (n-1) \tan^{n-2} x \cdot \dfrac{1}{\cos^2 x} = (n-1) \tan^{n-2} x (1 + \tan^2 x)$
$$= (n-1) \tan^{n-2} x + (n-1) \tan^n x$$

よって,$\tan^{n-1} x = (n-1) I_{n-2} + (n-1) I_n$

I_n について解くと,$I_n = \dfrac{1}{n-1} \tan^{n-1} x - I_{n-2}$ $\quad$ (答)$I_n = \dfrac{1}{n-1} \tan^{n-1} x - I_{n-2}$

2 定積分の計算

▶出題傾向と学習上のポイント

定積分の計算は,難易度がかなり高い問題も出題される可能性がありますので要注意です.また,ウォリス積分やウォリスの公式に関連する計算,広義の積分の考え方や計算方法,ベータ関数やガンマ関数に関する計算や証明問題などは,難解ですが重積分にも関係しますので,演習をこなしながら確実に理解し,計算力をつけましょう.

(1) 定積分と和の極限

重要 定積分と和の極限の関係

$$\lim_{n \to \infty} \frac{1}{n} \sum_{k=1}^{n} f\left(\frac{k}{n}\right) = \lim_{n \to \infty} \frac{1}{n} \sum_{k=0}^{n-1} f\left(\frac{k}{n}\right) = \int_0^1 f(x) \, dx$$

▶ **例題 11** つぎの極限値を求めなさい.

(1) $\displaystyle\lim_{n \to \infty} \left(\frac{n}{n^2 + 1^2} + \frac{n}{n^2 + 2^2} + \frac{n}{n^2 + 3^3} + \cdots + \frac{n}{n^2 + n^2} \right)$

(2★) $\displaystyle\lim_{n \to \infty} \frac{\sin\left(\dfrac{\pi}{n}\right) + \sin\left(\dfrac{2\pi}{n}\right) + \cdots + \sin\left(\dfrac{n}{n}\pi\right)}{\left(\dfrac{1}{2} + \dfrac{1}{2n}\right)^p + \left(\dfrac{1}{2} + \dfrac{2}{2n}\right)^p + \cdots + \left(\dfrac{1}{2} + \dfrac{n}{2n}\right)^p}$

(3★) $\displaystyle\lim_{n\to\infty}\dfrac{\sqrt[n]{(2n-1)!!}}{n}$　（整数 n に対して，$(2n-1)!!=1\times 3\times\cdots\times(2n-1)$ と表す）

▶▶ 考え方
和を $\sum$ で表し，定積分へとおき換えていく．階乗 $n!$ は対数をとることで，和になることに注意する．

解答 ▷ (1) $\dfrac{n}{n^2+1^2}+\dfrac{n}{n^2+2^2}+\dfrac{n}{n^2+3^2}+\cdots+\dfrac{n}{n^2+n^2}$

$=\dfrac{1}{n}\left\{\dfrac{1}{1+\left(\dfrac{1}{n}\right)^2}+\dfrac{1}{1+\left(\dfrac{2}{n}\right)^2}+\dfrac{1}{1+\left(\dfrac{3}{n}\right)^2}+\cdots+\dfrac{1}{1+\left(\dfrac{n}{n}\right)^2}\right\}$

$=\dfrac{1}{n}\displaystyle\sum_{k=1}^{n}\left\{\dfrac{1}{1+\left(\dfrac{k}{n}\right)^2}\right\}$　より

$\displaystyle\lim_{n\to\infty}\left(\dfrac{n}{n^2+1^2}+\dfrac{n}{n^2+2^2}+\dfrac{n}{n^2+3^3}+\cdots+\dfrac{n}{n^2+n^2}\right)$

$=\displaystyle\int_0^1\dfrac{1}{1+x^2}\,dx=\left[\tan^{-1}x\right]_0^1=\dfrac{\pi}{4}$ 　　　　（答）$\dfrac{\pi}{4}$

(2) $\dfrac{\sin\left(\dfrac{\pi}{n}\right)+\sin\left(\dfrac{2\pi}{n}\right)+\cdots+\sin\left(\dfrac{n}{n}\pi\right)}{\left(\dfrac{1}{2}+\dfrac{1}{2n}\right)^p+\left(\dfrac{1}{2}+\dfrac{2}{2n}\right)^p+\cdots+\left(\dfrac{1}{2}+\dfrac{n}{2n}\right)^p}$

$=\dfrac{\dfrac{1}{n}\left\{\sin\left(\dfrac{\pi}{n}\right)+\sin\left(\dfrac{2\pi}{n}\right)+\cdots+\sin\left(\dfrac{n}{n}\pi\right)\right\}}{\dfrac{1}{2^p}\cdot\dfrac{1}{n}\left\{\left(1+\dfrac{1}{n}\right)^p+\left(1+\dfrac{2}{n}\right)^p+\cdots+\left(1+\dfrac{n}{n}\right)^p\right\}}$

$=\dfrac{\dfrac{1}{\pi}\cdot\dfrac{\pi}{n}\displaystyle\sum_{k=1}^{n}\sin\left(\dfrac{k}{n}\pi\right)}{\dfrac{1}{2^p}\cdot\dfrac{1}{n}\displaystyle\sum_{k=1}^{n}\left(1+\dfrac{k}{n}\right)^p}=X_n$　とおくと，

$\displaystyle\lim_{n\to\infty}X_n=\dfrac{2^p}{\pi}\cdot\dfrac{\displaystyle\int_0^\pi\sin x\,dx}{\displaystyle\int_0^1(1+x)^p\,dx}$

第 3 章　積分法

- $p \neq -1$ のとき　$\displaystyle\lim_{n\to\infty} X_n = \frac{2^p}{\pi} \cdot \frac{\left[-\cos x\right]_0^\pi}{\left[\dfrac{(1+x)^{p+1}}{1+p}\right]_0^1} = \frac{2^{p+1}(p+1)}{\pi(2^{p+1}-1)}$

- $p = -1$ のとき　$\displaystyle\lim_{n\to\infty} X_n = \frac{2^{-1}}{\pi} \cdot \frac{\left[-\cos x\right]_0^\pi}{\left[\log_e(1+x)\right]_0^1} = \frac{1}{\pi \log_e 2}$

(答) $\begin{cases} \dfrac{2^{p+1}(p+1)}{\pi(2^{p+1}-1)} & (p \neq -1) \\ \dfrac{1}{\pi \log_e 2} & (p = -1) \end{cases}$

(3)　$X_n = \dfrac{\sqrt[n]{(2n-1)!!}}{n} = \left\{\dfrac{(2n-1)!!}{n^n}\right\}^{\frac{1}{n}}$ とおくと，

$\log_e X_n = \dfrac{1}{n}\log_e\left\{\dfrac{(2n-1)!!}{n^n}\right\} = \dfrac{1}{n}\log_e\left\{\dfrac{(2n-1)(2n-3)\cdots 5\cdot 3\cdot 1}{n^n}\right\}$

$= \dfrac{1}{n}\left(\log_e\dfrac{1}{n} + \log_e\dfrac{3}{n} + \log_e\dfrac{5}{n} + \cdots + \log_e\dfrac{2n-3}{n} + \log_e\dfrac{2n-1}{n}\right)$

$= \dfrac{1}{n}\Big(\log_e\dfrac{1}{n} + \log_e\dfrac{2}{n} + \log_e\dfrac{3}{n} + \cdots + \log_e\dfrac{2n}{n}$

$\qquad\qquad - \log_e\dfrac{2}{n} - \log_e\dfrac{4}{n} - \cdots - \log_e\dfrac{2n}{n}\Big)$

$= \dfrac{1}{n}\displaystyle\sum_{k=1}^{2n}\log_e\dfrac{k}{n} - \dfrac{1}{n}\sum_{k=1}^{n}\log_e\dfrac{2k}{n} = \dfrac{1}{n}\sum_{k=1}^{2n}\log_e\dfrac{k}{n} - \dfrac{1}{n}\sum_{k=1}^{n}\left(\log_e\dfrac{k}{n} + \log_e 2\right)$

$= \dfrac{1}{n}\displaystyle\sum_{k=1}^{2n}\log_e\dfrac{k}{n} - \dfrac{1}{n}\sum_{k=1}^{n}\log_e\dfrac{k}{n} - \dfrac{1}{n}\sum_{k=1}^{n}\log_e 2$

よって，

$\displaystyle\lim_{n\to\infty}\log_e X_n = \lim_{n\to\infty}\left(\dfrac{1}{n}\sum_{k=1}^{2n}\log_e\dfrac{k}{n} - \dfrac{1}{n}\sum_{k=1}^{n}\log_e\dfrac{k}{n} - \dfrac{1}{n}\sum_{k=1}^{n}\log_e 2\right)$

$= \displaystyle\int_0^2 \log_e x\, dx - \int_0^1 \log_e x\, dx - \log_e 2 = \int_1^2 \log_e x\, dx - \log_e 2$

$= \left[x\log_e x - x\right]_1^2 - \log_e 2 = \log_e 2 - 1 = \log_e \dfrac{2}{e}$ 　　　　　(答) $\dfrac{2}{e}$

(2) 定積分の計算例

▶ **例題 12**　つぎの定積分を求めなさい．

(1)　$\displaystyle\int_0^\pi \dfrac{x\sin x}{1+\cos^2 x}\, dx$　　　　　(2★)　$\displaystyle\int_0^{\frac{\pi}{2}} \dfrac{\sin^2 x}{\sin x + \cos x}\, dx$

▶▶ 考え方

(1) $x = \pi - t$ とおく．

(2) $\sin x + \cos x = \sqrt{2} \sin\left(x + \dfrac{\pi}{4}\right)$ と変形した後，$x + \dfrac{\pi}{4} = t$ とおく．

解答 ▷ (1) $x = \pi - t$ とおくと，

$$\int_0^\pi \frac{x \sin x}{1 + \cos^2 x} dx = \int_\pi^0 \frac{(\pi - t) \sin t}{1 + \cos^2 t}(-dt)$$
$$= \int_0^\pi \frac{\pi \sin t}{1 + \cos^2 t} dt - \int_0^\pi \frac{t \sin t}{1 + \cos^2 t} dt$$

$\displaystyle\int_0^\pi \frac{x \sin x}{1 + \cos^2 x} dx = I$ とおけば，$2I = \pi \displaystyle\int_0^\pi \frac{\sin t}{1 + \cos^2 t} dt$

ここで，$\cos t = u$ とおけば，

$$\int_0^\pi \frac{\sin t}{1 + \cos^2 t} dt = \int_{-1}^1 \frac{1}{1 + u^2} du = \left[\tan^{-1} u\right]_{-1}^1 = \frac{\pi}{2}$$

$2I = \dfrac{\pi^2}{2}$ より，$I = \dfrac{\pi^2}{4}$ 　　　　　　　　　　　　　　　　　　（答）$\dfrac{\pi^2}{4}$

(2) $\displaystyle\int_0^{\frac{\pi}{2}} \frac{\sin^2 x}{\sin x + \cos x} dx = \int_0^{\frac{\pi}{2}} \frac{\sin^2 x}{\sqrt{2}\sin\left(x + \dfrac{\pi}{4}\right)} dx$

$x + \dfrac{\pi}{4} = t$ とおくと，

$$\int_0^{\frac{\pi}{2}} \frac{\sin^2 x}{\sqrt{2}\sin\left(x + \dfrac{\pi}{4}\right)} dx = \int_{\frac{\pi}{4}}^{\frac{3}{4}\pi} \frac{\sin^2\left(t - \dfrac{\pi}{4}\right)}{\sqrt{2}\sin t} dt$$
$$= \int_{\frac{\pi}{4}}^{\frac{3}{4}\pi} \frac{\left\{\dfrac{1}{\sqrt{2}}(\sin t - \cos t)\right\}^2}{\sqrt{2}\sin t} dt = \frac{1}{2\sqrt{2}} \int_{\frac{\pi}{4}}^{\frac{3}{4}\pi} \frac{1 - 2\sin t \cos t}{\sin t} dt$$
$$= \frac{1}{2\sqrt{2}} \int_{\frac{\pi}{4}}^{\frac{3}{4}\pi} \frac{1}{\sin t} dt - \frac{1}{\sqrt{2}} \int_{\frac{\pi}{4}}^{\frac{3}{4}\pi} \cos t \, dt$$

上式の第2項は，$\displaystyle\int_{\frac{\pi}{4}}^{\frac{3}{4}\pi} \cos t \, dt = \left[\sin t\right]_{\frac{\pi}{4}}^{\frac{3}{4}\pi} = 0$ となる．

また，第1項において，

$$\int_{\frac{\pi}{4}}^{\frac{3}{4}\pi} \frac{1}{\sin t} dt = \int_{\frac{\pi}{4}}^{\frac{3}{4}\pi} \frac{\sin t}{1 - \cos^2 t} dt = \int_{\frac{\pi}{4}}^{\frac{3}{4}\pi} \frac{\sin t}{(1 + \cos t)(1 - \cos t)} dt$$

第3章 積分法

$\cos t = y$ とおけば，$-\sin t \, dt = dy$ となって，

$$\int_{\frac{\pi}{4}}^{\frac{3}{4}\pi} \frac{1}{\sin t} \, dt = \frac{1}{2} \int_{-\frac{1}{\sqrt{2}}}^{\frac{1}{\sqrt{2}}} \left(\frac{1}{1+y} + \frac{1}{1-y} \right) dy$$

$$= \frac{1}{2} \left[\log_e \left| \frac{1+y}{1-y} \right| \right]_{-\frac{1}{\sqrt{2}}}^{\frac{1}{\sqrt{2}}} = 2 \log_e (\sqrt{2}+1)$$

> **Memo**
> $\tan \dfrac{t}{2} = y$ とおくと，
> $$\int \frac{1}{\sin t} \, dt = \log_e \left| \tan \frac{t}{2} \right|$$
> となるが，定積分の値を求めることが困難になる．

よって，

$$\int_0^{\frac{\pi}{2}} \frac{\sin^2 x}{\sin x + \cos x} \, dx = \frac{1}{2\sqrt{2}} \times 2 \log_e (\sqrt{2}+1) = \frac{1}{\sqrt{2}} \log_e (\sqrt{2}+1)$$

(答) $\dfrac{1}{\sqrt{2}} \log_e (\sqrt{2}+1)$

▶ **例題 13** n を正の整数とするとき，$\displaystyle\int_0^1 x^\alpha (\log_e x)^n \, dx$ $(\alpha > -1)$ を n に関する式で表しなさい．

> ▶▶ **考え方**
> $I_n = \displaystyle\int_0^1 x^\alpha (\log_e x)^n \, dx$ として部分積分を行って，I_n に関する漸化式を求める．

解答 ▷ $I_n = \displaystyle\int_0^1 x^\alpha (\log_e x)^n \, dx = \left[\frac{x^{\alpha+1}}{\alpha+1} (\log_e x)^n \right]_0^1 - \frac{n}{\alpha+1} \int_0^1 x^\alpha (\log_e x)^{n-1} \, dx$

$= -\dfrac{n}{\alpha+1} I_{n-1}$

$I_0 = \displaystyle\int_0^1 x^\alpha \, dx = \dfrac{1}{\alpha+1}$ より

$I_n = \left(-\dfrac{n}{\alpha+1} \right)\left(-\dfrac{n-1}{\alpha+1} \right) \cdots \left(-\dfrac{1}{\alpha+1} \right) I_0 = (-1)^n \dfrac{n!}{(\alpha+1)^{n+1}}$ (答) $(-1)^n \dfrac{n!}{(\alpha+1)^{n+1}}$

▶ **例題 14**★★ $I_n = \displaystyle\int_0^{\frac{\pi}{2}} \sin^n x \, dx$ (n は 2 以上の自然数) について，つぎの式を示しなさい．

(1) $I_{2n+1} < I_{2n} < I_{2n-1}$ (2) $I_n = \dfrac{n-1}{n} I_{n-2}$ (3) $\displaystyle\lim_{n \to \infty} \dfrac{(n!)^2 2^{2n}}{(2n)! \sqrt{n}} = \sqrt{\pi}$

> ▶▶ **考え方**
> ウォリス積分の公式に関する問題である．(1),(2) から (3) を導く．

64

解答▷ (1) $0 < x < \dfrac{\pi}{2}$ のとき, $0 < \sin x < 1$ より, $\sin^{2n+1} x < \sin^{2n} x < \sin^{2n-1} x$ となって,

$$\int_0^{\frac{\pi}{2}} \sin^{2n+1} x \, dx < \int_0^{\frac{\pi}{2}} \sin^{2n} x \, dx < \int_0^{\frac{\pi}{2}} \sin^{2n-1} x \, dx$$

よって,

$$I_{2n+1} < I_{2n} < I_{2n-1} \qquad \cdots \text{①}$$

が示される.

(2) $I_n = \displaystyle\int_0^{\frac{\pi}{2}} \sin^n x \, dx$ とおいて, 部分積分を行うと,

$$I_n = \left[-\sin^{n-1} x \cos x\right]_0^{\frac{\pi}{2}} + \int_0^{\frac{\pi}{2}} (n-1) \sin^{n-2} x \cos^2 x \, dx$$
$$= (n-1) \int_0^{\frac{\pi}{2}} \sin^{n-2} x (1 - \sin^2 x) \, dx$$
$$= (n-1) \int_0^{\frac{\pi}{2}} \sin^{n-2} x \, dx - (n-1) \int_0^{\frac{\pi}{2}} \sin^n x \, dx$$
$$= (n-1) I_{n-2} - (n-1) I_n$$

I_n について解くと, $I_n = \dfrac{n-1}{n} I_{n-2}$ が得られる.

(3) (2)で得られた $I_n = \dfrac{n-1}{n} I_{n-2}$ より,

$$I_{2n} = \frac{2n-1}{2n} I_{2n-2} = \frac{2n-1}{2n} \cdot \frac{2n-3}{2n-2} I_{2n-4} = \cdots$$
$$= \frac{2n-1}{2n} \cdot \frac{2n-3}{2n-2} \cdot \cdots \cdot \frac{2n-(2k+1)}{2n-2k} I_{2n-2(k+1)}$$
$$= \frac{2n-1}{2n} \cdot \frac{2n-3}{2n-2} \cdot \cdots \cdot \frac{3}{4} \cdot \frac{1}{2} I_0$$
$$= \frac{2n-1}{2n} \cdot \frac{2n-3}{2(n-1)} \cdot \cdots \cdot \frac{3}{4} \cdot \frac{1}{2} \cdot \frac{\pi}{2} \quad \left(\because I_0 = \frac{\pi}{2}\right)$$
$$= \frac{(2n-1)(2n-3) \cdots 3 \cdot 1}{2^n n!} \cdot \frac{\pi}{2}$$

$(2n-1)(2n-3) \cdots 3 \cdot 1 = \dfrac{2n(2n-1)(2n-2)(2n-3) \cdots 3 \cdot 2 \cdot 1}{2n(2n-2)(2n-4) \cdots 4 \cdot 2} = \dfrac{(2n)!}{2^n n!}$ を上式に代入して,

$$I_{2n} = \frac{\frac{(2n)!}{2^n n!}}{2^n n!} \cdot \frac{\pi}{2} = \frac{(2n)!}{(2^n n!)^2} \frac{\pi}{2}$$

同様に,

> **Memo**
>
> $(2n-1)!! = \dfrac{(2n)!}{2^n n!}$
>
> とも表せる. よく使う関係式なので, 覚えておくとよい.

第 3 章　積分法

$$I_{2n+1} = \frac{2n}{2n+1} \cdot \frac{2n-2}{2n-1} \cdots \frac{2}{3} = \frac{(2^n n!)^2}{(2n+1)!}$$

$$I_{2n-1} = \frac{2n-2}{2n-1} \cdot \frac{2n-4}{2n-3} \cdots \frac{2}{3} = \frac{\{2^{n-1}(n-1)!\}^2}{(2n-1)!}$$

を (1) の不等式 ① に代入すると，

$$\frac{(2^n n!)^2}{(2n+1)!} < \frac{(2n)!}{(2^n n!)^2} \frac{\pi}{2} < \frac{\{2^{n-1}(n-1)!\}^2}{(2n-1)!} \qquad \cdots ②$$

が得られる．不等式 ② に，$\dfrac{\{2^{n-1}(n-1)!\}^2}{(2n-1)!}$ の逆数 $\dfrac{(2n-1)!}{\{2^{n-1}(n-1)!\}^2}$ をかけると，左項は

$$\frac{(2^n n!)^2}{(2n+1)!} \times \frac{(2n-1)!}{\{2^{n-1}(n-1)!\}^2} = \frac{2^n 2^n n!\,n!}{2^{n-1} 2^{n-1}(n-1)!\,(n-1)!} \times \frac{(2n-1)!}{(2n+1)!} = \frac{2n}{2n+1}$$

また，第 2 項は

$$\frac{(2n)!}{(2^n n!)^2}\frac{\pi}{2} \times \frac{(2n-1)!}{\{2^{n-1}(n-1)!\}^2} = \frac{(2n)!}{2^{2n} 2^{2n-2} n!\,n!} \times \frac{(2n-1)!}{(n-1)!\,(n-1)!} \times \frac{\pi}{2}$$

$$= \frac{4(2n)!}{2^{4n} n!\,n!} \times \frac{n^2 (2n)!}{n!\,n!(2n)} \times \frac{\pi}{2} = \frac{\{(2n)!\}^2}{(2^n n!)^4}(2n)\frac{\pi}{2}$$

より，不等式 ② は $\dfrac{2n}{2n+1} < \dfrac{\{(2n)!\}^2}{(2^n n!)^4}(2n)\dfrac{\pi}{2} < 1$ となる．

$\displaystyle\lim_{n\to\infty} \frac{2n}{(2n+1)} = 1$ より，はさみうちの原理によって，

$$\lim_{n\to\infty} \frac{\{(2n)!\}^2}{(2^n n!)^4}(2n)\frac{\pi}{2} = 1 \qquad \cdots ③$$

が得られる．③ を変形して，$\displaystyle\lim_{n\to\infty} \frac{2^{4n}(n!)^4}{n\{(2n)!\}^2} = \pi$

したがって，$\displaystyle\lim_{n\to\infty} \frac{2^{2n}(n!)^2}{(2n)!\,\sqrt{n}} = \sqrt{\pi}$ が得られる．

重要　ウォリス積分の公式

ウォリス積分 $I_n = \displaystyle\int_0^{\frac{\pi}{2}} \sin^n x\,dx = \int_0^{\frac{\pi}{2}} \cos^n x\,dx$

(i)　n が偶数の場合

$$I_n = \frac{n-1}{n} \cdot \frac{n-3}{n-2} \cdots \frac{5}{6} \cdot \frac{3}{4} \cdot \frac{1}{2} \cdot \boxed{\frac{\pi}{2}} \qquad \text{最後は } \frac{\pi}{2} \text{ で終わる}$$

(例) $\int_0^{\frac{\pi}{2}} \sin^6 x \, dx = \frac{5}{6} \cdot \frac{3}{4} \cdot \frac{1}{2} \cdot \frac{\pi}{2} = \frac{5}{32}\pi$

(ii) n が奇数の場合

$$I_n = \frac{n-1}{n} \cdot \frac{n-3}{n-2} \cdot \frac{4}{5} \cdots \cdot \boxed{\frac{2}{3}}$$

最後は $\frac{2}{3}$ で終わる

(例) $\int_0^{\frac{\pi}{2}} \cos^5 x \, dx = \frac{4}{5} \cdot \frac{2}{3} = \frac{8}{15}$

また,

$$I_n = \begin{cases} \dfrac{n-1}{n} \cdot \dfrac{n-3}{n-2} \cdots \cdot \dfrac{3}{4} \cdot \dfrac{1}{2} \cdot \dfrac{\pi}{2} = \dfrac{(n-1)!!}{n!!}\dfrac{\pi}{2} & (n : 偶数) \\ \dfrac{n-1}{n} \cdot \dfrac{n-3}{n-2} \cdots \cdot \dfrac{4}{5} \cdot \dfrac{2}{3} = \dfrac{(n-1)!!}{n!!} & (n : 奇数) \end{cases}$$

とも表せる. なお,

$$n!! = \begin{cases} n(n-2)(n-4) \cdots 4 \cdot 2 & (n : 偶数) \\ n(n-2)(n-4) \cdots 5 \cdot 3 \cdot 1 & (n : 奇数) \end{cases}$$

(3) 拡張された定積分 (広義の積分)

定積分 $\int_a^b f(x) \, dx$ では, $f(x)$ は区間 $a \leqq x \leqq b$ で定義されて, $a \leqq x \leqq b$ における定積分であった. ここでは, 定義を拡張した定積分を考えてみる.

Memo
$a \leqq x \leqq b$ を $[a, b]$ で表す.
$a < x \leqq b$ を $(a, b]$ で,
$a \leqq x$ を $[a, \infty)$ で表す.

A. 異常積分

$f(x)$ が, 区間 $a \leqq x \leqq b$ における有限個の点で不連続であるか, 定義されないにもかかわらず, 積分値が存在するとき, 異常積分という. 具体的には, つぎの (i)〜(iv) のパターンが考えられる.

(i) 積分区間が $(a, b]$ の場合

$\lim_{x \to a} f(x) = \pm\infty$ で, $\lim_{\varepsilon \to +0} \int_{a+\varepsilon}^b f(x) \, dx$ が存在するとき

$$\int_a^b f(x) \, dx = \lim_{\varepsilon \to +0} \int_{a+\varepsilon}^b f(x) \, dx \quad (図 3.1 参照)$$

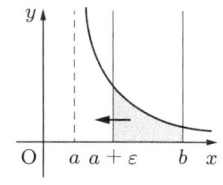

図 3.1

(ii) 積分区間が $[a, b)$ の場合

$\lim_{x \to b} f(x) = \pm\infty$ で, $\lim_{\varepsilon \to +0} \int_a^{b-\varepsilon} f(x) \, dx$ が存在するとき

$$\int_a^b f(x)\,dx = \lim_{\varepsilon \to +0} \int_a^{b-\varepsilon} f(x)\,dx \quad \text{(図 3.2 参照)}$$

(iii) 積分区間が (a, b) の場合

$\lim_{x \to a} f(x) = \pm\infty$, $\lim_{x \to b} f(x) = \pm\infty$ で,

$\lim_{\substack{\varepsilon' \to +0 \\ \varepsilon \to +0}} \int_{a+\varepsilon}^{b-\varepsilon'} f(x)\,dx$ が存在するとき

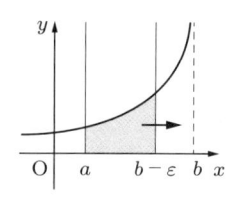

図 3.2

$$\int_a^b f(x)\,dx = \lim_{\substack{\varepsilon' \to +0 \\ \varepsilon \to +0}} \int_{a+\varepsilon}^{b-\varepsilon'} f(x)\,dx \quad \text{(図 3.3 参照)}$$

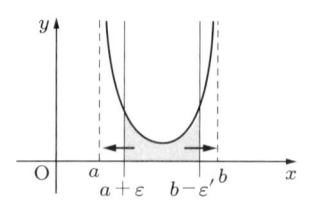

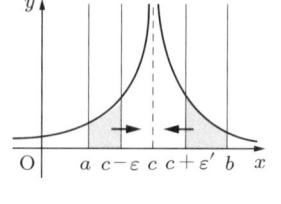

図 3.3

図 3.4

(iv) $[a, b]$ の 1 点 c で, $f(x) \to \infty$ または $f(x) \to -\infty$ のとき

$$\int_a^b f(x)\,dx = \lim_{\varepsilon \to +0} \int_a^{c-\varepsilon} f(x)\,dx + \lim_{\varepsilon' \to +0} \int_{c+\varepsilon'}^b f(x)\,dx \quad \text{(図 3.4 参照)}$$

例 1 つぎの積分計算は正しいか, 誤りかを確認する.

$$\int_{-1}^1 \frac{1}{x^2}\,dx = \left[-\frac{1}{x}\right]_{-1}^1 = -2 \quad (?)$$

一見正しそうだが, $y = \dfrac{1}{x^2}$ は, $x \to \pm 0$ で $y \to \infty$ となるので, (iv) の形式で計算しなければならない.

$$\begin{aligned}
\int_{-1}^1 \frac{1}{x^2}\,dx &= \lim_{\varepsilon \to +0} \int_{-1}^{-\varepsilon} \frac{1}{x^2}\,dx + \lim_{\varepsilon' \to +0} \int_{\varepsilon'}^1 \frac{1}{x^2}\,dx \\
&= \lim_{\varepsilon \to +0} \left[-\frac{1}{x}\right]_{-1}^{-\varepsilon} + \lim_{\varepsilon' \to +0} \left[-\frac{1}{x}\right]_{\varepsilon'}^1 \\
&= \lim_{\varepsilon \to +0} \left(\frac{1}{\varepsilon} - 1\right) + \lim_{\varepsilon' \to +0} \left(-1 + \frac{1}{\varepsilon'}\right)
\end{aligned}$$

2 定積分の計算

第1項，第2項ともに $+\infty$ となって，$\int_{-1}^{1} \frac{1}{x^2} dx$ は存在しないことがわかる．

▶ **例題 15** つぎの定積分を求めなさい．

(1) $\int_0^1 \frac{1}{x^\alpha} dx \quad (\alpha > 0)$ 　　(2) $\int_a^b \frac{dx}{\sqrt{(x-a)(b-x)}} \quad (a < b)$

(3) $\int_0^{2a} \frac{dx}{(x-a)^2}$

▶▶ **考え方**
被積分関数が，積分区間のどの点で不連続になるかを考える．

解答 ▷ (1) $\int_0^1 \frac{1}{x^\alpha} dx = \lim_{\varepsilon \to +0} \int_\varepsilon^1 \frac{1}{x^\alpha} dx = \lim_{\varepsilon \to +0} \left[\frac{x^{1-\alpha}}{1-\alpha} \right]_\varepsilon^1 = \lim_{\varepsilon \to +0} \frac{1-\varepsilon^{1-\alpha}}{1-\alpha}$

よって，$\alpha = 1$ では存在しない．$\alpha > 1$ でも存在しない．$0 < \alpha < 1$ で $\frac{1}{1-\alpha}$ に収束する．

(答) $\begin{cases} \dfrac{1}{1-\alpha} & (0 < \alpha < 1) \\ 存在しない（発散） & (\alpha \geqq 1) \end{cases}$

(2) $\int \frac{1}{\sqrt{(x-a)(b-x)}} dx = \int \frac{1}{\sqrt{\left(\frac{a-b}{2}\right)^2 - \left(x - \frac{a+b}{2}\right)^2}} dx$

$= \sin^{-1} \frac{2x-(a+b)}{b-a}$ より

$\int_a^b \frac{1}{\sqrt{(x-a)(b-x)}} dx$

$= \lim_{\substack{\varepsilon' \to +0 \\ \varepsilon \to +0}} \left[\sin^{-1} \frac{2x-(a+b)}{b-a} \right]_{a+\varepsilon}^{b-\varepsilon'}$

$= \lim_{\substack{\varepsilon' \to +0 \\ \varepsilon \to +0}} \left(\sin^{-1} \frac{b-a-2\varepsilon'}{b-a} - \sin^{-1} \frac{a-b+2\varepsilon}{b-a} \right)$

$= \sin^{-1} 1 - \sin^{-1}(-1) = \pi$ 　　　　　　　　　　　　　　(答) π

> **Check!**
> $\int \frac{1}{\sqrt{a^2-x^2}} dx$
> $= \sin^{-1} \frac{x}{a} \quad (a > 0)$

(3) $\int_0^{2a} \frac{1}{(x-a)^2} dx = \lim_{\varepsilon \to +0} \int_0^{a-\varepsilon} \frac{1}{(x-a)^2} dx + \lim_{\varepsilon' \to +0} \int_{a+\varepsilon'}^{2a} \frac{1}{(x-a)^2} dx$

$= \lim_{\varepsilon \to +0} \left[-\frac{1}{x-a} \right]_0^{a-\varepsilon} + \lim_{\varepsilon' \to +0} \left[-\frac{1}{x-a} \right]_{a+\varepsilon'}^{2a} = \lim_{\varepsilon \to +0} \frac{1}{\varepsilon} - \frac{1}{a} + \lim_{\varepsilon' \to +0} \frac{1}{\varepsilon'} - \frac{1}{a}$

$$= \lim_{\varepsilon \to +0} \frac{1}{\varepsilon} + \lim_{\varepsilon' \to +0} \frac{1}{\varepsilon'} - \frac{2}{a}$$

これは発散する。　　　　　　　　　　　　　　　　　　　　　　　（答）存在しない（発散）

B. 無限積分

積分区間が以下のように無限の場合，積分値を無限積分という．

(i) 積分区間が $[a, \infty)$ の場合

$$\int_a^\infty f(x)\,dx = \lim_{b \to \infty} \int_a^b f(x)\,dx$$

(ii) 積分区間が $(-\infty, b]$ の場合

$$\int_{-\infty}^b f(x)\,dx = \lim_{a \to -\infty} \int_a^b f(x)\,dx$$

(iii) 積分区間が $(-\infty, \infty)$ の場合

$$\int_{-\infty}^\infty f(x)\,dx = \lim_{\substack{b \to \infty \\ a \to -\infty}} \int_a^b f(x)\,dx$$

> **Check!**
> $$\int_a^\infty f(x)\,dx = \lim_{b \to \infty} \int_a^b f(x)\,dx$$
> のように，∞ をいったん変数 b などでおき換えて積分し，その後 $b \to \infty$ とする．

▶ **例題 16** つぎの定積分を求めなさい．

(1) $\displaystyle \int_1^\infty \frac{1}{x^\alpha}\,dx \quad (\alpha > 0)$ 　　　　(2) $\displaystyle \int_0^\infty e^{-ax} \cos bx\,dx \quad (a > 0)$

(3★) $\displaystyle \int_0^\infty \frac{1}{1+x^4}\,dx$

▶▶ **考え方**

(1), (2) とも，∞ の積分範囲に対して，まずは任意の変数（たとえば d）におき換えて積分する．そして，その結果に対して極限をとる．(3) は例題 9 (3) で行った不定積分の結果を利用する．ただし，$\tan^{-1} \dfrac{\sqrt{2}x}{1-x^2}$ が $x=1$ で不連続になることに注意する．

解答▷ (1) $\alpha \neq 1$ のとき

$$\int_1^\infty \frac{1}{x^\alpha}\,dx = \lim_{d \to \infty} \int_1^d \frac{1}{x^\alpha}\,dx = \lim_{d \to \infty} \left[\frac{x^{1-\alpha}}{1-\alpha}\right]_1^d = \lim_{d \to \infty} \frac{d^{1-\alpha}-1}{1-\alpha}$$

また，$\alpha = 1$ のとき

$$\int_1^\infty \frac{1}{x}\,dx = \lim_{d\to\infty}\bigl[\log_e x\bigr]_1^d = \lim_{d\to\infty}\log_e d$$

よって，$\alpha = 1$ では存在しない．$0 < \alpha < 1$ でも存在しない．$\alpha > 1$ で $\lim_{d\to\infty} d^{1-\alpha} = 0$ より，$-\dfrac{1}{1-\alpha}$ に収束する． (答) $\begin{cases}\dfrac{1}{\alpha-1} & (\alpha > 1) \\ 存在しない（発散） & (0 < \alpha \leqq 1)\end{cases}$

(2) $\displaystyle\int_0^\infty e^{-ax}\cos bx\,dx = \lim_{d\to\infty}\int_0^d e^{-ax}\cos bx\,dx$

$$= \lim_{d\to\infty}\left[\frac{e^{-ax}\sin bx}{b}\right]_0^d + \lim_{d\to\infty}\frac{a}{b}\int_0^d e^{-ax}\sin bx\,dx$$

第 1 項は $\displaystyle\lim_{d\to\infty}\frac{e^{-ad}\sin bd}{b}$ となる．$d \to \infty$ のとき，$e^{-ad} \to 0$ より $\displaystyle\lim_{d\to\infty}\frac{e^{-ad}\sin bd}{b} = 0$ となるため，

$$\int_0^\infty e^{-ax}\cos bx\,dx = \lim_{d\to\infty}\frac{a}{b}\int_0^d e^{-ax}\sin bx\,dx \qquad \cdots ①$$

また，

$$\lim_{d\to\infty}\frac{a}{b}\int_0^d e^{-ax}\sin bx\,dx$$
$$= \frac{a}{b}\left(\lim_{d\to\infty}\left[-\frac{e^{-ax}\cos bx}{b}\right]_0^d - \lim_{d\to\infty}\frac{a}{b}\int_0^d e^{-ax}\cos bx\,dx\right)$$
$$= \frac{a}{b}\left(-\frac{1}{b}\lim_{d\to\infty}e^{-ad}\cos bd + \frac{1}{b} - \lim_{d\to\infty}\frac{a}{b}\int_0^d e^{-ax}\cos bx\,dx\right)$$

$d \to \infty$ のとき，$e^{-ad} \to 0$ より，

$$\lim_{d\to\infty}\frac{a}{b}\int_0^d e^{-ax}\sin bx\,dx = \frac{a}{b}\left(\frac{1}{b} - \lim_{d\to\infty}\frac{a}{b}\int_0^d e^{-ax}\cos bx\,dx\right)$$
$$= \frac{a}{b^2} - \frac{a^2}{b^2}\lim_{d\to\infty}\int_0^d e^{-ax}\cos bx\,dx$$

これを ① に代入して

$$\int_0^\infty e^{-ax}\cos bx\,dx = \frac{a}{b^2} - \frac{a^2}{b^2}\lim_{d\to\infty}\int_0^d e^{-ax}\cos bx\,dx$$

となる．整理すると，

第 3 章　積分法

$$\left(1+\frac{a^2}{b^2}\right)\lim_{d\to\infty}\int_0^d e^{-ax}\cos bx\,dx = \frac{a}{b^2}$$

よって，$\displaystyle\lim_{d\to\infty}\int_0^d e^{-ax}\cos bx\,dx = \int_0^\infty e^{-ax}\cos bx\,dx = \frac{a}{a^2+b^2}$ が得られる．

(答) $\dfrac{a}{a^2+b^2}$

(3) $\displaystyle\int\frac{1}{1+x^4}dx = \frac{1}{4\sqrt{2}}\log_e\frac{x^2+\sqrt{2}x+1}{x^2-\sqrt{2}x+1} + \frac{1}{2\sqrt{2}}\tan^{-1}\frac{\sqrt{2}x}{1-x^2}$ を用いる．ただし，$\tan^{-1}\dfrac{\sqrt{2}x}{1-x^2}$ が $x=1$ で不連続になるので，つぎのようになる．

$$\int_0^\infty \frac{1}{1+x^4}dx$$
$$= \frac{1}{4\sqrt{2}}\lim_{d\to\infty}\left[\log_e\frac{x^2+\sqrt{2}x+1}{x^2-\sqrt{2}x+1}\right]_0^d + \frac{1}{2\sqrt{2}}\lim_{\varepsilon\to+0}\left[\tan^{-1}\frac{\sqrt{2}x}{1-x^2}\right]_0^{1-\varepsilon}$$
$$+ \frac{1}{4\sqrt{2}}\lim_{\substack{d\to\infty \\ \varepsilon\to+0}}\left[\tan^{-1}\frac{\sqrt{2}x}{1-x^2}\right]_{1+\varepsilon}^d$$
$$= 0 + \frac{1}{2\sqrt{2}}\left[\left(\frac{\pi}{2}-0\right)+\left\{0-\left(-\frac{\pi}{2}\right)\right\}\right] = \frac{\pi}{2\sqrt{2}}$$

(答) $\dfrac{\pi}{2\sqrt{2}}$

別解▷ (2) $\displaystyle\int_0^\infty e^{-ax}(\cos bx + i\sin bx)\,dx = \int_0^\infty e^{-ax}e^{ibx}\,dx = \int_0^\infty e^{-(a-ib)x}\,dx$ を考える．

$$\int_0^\infty e^{-(a-ib)x}\,dx = \lim_{d\to\infty}\int_0^d e^{-(a-ib)x}\,dx = \lim_{d\to\infty}\left[\frac{e^{-ax}\cdot e^{ibx}}{-a+ib}\right]_0^d$$
$$= \frac{1}{-a+ib}\lim_{d\to\infty}\{e^{-ad}(\cos bd + i\sin bd) - 1\} = -\frac{1}{-a+ib} = \frac{a+ib}{a^2+b^2}$$

よって，$\displaystyle\int_0^\infty e^{-ax}\cos bx\,dx = \mathrm{Re}\left(\frac{a+ib}{a^2+b^2}\right) = \frac{a}{a^2+b^2}$
$\displaystyle\int_0^\infty e^{-ax}\sin bx\,dx = \mathrm{Im}\left(\frac{a+ib}{a^2+b^2}\right) = \frac{b}{a^2+b^2}$
が得られる．

> **Memo**
> Re と Im はそれぞれ複素数の実部と虚部を示す．

(3) やや高度な手法であるが，複素関数の留数から求めてもよい．$f(z) = \dfrac{1}{1+z^4}$ の特異点で，複素数平面の上半平面にある 1 位の極は，$e^{\frac{\pi}{4}i}$ と $e^{\frac{3}{4}\pi i}$ より，留数の定理を使って，

$$\int_{-\infty}^{\infty} \frac{1}{1+z^4}\,dz = 2\pi i \{\mathrm{Res}[f, e^{\frac{\pi}{4}i}] + \mathrm{Res}[f, e^{\frac{3}{4}\pi i}]\}$$

から求めることができる．ただし，$\mathrm{Res}[f, e^{\frac{\pi}{4}i}]$，$\mathrm{Res}[f, e^{\frac{3}{4}\pi i}]$ は，それぞれ 1 位の極 $z = e^{\frac{\pi}{4}i}$，$z = e^{\frac{3}{4}\pi i}$ における留数を示す．ここでは，結果のみ示すと，

$$\mathrm{Res}[f, e^{\frac{\pi}{4}i}] = \frac{1}{4}e^{\frac{3}{4}\pi i} = \frac{1}{4}\left(-\frac{1}{\sqrt{2}} - i\frac{1}{\sqrt{2}}\right),$$

$$\mathrm{Res}[f, e^{\frac{3}{4}\pi i}] = \frac{1}{4}e^{\frac{9}{4}\pi i} = \frac{1}{4}\left(\frac{1}{\sqrt{2}} - i\frac{1}{\sqrt{2}}\right)$$

より $\displaystyle\int_{-\infty}^{\infty} \frac{1}{1+z^4}\,dz = 2\pi i\frac{1}{4}\left(-\frac{2i}{\sqrt{2}}\right) = \frac{\pi}{\sqrt{2}}$ となる．

よって，$\displaystyle\int_{0}^{\infty} \frac{1}{1+z^4}\,dz = \frac{1}{2}\int_{-\infty}^{\infty} \frac{1}{1+z^4}\,dz = \frac{\pi}{2\sqrt{2}}$ が得られる．

▶ **例題 17**★　$\displaystyle I_n = \int_0^{\infty} \frac{x^n}{(x+1)^{2n+1}}\,dx$　（n は正の整数）

とするとき，つぎの問いに答えなさい．

(1)　I_1 を求めなさい．

(2)　I_n，I_{n-1} $(n \geqq 2)$ の間に成り立つ漸化式を求めなさい．

(3)　I_n を求めなさい．

┌▶▶ **考え方**─────────────────────────────
部分積分を使って，I_n に関する漸化式を求め，最終的に I_n を求める標準的な問題である．
└──────────────────────────────────

解答 ▷　(1)　$\displaystyle I_1 = \int_0^{\infty} \frac{x}{(x+1)^3}\,dx = \int_0^{\infty} \frac{(x+1)-1}{(x+1)^3}\,dx$

$\displaystyle \qquad = \int_0^{\infty} \left\{\frac{1}{(x+1)^2} - \frac{1}{(x+1)^3}\right\}dx = \left[-\frac{1}{x+1} + \frac{1}{2(x+1)^2}\right]_0^{\infty} = \frac{1}{2}$

(答) $\dfrac{1}{2}$

(2)　$\dfrac{x^n}{(x+1)^{2n+1}} = x^n \cdot \left\{-\dfrac{1}{2n\cdot(x+1)^{2n}}\right\}'$ であることから，

$$I_n = \left[x^n \cdot \left\{-\frac{1}{2n\cdot(x+1)^{2n}}\right\}\right]_0^{\infty} + \frac{1}{2n}\int_0^{\infty} \frac{nx^{n-1}}{(x+1)^{2n}}\,dx$$

$$= \frac{1}{2}\int_0^{\infty} \frac{x^{n-1}}{(x+1)^{2n}}\,dx$$

よって，

第 3 章 積分法

$$2I_n = \int_0^\infty \frac{x^{n-1}}{(x+1)^{2n}}\,dx, \quad 2I_{n-1} = \int_0^\infty \frac{x^{n-2}}{(x+1)^{2n-2}}\,dx \qquad \cdots \text{①}$$

さらに，

$$\int_0^\infty \frac{x^{n-1}}{(x+1)^{2n}}\,dx$$
$$= \left[x^{n-1}\cdot\left\{-\frac{1}{(2n-1)(x+1)^{2n-1}}\right\}\right]_0^\infty + \frac{1}{2n-1}\int_0^\infty \frac{(n-1)x^{n-2}}{(x+1)^{2n-1}}\,dx$$
$$= \frac{n-1}{2n-1}\int_0^\infty \frac{x^{n-2}}{(x+1)^{2n-1}}\,dx$$

ここで，$I_{n-1} = \int_0^\infty \frac{x^{n-1}}{(x+1)^{2n-1}}\,dx$ と ① より，

$$\int_0^\infty \frac{x^{n-2}}{(x+1)^{2n-1}}\,dx = \int_0^\infty \frac{x^{n-2}(x+1) - x^{n-1}}{(x+1)^{2n-1}}\,dx$$
$$= \int_0^\infty \left\{\frac{x^{n-2}}{(x+1)^{2n-2}} - \frac{x^{n-1}}{(x+1)^{2n-1}}\right\}dx$$
$$= \int_0^\infty \frac{x^{n-2}}{(x+1)^{2n-2}}\,dx - \int_0^\infty \frac{x^{n-1}}{(x+1)^{2n-1}}\,dx = 2I_{n-1} - I_{n-1} = I_{n-1}$$

したがって，

$$I_n = \frac{1}{2}\int_0^\infty \frac{x^{n-1}}{(x+1)^{2n}}\,dx = \frac{1}{2}\cdot\frac{n-1}{2n-1}\int_0^\infty \frac{x^{n-2}}{(x+1)^{2n-1}}\,dx = \frac{1}{2}\cdot\frac{n-1}{2n-1}I_{n-1}$$

$$(\text{答}) \; \underline{I_n = \frac{1}{2}\cdot\frac{n-1}{2n-1}I_{n-1}}$$

(3) $\displaystyle I_n = \frac{1}{2}\cdot\frac{n-1}{2n-1}I_{n-1} = \frac{1}{2^2}\cdot\frac{n-1}{2n-1}\cdot\frac{n-2}{2n-3}I_{n-2}$
$$= \frac{1}{2^{n-1}}\cdot\frac{n-1}{2n-1}\cdot\frac{n-2}{2n-3}\cdots\cdots\frac{2}{5}\cdot\frac{1}{3}I_1 = \frac{1}{2^n}\cdot\frac{n-1}{2n-2}\cdot\frac{n-2}{2n-3}\cdots\cdots\frac{2}{5}\cdot\frac{1}{3}$$
$$= \frac{(n-1)!}{2^n}\cdot\frac{1}{(2n-1)(2n-3)\cdots\cdots 5\cdot 3} = \frac{(n-1)!}{2^n}\cdot\frac{2^n\{n(n-1)\cdots\cdots 2\cdot 1\}}{(2n)(2n-1)\cdots\cdots 3\cdot 2}$$
$$= \frac{(n-1)!\,n!}{(2n)!} = \frac{1}{n\cdot {}_{2n}\mathrm{C}_n} \qquad (\text{答}) \; \underline{\frac{1}{n\cdot {}_{2n}\mathrm{C}_n}}$$

> **Check!**
> $${}_{2n}\mathrm{C}_n = \frac{(2n)!}{(n!)^2}$$

▶ **例題 18**★★　$F(x) = \displaystyle\int_0^x \log_e \sin t\,dt$ とおくとき，つぎの式を示しなさい．

$$F\left(\frac{x}{2}\right) - F\left(\frac{\pi - x}{2}\right) = \frac{1}{2}F(x) + \frac{\pi - x}{2}\log_e 2$$

▶▶ 考え方

$F(x) = \int_0^x \log_e \sin t\, dt$ を,

$$F\left(\frac{x}{2}\right) = \int_0^{\frac{x}{2}} \log_e \sin t\, dt$$

$$F\left(\frac{\pi-x}{2}\right) = \int_0^{\frac{\pi-x}{2}} \log_e \sin t\, dt$$

とどう関係づけるかをまず考える.なお,$\log_e \sin x$ は,$x = \dfrac{\pi}{2}$ に関して対称となる(図 3.5 参照).

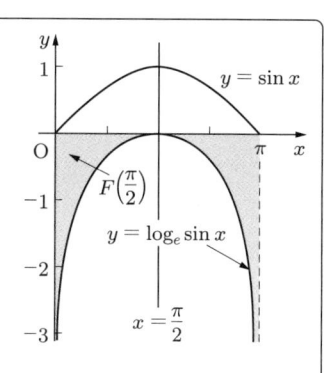

図 3.5

解答▷ $F(x) = \int_0^x \log_e \sin t\, dt$ で,$t = 2u$ とおいて,

$$F(x) = \int_0^x \log_e \sin t\, dt = 2\int_0^{\frac{x}{2}} \log_e \sin 2u\, du = 2\int_0^{\frac{x}{2}} \log_e (2\sin u \cos u)\, du$$

$$= 2\int_0^{\frac{x}{2}} \log_e 2\, du + 2\int_0^{\frac{x}{2}} \log_e \sin u\, du + 2\int_0^{\frac{x}{2}} \log_e \cos u\, du$$

$$= x\log_e 2 + 2F\left(\frac{x}{2}\right) + 2\int_0^{\frac{x}{2}} \log_e \cos u\, du$$

ここで,$\int_0^{\frac{x}{2}} \log_e \cos u\, du$ で,$u = \dfrac{\pi}{2} - v$ とおくと,

$$\int_0^{\frac{x}{2}} \log_e \cos u\, du = -\int_{\frac{\pi}{2}}^{\frac{\pi}{2}-\frac{x}{2}} \log_e \sin v\, dv$$

$$= \int_{\frac{\pi}{2}-\frac{x}{2}}^{\frac{\pi}{2}} \log_e \sin v\, dv$$

Memo
オイラー積分

$$\int_0^{\frac{\pi}{2}} \log_e \sin x\, dx$$
$$= \int_0^{\frac{\pi}{2}} \log_e \cos x\, dx$$
$$= -\frac{\pi}{2} \log_e 2\ (<0)$$

となって,

$$F(x) = x\log_e 2 + 2F\left(\frac{x}{2}\right) + 2F\left(\frac{\pi}{2}\right) - 2F\left(\frac{\pi-x}{2}\right)$$

よって,

$$F\left(\frac{x}{2}\right) - F\left(\frac{\pi-x}{2}\right) = \frac{1}{2}F(x) - \frac{x}{2}\log_e 2 - F\left(\frac{\pi}{2}\right) \quad \cdots ①$$

ここで,$x = \dfrac{\pi}{2}$ を ① に代入して,

$$F\left(\frac{\pi}{4}\right) - F\left(\frac{\pi}{4}\right) = \frac{1}{2}F\left(\frac{\pi}{2}\right) - \frac{\pi}{4}\log_e 2 - F\left(\frac{\pi}{2}\right)$$

よって，
$$F\left(\frac{\pi}{2}\right) = -\frac{\pi}{2}\log_e 2 \qquad \cdots ②$$

② を ① に代入して，
$$F\left(\frac{x}{2}\right) - F\left(\frac{\pi-x}{2}\right) = \frac{1}{2}F(x) - \frac{x}{2}\log_e 2 + \frac{\pi}{2}\log_e 2 = \frac{1}{2}F(x) + \frac{\pi-x}{2}\log_e 2$$

が得られる．

▶ **例題 19** $\displaystyle\int_0^{\frac{\pi}{2}} \frac{1}{a\cos^2 x + b\sin^2 x}\,dx \quad (a>0,\ b>0)$ を求めなさい．

▶▶ **考え方**
例題 3 で説明したように，$\tan x = t$ とおく．

解答 ▷
$$\int_0^{\frac{\pi}{2}} \frac{1}{a\cos^2 x + b\sin^2 x}\,dx = \int_0^{\infty} \frac{1}{b\left(t^2 + \frac{a}{b}\right)}\,dt$$
$$= \sqrt{\frac{1}{ab}} \lim_{R\to\infty} \left[\tan^{-1}\left(\sqrt{\frac{b}{a}}\,t\right)\right]_0^R$$
$$= \frac{1}{\sqrt{ab}} \lim_{R\to\infty} \tan^{-1}\left(\sqrt{\frac{b}{a}}\,R\right)$$
$$= \frac{\pi}{2\sqrt{ab}}$$

(答) $\dfrac{\pi}{2\sqrt{ab}}$

Check!
$\displaystyle\lim_{x\to\infty} \tan^{-1} x = \frac{\pi}{2}$

3　定積分の応用

▶▶ **出題傾向と学習上のポイント**
定積分の応用として，面積，体積，曲線の長さは基本的内容です．公式を確実に覚えて，正確に，かつ速く計算できるようにしましょう．

(1) 面積，体積

▶ **例題 20** 媒介変数 θ （θ はラジアンで $0 \leqq \theta \leqq 2\pi$）によって，

3 定積分の応用

$$\begin{cases} x = 2\cos\theta + \cos 2\theta \\ y = \sin 2\theta \end{cases}$$

で表される曲線は，図 3.6 のような魚形の閉曲線である．この曲線で囲まれる図形のうち，三重点よりも右側の部分（図の灰色部分）の面積を求めなさい．

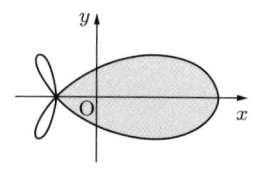

図 3.6

▶▶ **考え方**
曲線の概形と，求める灰色部分が具体的に示されているので，媒介変数と曲線上の点との対応を調べる．

解答▷ 媒介変数と，曲線上の点との対応を調べると，$\theta = 0$ が右端の点 $(3, 0)$，$0 \leq \theta \leq \dfrac{\pi}{2}$ が上側の曲線，$\dfrac{3}{2}\pi \leq \theta \leq 2\pi$ が下側の曲線，三重点 $(-1, 0)$ は $\theta = \dfrac{\pi}{2}, \pi, \dfrac{3}{2}\pi$ のときである．

したがって，求める面積は，$0 \leq \theta \leq \dfrac{\pi}{2}$ の範囲の曲線と，x 軸とで囲まれた部分の面積の 2 倍である．すなわち，つぎのようになる．

$$2\int_{-1}^{3} y\,dx = 2\int_{\frac{\pi}{2}}^{0} y\frac{dx}{d\theta}\,d\theta = -2\int_{0}^{\frac{\pi}{2}} \sin 2\theta \{-2(\sin\theta + \sin 2\theta)\}\,d\theta$$
$$= 4\left(\int_{0}^{\frac{\pi}{2}} \sin 2\theta \cdot \sin\theta\,d\theta + \int_{0}^{\frac{\pi}{2}} \sin^2 2\theta\,d\theta\right)$$

ここで，$\displaystyle\int_{0}^{\frac{\pi}{2}} \sin 2\theta \cdot \sin\theta\,d\theta = 2\int_{0}^{\frac{\pi}{2}} \sin^2\theta \cdot \cos\theta\,d\theta$ より $\sin\theta = t$ とおくと，上式は，$2\displaystyle\int_{0}^{1} t^2\,dt = \dfrac{2}{3}$ となる．

さらに，$\displaystyle\int_{0}^{\frac{\pi}{2}} \sin^2 2\theta\,d\theta = \int_{0}^{\frac{\pi}{2}} \dfrac{1 - \cos 4\theta}{2}\,d\theta = \dfrac{\pi}{4}$ である．

したがって，求める面積は，$4\left(\dfrac{2}{3} + \dfrac{\pi}{4}\right) = \pi + \dfrac{8}{3}$ (答) $\pi + \dfrac{8}{3}$

▶ **例題 21** 楕円 $\dfrac{x^2}{4} + y^2 = 1$ の長軸を含む x 軸のまわりに，この楕円を回転して得られる楕円面を S とする．楕円面 S を囲む立体の体積 V が，x 軸に垂直な 2 平面によって，$5 : 22 : 5$ に分割されるとき，この 2 平面の方程式を求めなさい．

▶▶ **考え方**
x 軸のまわりの回転体の体積を $5 : 22 : 5$ に分割する x 座標を求める．

第 3 章 積分法

解答▷ 長軸を含む x 軸のまわりの回転体の体積 V は,

$$V = \pi \int_{-2}^{2} \left(1 - \frac{x^2}{4}\right) dx = 2\pi \left[x - \frac{x^3}{12}\right]_0^2 = \frac{8}{3}\pi$$

$-2 \leqq x \leqq a$ の範囲の回転体の体積 $W(a)$ は

$$W(a) = \pi \int_{-2}^{a} \left(1 - \frac{x^2}{4}\right) dx = \pi \left[x - \frac{x^3}{12}\right]_{-2}^{a}$$
$$= \pi \left(a - \frac{a^3}{12} + \frac{4}{3}\right)$$

> **Check!**
> x 軸のまわりの回転体の体積 $= \pi \int_a^b y^2\, dx$
> y 軸のまわりの回転体の体積 $= \pi \int_a^b x^2\, dx$

$W(a)$ が V の $\dfrac{5}{5+22+5}$ $\left(= \dfrac{5}{32}\right)$ 倍になるのは, $\pi\left(a - \dfrac{a^3}{12} + \dfrac{4}{3}\right) = \dfrac{8}{3}\pi \times \dfrac{5}{32}$ である. これを整理して, $a^3 - 12a - 11 = 0$ を得る.

a について解くと, $(a+1)(a^2 - a - 11) = 0$ より,

$$a = -1, \frac{1 \pm 3\sqrt{5}}{2}$$

$-2 < a < 2$ から, $a = -1$ が得られる.

また, 楕円の対称性から, $a = 1$ のとき $W(a)$ が V の $\dfrac{5+22}{5+22+5}$ $\left(= \dfrac{27}{32}\right)$ 倍になる.

よって, 2 平面の方程式は $x = \pm 1$ となる.

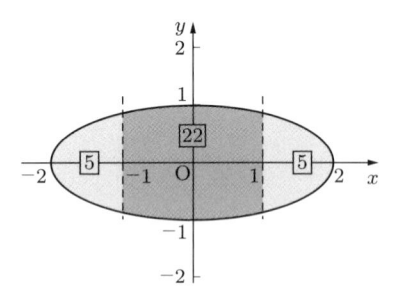

(答) $\underline{x = \pm 1}$

図 3.7

重要 極座標表示された曲線の面積

極座標表示 $r = f(\theta)$ $(\alpha \leqq \theta \leqq \beta)$ された曲線の面積 S

$$S = \frac{1}{2}\int_\alpha^\beta r^2\, d\theta = \frac{1}{2}\int_\alpha^\beta \{f(\theta)\}^2\, d\theta$$

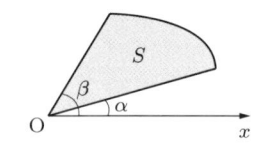

図 3.8

▶ **例題 22** 心臓形(カージオイド):$r = a(1+\cos\theta)$ $(a > 0,\ 0 \leqq \theta \leqq 2\pi)$ の曲線で囲まれた面積を求めなさい.

> ▶▶ **考え方**
> 曲線の概形と, 媒介変数 θ と, 曲線上の点との対応づけがわかれば容易に解ける.

解答▷ $S = \dfrac{1}{2}\int_0^{2\pi} r^2\, d\theta = 2 \times \dfrac{1}{2}\int_0^{\pi} r^2\, d\theta$

$$= a^2 \int_0^\pi (1+\cos\theta)^2 \, d\theta = a^2 \int_0^\pi 4\cos^4 \frac{\theta}{2} \, d\theta$$

$$= 8a^2 \int_0^{\frac{\pi}{2}} \cos^4 t \, dt \quad \left(\frac{\theta}{2} = t \text{ とおく}\right)$$

$$= 8a^2 \cdot \frac{3}{4} \cdot \frac{1}{2} \cdot \frac{\pi}{2} = \frac{3}{2}\pi a^2$$

(答) $\dfrac{3}{2}\pi a^2$

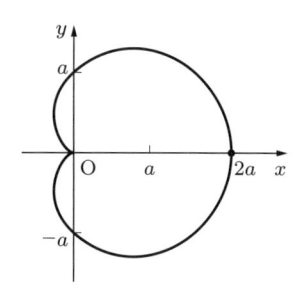

図 3.9 カージオイド曲線

Check!

$1+\cos\theta = 2\cos^2\dfrac{\theta}{2}$ から，$(1+\cos\theta)^2 = 4\cos^4\dfrac{\theta}{2}$ となるので，ウォリス積分の公式を活用する．

▶ **例題 23★** 極座標で与えられた二つの曲線，

$$C_1: r = \sin 3\theta + 4 \qquad C_2: r = \sin 3\left(\theta - \frac{\pi}{6}\right) + a \quad (2 \leqq a \leqq 4)$$

があり，ともに偏角は $0 \leqq \theta \leqq 2\pi$ の範囲を動くとします．
(1) C_1 と C_2 が接するような，a の値を求めなさい．
(2) (1) のとき，内側の曲線が囲む部分の面積 A と，二つの曲線の間に囲まれた部分の面積 B の大小関係を調べなさい．

▶▶ **考え方**

極座標で与えられた二つの曲線，$r = f_1(\theta)$，$r = f_2(\theta)$ が接するとは，差 $f_1(\theta) - f_2(\theta)$ が，ある θ の値に対して 0 になり，かつ，その近傍で符号が変化しないと考える．

解答▷ (1) $f(\theta) = \sin 3\theta + 4 - \left\{\sin 3\left(\theta - \dfrac{\pi}{6}\right) + a\right\}$ とおく．

$\sin 3\left(\theta - \dfrac{\pi}{6}\right) = -\cos 3\theta$ から，$f(\theta) = \sqrt{2}\sin 3\left(\theta + \dfrac{\pi}{12}\right) + 4 - a$

C_1 と C_2 が接するとは，$f(\theta)$ の値が $0 \leqq \theta \leqq 2\pi$ のある点において 0 になり，かつ，その近傍で符号が変化しないということである．

$\sqrt{2}\sin 3\left(\theta + \dfrac{\pi}{12}\right) + 4$ の最小値は $4 - \sqrt{2}$，最大値は $4 + \sqrt{2}$ であるから，$a = 4 \pm \sqrt{2}$ のとき二つの曲線は接する．このうち，$2 \leqq a \leqq 4$ を満たすのは，$a = 4 - \sqrt{2}$ である．

(答) $4 - \sqrt{2}$

(2) C_1 の囲む面積を S_1，C_2 の囲む面積を S_2 とおく．
極座標における面積の公式より，

$$S_1 = \frac{1}{2}\int_0^{2\pi} (\sin 3\theta + 4)^2 \, d\theta = \frac{1}{2}\int_0^{2\pi} (\sin^2 3\theta + 8\sin 3\theta + 16) \, d\theta$$

第 3 章　積分法

$$= \frac{1}{2}\int_0^{2\pi}\left(\frac{1-\cos 6\theta}{2}+8\sin 3\theta+16\right)d\theta$$

$$= \frac{1}{4}\left[\theta-\frac{\sin 6\theta}{6}\right]_0^{2\pi}-\frac{4}{3}\left[\cos 3\theta\right]_0^{2\pi}+8\times 2\pi = \frac{33}{2}\pi$$

また，(1) より $a = 4-\sqrt{2}$ であるから，

$$S_2 = \frac{1}{2}\int_0^{2\pi}\left\{\sin 3\left(\theta-\frac{\pi}{6}\right)+a\right\}^2 d\theta = \frac{1}{2}\int_0^{2\pi}(-\cos 3\theta+a)^2 d\theta$$

$$= \frac{1}{2}\int_0^{2\pi}\{\cos^2 3\theta - 2a\cos 3\theta + a^2\}d\theta$$

$$= \frac{1}{2}\int_0^{2\pi}\left(\frac{1+\cos 6\theta}{2}-2a\cos 3\theta+a^2\right)d\theta$$

$$= \frac{1}{4}\left[\theta+\frac{\sin 6\theta}{6}\right]_0^{2\pi}-\frac{4-\sqrt{2}}{3}\left[\sin 3\theta\right]_0^{2\pi}+\pi(4-\sqrt{2})^2 = \frac{37-16\sqrt{2}}{2}\pi$$

よって，$S_2 < S_1$ より $A = S_2 = \dfrac{37-16\sqrt{2}}{2}\pi$，
$B = S_1 - S_2 = 2(4\sqrt{2}-1)\pi$ を得る．
　これより

$$A - B = \frac{41-32\sqrt{2}}{2}\pi$$

となるが，

$$41^2 = 1681 < 32^2 \times 2 = 2048$$

より $A-B<0$，すなわち $B>A$ を得る．　　（答）$B > A$

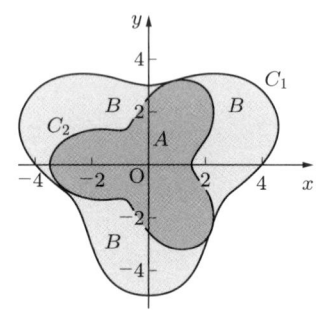

図 3.10

(2) 曲線の長さ

曲線の長さ l を求める計算を，曲線の三つの表し方に対して説明する．

重要　媒介変数表示された曲線の長さ

媒介変数表示 $x=x(t),\ y=y(t)\ \ (\alpha \leqq t \leqq \beta)$ された曲線の長さ l

$$l = \int_\alpha^\beta \sqrt{\left(\frac{dx}{dt}\right)^2+\left(\frac{dy}{dt}\right)^2}\,dt$$

▶ **例題 24**　サイクロイド：$x = a(t-\sin t),\ y = a(1-\cos t)\ \ (a>0,\ 0 \leqq t \leqq 2\pi)$ の曲線の長さを求めなさい．

▶▶ 考え方
媒介変数表示された曲線の長さの公式を適用する．

解答▷ $\dfrac{dx}{dt} = a(1-\cos t),\ \dfrac{dy}{dt} = a\sin t$ から,

$$\sqrt{\left(\dfrac{dx}{dt}\right)^2 + \left(\dfrac{dy}{dt}\right)^2} = 2a\left|\sin\dfrac{t}{2}\right| = 2a\sin\dfrac{t}{2} \quad (\because a>0,\ 0 \leqq t \leqq 2\pi)$$

$$l = \int_0^{2\pi} 2a\sin\dfrac{t}{2}\,dt = 2a\cdot 2\left[-\cos\dfrac{t}{2}\right]_0^{2\pi} = 8a \qquad \text{(答)}\ 8a$$

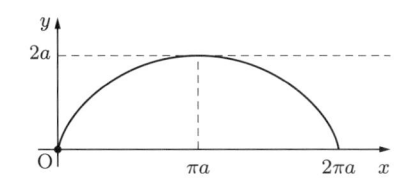

図 3.11 サイクロイド曲線

重要 $y=f(x)$ で表示された曲線の長さ

$y=f(x)\ (a \leqq x \leqq b)$ で表示された曲線の長さ l

$$l = \int_a^b \sqrt{1+\left(\dfrac{dy}{dx}\right)^2}\,dx = \int_a^b \sqrt{1+(f'(x))^2}\,dx$$

Check!
$x=g(y)\ (\alpha \leqq y \leqq \beta)$
ならば
$$l = \int_\alpha^\beta \sqrt{1+(g'(y))^2}\,dy$$

▶ **例題 25** 懸垂線(カテナリー):$y = \dfrac{a}{2}(e^{\frac{x}{a}} + e^{-\frac{x}{a}})\ (a>0)$ について,つぎの問いに答えなさい.ただし,$b>0$ とします.
(1) x 軸,$x=0$,$x=b$ で囲まれた面積 S を求めなさい.
(2) $x=0$ から $x=b$ までの,曲線 L の長さを求めなさい.

▶▶ **考え方**
(2) では,$y=f(x)$ で表示された曲線の長さの公式を適用する.

解答▷ (1) $S = \displaystyle\int_0^b y\,dx = \dfrac{a}{2}\int_0^b (e^{\frac{x}{a}} + e^{-\frac{x}{a}})\,dx$

$$= \dfrac{a}{2}a\left[e^{\frac{x}{a}} - e^{-\frac{x}{a}}\right]_0^b = \dfrac{a^2}{2}(e^{\frac{b}{a}} - e^{-\frac{b}{a}}) \qquad \text{(答)}\ \dfrac{a^2}{2}(e^{\frac{b}{a}} - e^{-\frac{b}{a}})$$

(2) $y' = \dfrac{1}{2}(e^{\frac{x}{a}} - e^{-\frac{x}{a}})$ より,$\sqrt{1+(y')^2} = \dfrac{1}{2}(e^{\frac{x}{a}} + e^{-\frac{x}{a}})$ となるので,

$$L = \int_0^b \sqrt{1+(y')^2}\,dx = \dfrac{1}{2}\int_0^b (e^{\frac{x}{a}} + e^{-\frac{x}{a}})\,dx = \dfrac{a}{2}(e^{\frac{b}{a}} - e^{-\frac{b}{a}}) \qquad \text{(答)}\ \dfrac{a}{2}(e^{\frac{b}{a}} - e^{-\frac{b}{a}})$$

第 3 章 積分法

> **Memo**
> (1), (2) より $S = aL$ となり，とくに $a = 1$ すなわち，$y = \dfrac{e^x + e^{-x}}{2}$ では，$S = L$ となる．

▶ **例題 26** 放物線 $y^2 = 4ax$ $(a > 0)$ と，$3y = 8x$ との原点 O 以外の交点を A とします．このとき，点 O から点 A までの放物線の弧の長さを計算しなさい．

> ▶▶ 考え方
> $y = f(x)$ で表示された曲線の長さの公式を適用する．
> ただし，$\dfrac{dy}{dx}$ よりも $\dfrac{dx}{dy}$ の計算が容易であるため，$l = \displaystyle\int_a^b \sqrt{1 + \left(\dfrac{dy}{dx}\right)^2}\, dx$ ではなく，$l = \displaystyle\int_\alpha^\beta \sqrt{1 + \left(\dfrac{dx}{dy}\right)^2}\, dy$ で計算する．

解答▷ $y^2 = 4ax$ と $3y = 8x$ の交点の y 座標は，$y^2 = 4a \cdot \dfrac{3}{8}y = \dfrac{3}{2}ay$ より，$y = 0, \dfrac{3}{2}a$ である．

よって，$\mathrm{A}\left(\dfrac{9}{16}a, \dfrac{3}{2}a\right)$ であり，求める弧の長さ l は

$$l = \int_0^{\frac{3}{2}a} \sqrt{1 + \left(\dfrac{dx}{dy}\right)^2}\, dy = \int_0^{\frac{3}{2}a} \sqrt{1 + \left(\dfrac{y}{2a}\right)^2}\, dy$$

$y = 2az$ とおいて，置換積分を行うと，$dy = 2a\, dz$ である．また，$0 \leqq y \leqq \dfrac{3}{2}a$ のとき $0 \leqq z \leqq \dfrac{3}{4}$ であるから，

$$l = 2a \int_0^{\frac{3}{4}} \sqrt{1 + z^2}\, dz$$

ここで，$t = z + \sqrt{1 + z^2}$ とおくと，$(t - z)^2 = 1 + z^2$ より，

$$z = \dfrac{1}{2t}(t^2 - 1) = \dfrac{1}{2}\left(t - \dfrac{1}{t}\right), \quad \sqrt{1 + z^2} = t - z = \dfrac{1}{2}\left(t + \dfrac{1}{t}\right), \quad dz = \dfrac{1}{2}\left(1 + \dfrac{1}{t^2}\right) dt$$

よって，

$$\int \sqrt{1 + z^2}\, dz = \int \dfrac{1}{2}\left(t + \dfrac{1}{t}\right) \cdot \dfrac{1}{2}\left(1 + \dfrac{1}{t^2}\right) dt = \dfrac{1}{4} \int \left(t + \dfrac{2}{t} + \dfrac{1}{t^3}\right) dt$$

$$= \dfrac{1}{4}\left(\dfrac{t^2}{2} - \dfrac{1}{2t^2} + 2\log_e |t|\right) + C \quad (C : \text{積分定数})$$

$$= \dfrac{1}{8}\left(t - \dfrac{1}{t}\right)\left(t + \dfrac{1}{t}\right) + \dfrac{1}{2}\log_e |t| + C$$

$$= \dfrac{1}{2}\left(z\sqrt{1 + z^2} + \log_e \left|z + \sqrt{1 + z^2}\right|\right) + C$$

となる．ゆえに，
$$l = a\left[z\sqrt{1+z^2} + \log_e\left|z+\sqrt{1+z^2}\right|\right]_0^{\frac{3}{4}}$$
$$= a\left(\frac{3}{4}\cdot\frac{5}{4} + \log_e\left|\frac{3}{4}+\frac{5}{4}\right|\right) = \left(\frac{15}{16} + \log_e 2\right)a$$

> **Check!**
> $\int \sqrt{1+z^2}\,dz$ の計算は
> 例題 6 (2) 参照．

（答）$\left(\dfrac{15}{16} + \log_e 2\right)a$

重要 極座標表示された曲線の長さ

極座標表示 $r = r(\theta)$ $(\alpha \leqq \theta \leqq \beta)$ された曲線の長さ l

$$l = \int_\alpha^\beta \sqrt{\left(\frac{dr}{d\theta}\right)^2 + r^2}\,d\theta$$

上記の公式は以下のように導出できる．$x = r\cos\theta$, $y = r\sin\theta$ より，$\dfrac{dx}{d\theta} = \dfrac{dr}{d\theta}\cos\theta - r\sin\theta$, $\dfrac{dy}{d\theta} = \dfrac{dr}{d\theta}\sin\theta - r\cos\theta$ となって，$\left(\dfrac{dx}{d\theta}\right)^2 + \left(\dfrac{dy}{d\theta}\right)^2 = \left(\dfrac{dr}{d\theta}\right)^2 + r^2$ となる．

よって，$l = \displaystyle\int_\alpha^\beta \sqrt{\left(\dfrac{dx}{d\theta}\right)^2 + \left(\dfrac{dy}{d\theta}\right)^2}\,d\theta = \int_\alpha^\beta \sqrt{\left(\dfrac{dr}{d\theta}\right)^2 + r^2}\,d\theta$ が得られる．

▶ **例題 27** 心臓形（カージオイド）：$r = a(1+\cos\theta)$ $(a>0,\ 0\leqq\theta\leqq 2\pi)$ の曲線の長さを求めなさい．

> ▶▶ **考え方**
> 極座標表示された曲線の長さの公式を活用する．

解答 ▷ $\dfrac{dr}{d\theta} = -a\sin\theta$, $\sqrt{\left(\dfrac{dr}{d\theta}\right)^2 + r^2} = \sqrt{a^2\sin^2\theta + a^2(1+\cos\theta)^2} = 2a\left|\cos\dfrac{\theta}{2}\right|$

よって，求める曲線の長さを l とすると，

$$l = \int_0^{2\pi} 2a\left|\cos\frac{\theta}{2}\right|d\theta = 4a\int_0^\pi \cos\frac{\theta}{2}\,d\theta = 8a \qquad \text{（答）} 8a$$

▶▶▶ 演習問題 3

1 つぎの不定積分を求めなさい．

(1★) $\displaystyle\int \frac{1}{a+b\cos x}\,dx$ 　(2) $\displaystyle\int \sin^{-1}\sqrt{\frac{x}{x+1}}\,dx$ 　(3) $\displaystyle\int \frac{x\cos\alpha - 1}{x^2 - 2x\cos\alpha + 1}\,dx$

2 $f(x)$ を n 次の整式とする．$f^{(0)}(x) = f(x)$，$k = 1, 2, \ldots$ に対して，$f^{(k)}(x)$ は $f(x)$ の k 次の導関数とするとき，不定積分 $\displaystyle\int a^{kx} f(x)\, dx$ $(a > 0, a \neq 1, k : \text{定数})$ を $f^{(0)}(x)$, $f^{(1)}(x), \ldots, f^{(n)}(x)$ を用いて表しなさい．

3 つぎの問いに答えなさい．

(1) $\displaystyle I_n = \int \frac{x^n}{\sqrt{\alpha x^2 + \beta^2}}\, dx$ $(\alpha \neq 0, \beta \neq 0)$ の漸化式をつくりなさい．

(2★) $\displaystyle I_{m,n} = \int \sin^m x \cos^n x\, dx$ とするとき，つぎの四つの漸化式を証明しなさい．

$$I_{m,n} = \frac{\sin^{m+1} x \cdot \cos^{n-1} x}{m+n} + \frac{n-1}{m+n} I_{m,n-2} \quad (m+n \neq 0)$$

$$I_{m,n} = -\frac{\sin^{m-1} x \cdot \cos^{n+1} x}{m+n} + \frac{m-1}{m+n} I_{m-2,n} \quad (m+n \neq 0)$$

$$I_{m,n} = -\frac{\sin^{m+1} x \cdot \cos^{n+1} x}{n+1} + \frac{m+n+2}{n+1} I_{m,n+2} \quad (n \neq -1)$$

$$I_{m,n} = \frac{\sin^{m+1} x \cdot \cos^{n+1} x}{m+1} + \frac{m+n+2}{m+1} I_{m+2,n} \quad (m \neq -1)$$

4★ つぎの極限値を求めなさい．

(1) $\displaystyle \lim_{n\to\infty} \frac{n}{(n!)^{\frac{1}{n}}}$ (2) $\displaystyle \lim_{n\to\infty} \frac{(1^\alpha + 2^\alpha + \cdots + n^\alpha)^{\beta+1}}{(1^\beta + 2^\beta + \cdots + n^\beta)^{\alpha+1}}$ $(\alpha, \beta > 0)$

5★ つぎの問いに答えなさい．

(1) $\displaystyle 1 - (1-x)^n = x \cdot \sum_{k=1}^{n} (1-x)^{k-1}$ （n は正の整数）が成り立つことを示しなさい．

(2) (1) から $\displaystyle \int_0^1 \frac{1 - (1-x)^n}{x}\, dx = \sum_{k=1}^{n} \frac{1}{k}$ が成り立つことを示しなさい．

(3) (2) を活用して，$\displaystyle \int_0^\infty e^{-x} \log_e x\, dx$ の値を求めなさい．ただし，

$$\lim_{n\to\infty} \left(\sum_{k=1}^{n} \frac{1}{k} - \log_e n \right) = \gamma \text{ （オイラー・マスケローニの定数）は既知として使用し}$$

て構いません．

6★★ つぎの定積分を求めなさい．

(1) $\displaystyle \int_0^{\frac{\pi}{2}} \sqrt{\tan x}\, dx$ (2) $\displaystyle \int_0^{\frac{\pi}{2}} \sin^m x \cos^n x\, dx$ （m, n は正の整数）

7 ガンマ関数 $\displaystyle \Gamma(p) = \int_0^\infty e^{-x} x^{p-1}\, dx$ $(p > 0)$ について，つぎの式を証明しなさい．

(1) $\Gamma(p) = (p-1) \Gamma(p-1)$ (2) $\Gamma(p) = (p-1)!$ （$p : $ 自然数）

(3) $\Gamma\left(\dfrac{1}{2}\right) = 2\displaystyle\int_0^\infty e^{-x^2}\,dx$

8 ベータ関数 $B(p,q) = \displaystyle\int_0^1 x^{p-1}(1-x)^{q-1}\,dx$ $(p > 0,\ q > 0)$ について，つぎの式を証明しなさい．

(1) $B(p,q) = B(q,p)$ (2) $B(p,q) = \dfrac{(p-1)!\,(q-1)!}{(p+q-1)!}$ $(p,\ q:$ 自然数$)$

9 双曲線 $x^2 - y^2 = 1$ の $x > 0$ の部分（これを枝という）があります．このとき，つぎの問いに答えなさい．

(1) 直線 $x = a\ (a > 1)$ が，この双曲線の漸近線と交わる点を A，B，双曲線と交わる点を C，D とする．A，C，D，B がこの順に等間隔に並ぶとき，a の値を求めなさい．

(2) (1)のような直線を引いたとき，線分 CD と双曲線で囲まれる部分の面積を求めなさい．

10 二つの曲線 $\alpha y^3 = x^4$，$\beta x^3 = y^4$ $(\alpha > 0,\ \beta > 0)$ の原点 O 以外の交点を P とするとき，つぎの問いに答えなさい．

(1) 原点 O から交点 P までの両曲線で囲まれる図形の面積を求めなさい．

(2) (1)で求めた面積が一定であるように，α，β を定めたとき，交点 P の軌跡を求めなさい．

▶▶▶ 演習問題 3 解答

1 ▶▶ 考え方

(1) $\tan\dfrac{x}{2} = t$ とおくと，$\displaystyle\int \dfrac{1}{a + b\cos x}\,dx = \int \dfrac{2}{a + b + (a - b)t^2}\,dt$ となる．
また，$a + b = \alpha$，$a - b = \beta$ とおくと，$\alpha\beta = (a+b)(a-b) = a^2 - b^2$ となり，$\alpha\beta$ が正，0，負によって計算結果が異なることに注意する．

(2) $\sin^{-1}\sqrt{\dfrac{x}{x+1}} = t$ とおく．

(3) 分子と分母の関係に注目する．

解答 ▷ 求める不定積分を I とする．

(1) $\tan\dfrac{x}{2} = t$ とおくと，$I = \displaystyle\int \dfrac{1}{a + b\cos x}\,dx = \int \dfrac{2}{a + b + (a - b)t^2}\,dt$

(i) $a = b$ のとき $I = \displaystyle\int \dfrac{2}{2a}\,dt = \dfrac{t}{a} = \dfrac{1}{a}\tan\dfrac{x}{2}$

(ii) $a = -b$ のとき $I = \displaystyle\int \dfrac{2}{2at^2}\,dt = -\dfrac{1}{at} = -\dfrac{1}{a}\cot\dfrac{x}{2}$

第 3 章　積分法

(iii) $a^2 < b^2$ のとき $I = \displaystyle\int \dfrac{2dt}{a+b-(b-a)t^2} = -\dfrac{2}{b-a}\int \dfrac{dt}{\left(t^2 - \dfrac{b+a}{b-a}\right)}$

$= -\dfrac{2}{b-a}\displaystyle\int \dfrac{dt}{\left(t+\sqrt{\dfrac{b+a}{b-a}}\right)\left(t-\sqrt{\dfrac{b+a}{b-a}}\right)}$

$= -\dfrac{2}{b-a} \cdot \dfrac{1}{-2\sqrt{\dfrac{b+a}{b-a}}}\displaystyle\int \left(\dfrac{1}{t+\sqrt{\dfrac{b+a}{b-a}}} - \dfrac{1}{t-\sqrt{\dfrac{b+a}{b-a}}}\right)dt$

$= \dfrac{1}{b-a}\sqrt{\dfrac{b-a}{b+a}}\log_e \left|\dfrac{\tan\dfrac{x}{2} + \sqrt{\dfrac{b+a}{b-a}}}{\tan\dfrac{x}{2} - \sqrt{\dfrac{b+a}{b-a}}}\right|$

(iv) $a^2 > b^2$ のとき $I = \dfrac{2}{a-b}\displaystyle\int \dfrac{dt}{t^2 + \dfrac{a+b}{a-b}} = \dfrac{2}{a-b}\sqrt{\dfrac{a-b}{a+b}}\tan^{-1}\left(\sqrt{\dfrac{a-b}{a+b}}\tan\dfrac{x}{2}\right)$

(答) $\begin{cases} \dfrac{1}{a}\tan\dfrac{x}{2} \quad (a=b) \\[4pt] -\dfrac{1}{a}\cot\dfrac{x}{2} \quad (a=-b) \\[4pt] \dfrac{1}{b-a}\sqrt{\dfrac{b-a}{b+a}}\log_e\left|\dfrac{\tan\dfrac{x}{2}+\sqrt{\dfrac{b+a}{b-a}}}{\tan\dfrac{x}{2}-\sqrt{\dfrac{b+a}{b-a}}}\right| \quad (a^2 < b^2) \\[4pt] \dfrac{2}{a-b}\sqrt{\dfrac{a-b}{a+b}}\tan^{-1}\left(\sqrt{\dfrac{a-b}{a+b}}\tan\dfrac{x}{2}\right) \quad (a^2 > b^2) \end{cases}$

(2) $\sin^{-1}\sqrt{\dfrac{x}{x+1}} = t$ とおくと，

$\sqrt{\dfrac{x}{x+1}} = \sin t, \ x = \tan^2 t$

$dx = 2\tan t \dfrac{dt}{\cos^2 t} = \dfrac{2\sin t}{\cos^3 t}dt$ より，

$I = \displaystyle\int \sin^{-1}\sqrt{\dfrac{x}{x+1}}\,dx = 2\int t\dfrac{\sin t}{\cos^3 t}dt$

$= 2\displaystyle\int t\left(\dfrac{1}{2\cos^2 t}\right)' dt$

$= 2\left(\dfrac{t}{2\cos^2 t} - \dfrac{1}{2}\displaystyle\int \dfrac{1}{\cos^2 t}dt\right)$

$= \dfrac{t}{\cos^2 t} - \tan t = (x+1)\sin^{-1}\sqrt{\dfrac{x}{x+1}} - \sqrt{x}$

> **Check!**
> $0 \leqq t \leqq \dfrac{\pi}{2}$ より
> $\cos t = \dfrac{1}{\sqrt{x+1}} > 0$ となる．また，$\tan t = \sqrt{x}$ に注意する．

(答) $(x+1)\sin^{-1}\sqrt{\dfrac{x}{x+1}} - \sqrt{x}$

(3) $\displaystyle\int \dfrac{x\cos\alpha - 1}{x^2 - 2x\cos\alpha + 1}\,dx = \int \dfrac{x\cos\alpha}{x^2 - 2x\cos\alpha + 1}\,dx - \int \dfrac{1}{x^2 - 2x\cos\alpha + 1}\,dx$

$= \displaystyle\int \dfrac{\dfrac{\cos\alpha}{2}(2x - 2\cos\alpha) + \cos^2\alpha}{x^2 - 2x\cos\alpha + 1}\,dx - \int \dfrac{1}{x^2 - 2x\cos\alpha + 1}\,dx$

$= \dfrac{\cos\alpha}{2}\log_e(x^2 - 2x\cos\alpha + 1) + \displaystyle\int \dfrac{\cos^2\alpha - 1}{x^2 - 2x\cos\alpha + 1}\,dx$

ここで,

$\displaystyle\int \dfrac{\cos^2\alpha - 1}{x^2 - 2x\cos\alpha + 1}\,dx = -\sin^2\alpha \int \dfrac{1}{(x - \cos\alpha)^2 + \sin^2\alpha}\,dx$

$= -\sin^2\alpha \cdot \dfrac{1}{\sin\alpha}\tan^{-1}\left(\dfrac{x - \cos\alpha}{\sin\alpha}\right) = -\sin\alpha \tan^{-1}\left(\dfrac{x - \cos\alpha}{\sin\alpha}\right)$

よって,

$\displaystyle\int \dfrac{x\cos\alpha - 1}{x^2 - 2x\cos\alpha + 1}\,dx$
$= \dfrac{\cos\alpha}{2}\log_e(x^2 - 2x\cos\alpha + 1) - \sin\alpha \tan^{-1}\left(\dfrac{x - \cos\alpha}{\sin\alpha}\right)$

(答) $\dfrac{\cos\alpha}{2}\log_e(x^2 - 2x\cos\alpha + 1) - \sin\alpha \tan^{-1}\left(\dfrac{x - \cos\alpha}{\sin\alpha}\right)$

2 ▶▶ 考え方
部分積分を用いる.なお,$f^{(0)}(x) = f(x)$ に注意する.

解答 ▷ $\displaystyle\int a^{kx} f(x)\,dx = \int \left(\dfrac{a^{kx}}{k\log_e a}\right)' f^{(0)}(x)\,dx$

$= \dfrac{a^{kx}}{k\log_e a} f^{(0)}(x) - \dfrac{1}{k\log_e a}\displaystyle\int a^{kx} f^{(1)}(x)\,dx$

$A = \dfrac{1}{k\log_e a}$ とおくと,

$\displaystyle\int a^{kx} f(x)\,dx = A\left\{a^{kx} f(x) - \int a^{kx} f^{(1)}(x)\right\}$

$\vdots$

$\displaystyle\int a^{kx} f^{(n-1)}(x)\,dx = A\left\{a^{kx} f^{(n-1)}(x) - \int a^{kx} f^{(n)}(x)\right\}$

よって,

第3章 積分法

$$\int a^{kx} f(x)\, dx = A\left[a^{kx} f(x) - A\left\{a^{kx} f^{(1)}(x) - \int a^{kx} f^{(2)}(x)\, dx\right\}\right]$$

$$= A a^{kx} f(x) - A^2 a^{kx} f^{(1)}(x) + A^2 \int a^{kx} f^{(2)}(x)\, dx$$

$$= A a^{kx} f(x) - A^2 a^{kx} f^{(1)}(x) + A^2 \cdot A\left\{a^{kx} f^{(2)}(x) - \int a^{kx} f^{(3)}(x)\, dx\right\}$$

$$= A a^{kx} f(x) - A^2 a^{kx} f^{(1)}(x) + A^3 a^{kx} f^{(2)}(x) + \cdots + (-1)^n A^{n+1} a^{kx} f^{(n)}(x)$$

$$= a^{kx} \sum_{m=0}^{n} (-1)^m A^{m+1} f^{(m)}(x) = a^{kx} \sum_{m=0}^{n} (-1)^m \frac{f^{(m)}(x)}{(k\log_e a)^{m+1}}$$

$$(答)\ a^{kx} \sum_{m=0}^{n} (-1)^m \frac{f^{(m)}(x)}{(k\log_e a)^{m+1}}$$

3 ▶▶ 考え方

(1) は $I_n = \displaystyle\int \frac{x}{\sqrt{\alpha x^2 + \beta^2}} \cdot x^{n-1}\, dx$, (2) は $I_{m,n} = \displaystyle\int \sin^m x \cos^{n-1} x \cos x\, dx$ として, 部分積分を考える. なお, (2) は $\displaystyle\int \sin mx \cos nx\, dx$ と勘違いしないように注意する.

解答 ▷ (1) $I_n = \displaystyle\int \frac{x}{\sqrt{\alpha x^2 + \beta^2}} \cdot x^{n-1}\, dx = \int x^{n-1} \left(\frac{\sqrt{\alpha x^2 + \beta^2}}{\alpha}\right)' dx$

$$= \frac{x^{n-1}\sqrt{\alpha x^2 + \beta^2}}{\alpha} - \frac{n-1}{\alpha} \int x^{n-2} \sqrt{\alpha x^2 + \beta^2}\, dx$$

$$= \frac{x^{n-1}\sqrt{\alpha x^2 + \beta^2}}{\alpha} - \frac{n-1}{\alpha} \int \frac{(\alpha x^2 + \beta^2) x^{n-2}}{\sqrt{\alpha x^2 + \beta^2}}\, dx$$

$$= \frac{x^{n-1}\sqrt{\alpha x^2 + \beta^2}}{\alpha} - \frac{n-1}{\alpha} \int \frac{\alpha x^n}{\sqrt{\alpha x^2 + \beta^2}}\, dx$$

$$\quad - \frac{(n-1)\beta^2}{\alpha} \int \frac{x^{n-2}}{\sqrt{\alpha x^2 + \beta^2}}\, dx$$

$$= \frac{x^{n-1}\sqrt{\alpha x^2 + \beta^2}}{\alpha} - (n-1) I_n - \frac{\beta^2 (n-1)}{\alpha} I_{n-2}$$

よって, $I_n = \dfrac{x^{n-1}\sqrt{\alpha x^2 + \beta^2}}{\alpha n} - \dfrac{\beta^2 (n-1)}{\alpha n} I_{n-2}$

$$(答)\ I_n = \frac{x^{n-1}\sqrt{\alpha x^2 + \beta^2}}{\alpha n} - \frac{\beta^2 (n-1)}{\alpha n} I_{n-2}$$

(2) $I_{m,n} = \displaystyle\int \sin^m x \cos^{n-1} x \cos x\, dx = \int \sin^m x \cos^{n-1} x (\sin x)'\, dx$

$$= \sin^{m+1} x \cos^{n-1} x$$
$$- \left\{ m \int \sin^m x \cos^n x \, dx - (n-1) \int \sin^{m+2} x \cos^{n-2} x \, dx \right\}$$
$$= \sin^{m+1} x \cos^{n-1} x - m I_{m,n} + (n-1) \int \sin^m x (1 - \cos^2 x) \cos^{n-2} x \, dx$$
$$= \sin^{m+1} x \cos^{n-1} x - m I_{m,n} + (n-1) I_{m,n-2} - (n-1) I_{m,n}$$

ゆえに,
$$(m+n) I_{m,n} = \sin^{m+1} x \cos^{n-1} x + (n-1) I_{m,n-2} \qquad \cdots ①$$

よって, $I_{m,n} = \dfrac{\sin^{m+1} x \cos^{n-1} x}{m+n} + \dfrac{n-1}{m+n} I_{m,n-2} \quad (m+n \neq 0) \quad \cdots$(i)

同様に, $I_{m,n} = \displaystyle\int \sin^{m-1} x \cos^n x \sin x \, dx$ と考える.

$$I_{m,n} = -\sin^{m-1} x \cos^{n+1} x$$
$$- \left\{ -(m-1) \int \sin^{m-2} x \cos^{n+2} x \, dx + n \int \sin^m x \cos^n x \, dx \right\}$$
$$= -\sin^{m-1} x \cos^{n+1} x$$
$$+ (m-1) \int \sin^{m-2} x (1 - \sin^2 x) \cos^n x \, dx - n I_{m,n}$$
$$= -\sin^{m-1} x \cos^{n+1} x + (m-1) I_{m-2,n} - (m-1) I_{m,n} - n I_{m,n}$$

ゆえに,
$$(m+n) I_{m,n} = -\sin^{m-1} x \cos^{n+1} x + (m-1) I_{m-2,n} \qquad \cdots ②$$

よって, $I_{m,n} = -\dfrac{\sin^{m-1} x \cos^{n+1} x}{m+n} + \dfrac{m-1}{m+n} I_{m-2,n} \quad (m+n \neq 0) \quad \cdots$(ii)

① で $I_{m,n-2}$ について解くと,
$$I_{m,n-2} = -\dfrac{\sin^{m+1} x \cos^{n-1} x}{n-1} + \dfrac{m+n}{n-1} I_{m,n}$$

ここで, $n-2$ を n におき換えると,
$$I_{m,n} = -\dfrac{\sin^{m+1} x \cos^{n+1} x}{n+1} + \dfrac{m+n+2}{n+1} I_{m,n+2} \quad (n \neq -1) \quad \cdots\text{(iii)}$$

同様に, ② で $I_{m-2,n}$ について解き, $m-2$ を m におき換えると,
$$I_{m,n} = \dfrac{\sin^{m+1} x \cos^{n+1} x}{m+1} + \dfrac{m+n+2}{m+1} I_{m+2,n} \quad (m \neq -1) \quad \cdots\text{(iv)}$$

よって, 四つの漸化式が成り立つことが証明された.

参考▷ (i) $I_{m,n} \to I_{m,n-2} \to I_{m,n-4} \to \cdots$ と, n が 2 ずつ減っていく.
(ii) $I_{m,n} \to I_{m-2,n} \to I_{m-4,n} \to \cdots$ と, m が 2 ずつ減っていく.
(iii) $I_{m,n} \to I_{m,n+2} \to I_{m,n+4} \to \cdots$ と, n が 2 ずつ増えていく.

第 3 章　積分法

(iv) $I_{m,n} \to I_{m+2,n} \to I_{m+4,n} \to \cdots$ と，m が 2 ずつ増えていく．

これらの関係式を適用すれば，m, n が偶数であれば 0，奇数であれば ± 1 と，最終的に以下の 9 個の積分に帰着できる．

$$I_{-1,-1} = \int \frac{1}{\sin x \cos x}\,dx = \log_e |\tan x|$$

$$I_{-1,0} = \int \frac{1}{\sin x}\,dx = \log_e \left|\tan \frac{x}{2}\right| \left(= \frac{1}{2}\log_e \frac{1-\cos x}{1+\cos x}\right)$$

$$I_{-1,1} = \int \frac{\cos x}{\sin x}\,dx = \log_e |\sin x|$$

$$I_{0,-1} = \int \frac{dx}{\cos x} = \log_e \left|\tan\left(\frac{x}{2} + \frac{\pi}{4}\right)\right| \left(= \frac{1}{2}\log_e \frac{1+\sin x}{1-\sin x}\right)$$

$$I_{0,0} = \int dx = x, \qquad I_{0,1} = \int \cos\,dx = \sin x$$

$$I_{1,-1} = \int \frac{\sin x}{\cos x}\,dx = -\log_e |\cos x|$$

$$I_{1,0} = \int \sin x\,dx = -\cos x, \qquad I_{1,1} = \int \sin x \cos x\,dx = \frac{\sin^2 x}{2}$$

4　▶▶ 考え方

(1) に出てくる $n!$ などの積は，対数をとることで和になることに注意する．

解答 ▷　(1)　$X(n) = \dfrac{n}{(n!)^{\frac{1}{n}}} = \left(\dfrac{n^n}{n!}\right)^{\frac{1}{n}}$ とおくと，

$$\begin{aligned}
\log_e X(n) &= \frac{1}{n}\left(\log_e \frac{n^n}{n!}\right) = \frac{1}{n}\log_e \left(\frac{n}{n}\cdot\frac{n}{n-1}\cdot\frac{n}{n-2}\cdots\frac{n}{2}\cdot\frac{n}{1}\right) \\
&= \frac{1}{n}\left(\log_e \frac{n}{1} + \log_e \frac{n}{2} + \log_e \frac{n}{3} + \cdots + \log_e \frac{n}{n-1} + \log_e \frac{n}{n}\right) \\
&= \frac{1}{n}\left(\log_e \frac{1}{\frac{1}{n}} + \log_e \frac{1}{\frac{2}{n}} + \log_e \frac{1}{\frac{3}{n}} + \cdots + \log_e \frac{1}{\frac{n-1}{n}} + \log_e \frac{1}{\frac{n}{n}}\right) \\
&= -\frac{1}{n}\sum_{k=1}^{n} \log_e \frac{k}{n}
\end{aligned}$$

したがって，$\displaystyle\lim_{n\to\infty} \log_e X(n) = -\int_0^1 \log_e x\,dx = -\bigl[x\log_e x - x\bigr]_0^1 = 1$

すなわち，$\displaystyle\lim_{n\to\infty} X(n) = \lim_{n\to\infty} \frac{n}{(n!)^{\frac{1}{n}}} = e$ 　　　　　　　　　　　　（答）$\underline{e}$

(2) $(1^\alpha + 2^\alpha + \cdots + n^\alpha)^{\beta+1} = \left[n^{\alpha+1} \cdot \dfrac{1}{n} \left\{ \left(\dfrac{1}{n}\right)^\alpha + \left(\dfrac{2}{n}\right)^\alpha + \cdots + \left(\dfrac{n}{n}\right)^\alpha \right\} \right]^{\beta+1}$

$\qquad\qquad\qquad\qquad\qquad = n^{(\alpha+1)(\beta+1)} \left\{ \dfrac{1}{n} \displaystyle\sum_{k=1}^{n} \left(\dfrac{k}{n}\right)^\alpha \right\}^{\beta+1}$

同様に, $(1^\beta + 2^\beta + \cdots + n^\beta)^{\alpha+1} = n^{(\alpha+1)(\beta+1)} \left\{ \dfrac{1}{n} \displaystyle\sum_{k=1}^{n} \left(\dfrac{k}{n}\right)^\beta \right\}^{\alpha+1}$

よって, $\dfrac{(1^\alpha + 2^\alpha + \cdots + n^\alpha)^{\beta+1}}{(1^\beta + 2^\beta + \cdots + n^\beta)^{\alpha+1}} = \dfrac{\left\{ \dfrac{1}{n} \displaystyle\sum_{k=1}^{n} \left(\dfrac{k}{n}\right)^\alpha \right\}^{\beta+1}}{\left\{ \dfrac{1}{n} \displaystyle\sum_{k=1}^{n} \left(\dfrac{k}{n}\right)^\beta \right\}^{\alpha+1}}$ となる.

$\displaystyle\lim_{n \to \infty} \left\{ \dfrac{1}{n} \sum_{k=1}^{n} \left(\dfrac{k}{n}\right)^\alpha \right\}^{\beta+1} = \left(\int_0^1 x^\alpha \, dx \right)^{\beta+1} = \left(\dfrac{1}{\alpha+1} \right)^{\beta+1} = \dfrac{1}{(\alpha+1)^{\beta+1}}$

$\displaystyle\lim_{n \to \infty} \left\{ \dfrac{1}{n} \sum_{k=1}^{n} \left(\dfrac{k}{n}\right)^\beta \right\}^{\alpha+1} = \left(\int_0^1 x^\beta \, dx \right)^{\alpha+1} = \dfrac{1}{(\beta+1)^{\alpha+1}}$ より

$\displaystyle\lim_{n \to \infty} \dfrac{(1^\alpha + 2^\alpha + \cdots + n^\alpha)^{\beta+1}}{(1^\beta + 2^\beta + \cdots + n^\beta)^{\alpha+1}} = \dfrac{(\beta+1)^{\alpha+1}}{(\alpha+1)^{\beta+1}}$ \qquad (答) $\underline{\dfrac{(\beta+1)^{\alpha+1}}{(\alpha+1)^{\beta+1}}}$

5 ▶▶ **考え方**
(1), (2) では, 基本的な式の変形と計算力が問われる.
(3) では, $\displaystyle\lim_{n \to \infty} \left(1 - \dfrac{x}{n} \right)^n = e^{-x}$ を活用することに気づくことがポイントである.

解答 ▷ (1) $a^n - b^n$ の因数分解, $a^n - b^n = (a-b)(a^{n-1} + a^{n-2}b + a^{n-3}b^2 + \cdots + ab^{n-2} + b^{n-1})$ より, つぎのようになる.

$1 - (1-x)^n = \{1 - (1-x)\}\{1 + (1-x) + (1-x)^2 + \cdots + (1-x)^{n-1}\}$

$\qquad\qquad\qquad = x \cdot \displaystyle\sum_{j=0}^{n-1} (1-x)^j = x \cdot \sum_{k=1}^{n} (1-x)^{k-1}$

(2) (1) の結果を用いると, つぎのようになる.

$\displaystyle\int_0^1 \dfrac{1 - (1-x)^n}{x} \, dx = \int_0^1 \sum_{k=1}^{n} (1-x)^{k-1} \, dx = \sum_{k=1}^{n} \dfrac{1}{k-1+1} = \sum_{k=1}^{n} \dfrac{1}{k}$

第 3 章 積分法

(3) (2) で得られた式で，いったん $x = \dfrac{t}{n}$ として，再度 t を x におき換えると，

$$\sum_{k=1}^{n} \frac{1}{k} = \int_0^n \left\{1 - \left(1 - \frac{x}{n}\right)^n\right\} \frac{dx}{x}$$

$$= \int_0^1 \left\{1 - \left(1 - \frac{x}{n}\right)^n\right\} \frac{dx}{x} + \int_1^n \left\{1 - \left(1 - \frac{x}{n}\right)^n\right\} \frac{dx}{x}$$

$$= \int_0^1 \left\{1 - \left(1 - \frac{x}{n}\right)^n\right\} \frac{dx}{x} + \log_e n - \int_1^n \left(1 - \frac{x}{n}\right)^n \frac{dx}{x}$$

ここで, $n \to \infty$ とすると, $\displaystyle\lim_{n\to\infty}\left(1 - \frac{x}{n}\right)^n = e^{-x}$ より，右辺第 1 項は $\displaystyle\int_0^1 \frac{1-e^{-x}}{x}\,dx$ に近づき，右辺第 3 項は $\displaystyle\int_1^\infty \frac{e^{-x}}{x}\,dx$ に近づく．したがって，

$$\int_0^1 \frac{1-e^{-x}}{x}\,dx - \int_1^\infty \frac{e^{-x}}{x}\,dx = \lim_{n\to\infty}\left(\sum_{k=1}^n \frac{1}{k} - \log_e n\right) = \gamma$$

一方，部分積分より，

$$\int_0^1 \frac{1-e^{-x}}{x}\,dx = \int_0^1 (1-e^{-x})(\log_e x)'\,dx$$

$$= \left[(1-e^{-x})\log_e x\right]_0^1 - \int_0^1 e^{-x}\log_e x\,dx$$

$$= -\int_0^1 e^{-x}\log_e x\,dx$$

また，

$$\int_1^\infty \frac{e^{-x}}{x}\,dx = \int_1^\infty e^{-x}(\log_e x)'\,dx = \left[e^{-x}\log_e x\right]_1^\infty + \int_1^\infty e^{-x}\log_e x\,dx$$

$$= \int_1^\infty e^{-x}\log_e x\,dx$$

したがって，

$$\int_0^\infty e^{-x}\log_e x\,dx = \int_0^1 e^{-x}\log_e x\,dx + \int_1^\infty e^{-x}\log_e x\,dx$$

$$= -\int_0^1 \frac{1-e^{-x}}{x}\,dx + \int_1^\infty \frac{e^{-x}}{x}\,dx = -\gamma \qquad \text{(答)} \ -\gamma$$

---

6 ▶▶ 考え方

(1) $\sqrt{\tan x} = t$ とおく．　　(2) 演習問題 3 の 3 (2) の結果を使う．

解答 ▷ (1) $\sqrt{\tan x} = t$ とおくと，$\tan x = t^2$ より，$\dfrac{dx}{\cos^2 x} = 2t\,dt$

$1 + \tan^2 x = \dfrac{1}{\cos^2 x}$ で，$1 + t^4 = \dfrac{1}{\cos^2 x}$ より，$dx = 2t\cos^2 x\,dt = \dfrac{2t}{t^4+1}\,dt$

よって，$\displaystyle\int_0^{\frac{\pi}{2}} \sqrt{\tan x}\,dx = \int_0^{\infty} \dfrac{2t^2}{t^4+1}\,dt$ となる．

部分分数分解して，

$$\int_0^{\infty} \frac{2t^2}{t^4+1}\,dt = \frac{\sqrt{2}}{2}\left(\int_0^{\infty} \frac{t}{t^2-\sqrt{2}t+1}\,dt - \int_0^{\infty} \frac{t}{t^2+\sqrt{2}t+1}\,dt\right) \quad \cdots ①$$

となる．最初の積分は

$$\int_0^{\infty} \frac{t}{t^2-\sqrt{2}t+1}\,dt = \int_0^{\infty} \frac{\frac{1}{2}(2t-\sqrt{2}) + \frac{\sqrt{2}}{2}}{t^2-\sqrt{2}t+1}\,dt$$

$$= \int_0^{\infty} \frac{\frac{1}{2}(2t-\sqrt{2})}{t^2-\sqrt{2}t+1}\,dt + \int_0^{\infty} \frac{\frac{\sqrt{2}}{2}}{\left(t-\frac{1}{\sqrt{2}}\right)^2 + \left(\frac{1}{\sqrt{2}}\right)^2}\,dt$$

$$= \frac{1}{2}\left[\log_e |t^2-\sqrt{2}t+1|\right]_0^{\infty} + \left[\tan^{-1}(\sqrt{2}t-1)\right]_0^{\infty}$$

$$= \frac{1}{2}\lim_{X\to\infty} \log_e(X^2-\sqrt{2}X+1) + \frac{\pi}{2} - \tan^{-1}(-1)$$

$$= \frac{1}{2}\lim_{X\to\infty} \log_e(X^2-\sqrt{2}X+1) + \frac{\pi}{2} + \frac{\pi}{4}$$

$$= \frac{1}{2}\lim_{X\to\infty} \log_e(X^2-\sqrt{2}X+1) + \frac{3\pi}{4}$$

2番目の積分は，

$$\int_0^{\infty} \frac{t}{t^2+\sqrt{2}t+1}\,dt = \int_0^{\infty} \frac{\frac{1}{2}(2t+\sqrt{2}) - \frac{\sqrt{2}}{2}}{t^2+\sqrt{2}t+1}\,dt$$

$$= \int_0^{\infty} \frac{\frac{1}{2}(2t+\sqrt{2})}{t^2+\sqrt{2}t+1}\,dt - \int_0^{\infty} \frac{\frac{\sqrt{2}}{2}}{\left(t+\frac{1}{\sqrt{2}}\right)^2 + \left(\frac{1}{\sqrt{2}}\right)^2}\,dt$$

$$= \frac{1}{2}\left[\log_e |t^2+\sqrt{2}t+1|\right]_0^{\infty} - \left[\tan^{-1}(\sqrt{2}t+1)\right]_0^{\infty}$$

$$= \frac{1}{2}\lim_{X\to\infty} \log_e(X^2+\sqrt{2}X+1) - \frac{\pi}{2} + \frac{\pi}{4}$$

$$= \frac{1}{2}\lim_{X\to\infty} \log_e(X^2+\sqrt{2}X+1) - \frac{\pi}{4}$$

第3章 積分法

よって，① は，つぎのようになる．

$$\int_0^\infty \frac{2t^2}{t^4+1}\,dt$$
$$= \frac{\sqrt{2}}{2}\left\{\frac{1}{2}\lim_{X\to\infty}\log_e(X^2-\sqrt{2}X+1)+\frac{3\pi}{4}\right.$$
$$\left.-\frac{1}{2}\lim_{X\to\infty}\log_e(X^2+\sqrt{2}X+1)+\frac{\pi}{4}\right\}$$
$$= \frac{\sqrt{2}}{2}\cdot\frac{1}{2}\lim_{X\to\infty}\log_e\frac{X^2-\sqrt{2}X+1}{X^2+\sqrt{2}X+1}+\frac{\sqrt{2}}{2}\left(\frac{3\pi}{4}+\frac{\pi}{4}\right)$$
$$= \frac{\sqrt{2}}{4}\lim_{X\to\infty}\log_e\frac{X^2-\sqrt{2}X+1}{X^2+\sqrt{2}X+1}+\frac{\sqrt{2}}{2}\pi$$

> **Check!**
> $X^2-\sqrt{2}X+1>0$
> $X^2+\sqrt{2}X+1>0$
> に注意する．

$$\lim_{X\to\infty}\log_e\frac{X^2-\sqrt{2}X+1}{X^2+\sqrt{2}X+1}=\lim_{X\to\infty}\log_e\frac{1-\frac{\sqrt{2}}{X}+\frac{1}{X^2}}{1+\frac{\sqrt{2}}{X}+\frac{1}{X^2}}=0 \text{ より,}$$

$$\int_0^\infty \frac{2t^2}{t^4+1}\,dt=\frac{\sqrt{2}}{2}\pi \qquad\qquad (\text{答}) \underline{\frac{\sqrt{2}}{2}\pi}$$

(2) $I_{m,n}=\int \sin^m x \cos^n x\,dx$ とおく．3 (2) より，$I_{m,n}=\frac{\sin^{m+1}x\cos^{n-1}x}{m+n}+\frac{n-1}{m+n}I_{m,n-2}$ である．

$$I_{m,n}=\left[\frac{\sin^{m+1}x\cos^{n-1}x}{m+n}\right]_0^{\frac{\pi}{2}}+\frac{n-1}{m+n}I_{m,n-2}=\frac{n-1}{m+n}I_{m,n-2} \text{ より,}$$

$$I_{m,n}=\begin{cases}\dfrac{n-1}{m+n}\cdot\dfrac{n-3}{m+n-2}\cdots\dfrac{1}{m+2}I_{m,0} & (n:\text{偶数})\\ \dfrac{n-1}{m+n}\cdot\dfrac{n-3}{m+n-2}\cdots\dfrac{2}{m+3}I_{m,1} & (n:\text{奇数})\end{cases}$$

ここで，

$$I_{m,0}=\int_0^{\frac{\pi}{2}}\sin^m x\,dx=\begin{cases}\dfrac{(m-1)!!}{m!!}\dfrac{\pi}{2} & (m:\text{偶数})\\ \dfrac{(m-1)!!}{m!!} & (m:\text{奇数})\end{cases}$$

$$I_{m,1}=\int_0^{\frac{\pi}{2}}\sin^m x\cos x\,dx=\frac{1}{m+1}=\frac{(m-1)!!}{(m+1)!!}$$

> **Check!**
> ウォリス積分の公式を参照 (p. 66)．

より，以下の結果が得られる．

(i) m, n がともに偶数のとき

$$I_{m,n}=\frac{n-1}{m+n}\cdot\frac{n-3}{m+n-2}\cdots\frac{1}{m+2}I_{m,0}$$

$$= \frac{n-1}{m+n} \cdot \frac{n-3}{m+n-2} \cdots \cdots \frac{1}{m+2} \cdot \frac{(m-1)!!}{m!!} \frac{\pi}{2} = \frac{(m-1)!!\,(n-1)!!}{(m+n)!!} \frac{\pi}{2}$$

(ii) m が偶数, n が奇数のとき

$$I_{m,n} = \frac{n-1}{m+n} \cdot \frac{n-3}{m+n-2} \cdots \cdots \frac{2}{m+3} I_{m,1}$$
$$= \frac{n-1}{m+n} \cdot \frac{n-3}{m+n-2} \cdots \cdots \frac{2}{m+3} \cdot \frac{(m-1)!!}{(m+1)!!} = \frac{(m-1)!!\,(n-1)!!}{(m+n)!!}$$

(iii) m が奇数, n が偶数のとき

$$I_{m,n} = \frac{n-1}{m+n} \cdot \frac{n-3}{m+n-2} \cdots \cdots \frac{1}{m+2} I_{m,0}$$
$$= \frac{n-1}{m+n} \cdot \frac{n-3}{m+n-2} \cdots \cdots \frac{1}{m+2} \cdot \frac{(m-1)!!}{m!!} = \frac{(m-1)!!\,(n-1)!!}{(m+n)!!}$$

(iv) m, n がともに奇数のとき

$$I_{m,n} = \frac{n-1}{m+n} \cdot \frac{n-3}{m+n-2} \cdots \cdots \frac{2}{m+3} I_{m,1}$$
$$= \frac{n-1}{m+n} \cdot \frac{n-3}{m+n-2} \cdots \cdots \frac{2}{m+3} \cdot \frac{(m-1)!!}{(m+1)!!} = \frac{(m-1)!!\,(n-1)!!}{(m+n)!!}$$

(答) $\begin{cases} \dfrac{(m-1)!!\,(n-1)!!}{(m+n)!!} \dfrac{\pi}{2} & (m,\ n \text{ がともに偶数のとき}) \\ \dfrac{(m-1)!!\,(n-1)!!}{(m+n)!!} & (m,\ n \text{ の少なくとも一方が奇数のとき}) \end{cases}$

7

▶▶ 考え方

ガンマ関数に関する基本的な問題である．定義より式を変形すればよい．

解答▷ (1) $\Gamma(p) = \displaystyle\lim_{b \to \infty} \left\{ \left[-e^{-x} x^{p-1} \right]_0^b + (p-1) \int_0^b e^{-x} x^{p-2}\, dx \right\}$

$\displaystyle\lim_{b \to \infty} (-e^{-b} b^{p-1}) = 0$ より,

$$\Gamma(p) = \lim_{b \to \infty} \left\{ (p-1) \int_0^b e^{-x} x^{p-2}\, dx \right\} = (p-1) \lim_{b \to \infty} \left(\int_0^b e^{-x} x^{p-2}\, dx \right)$$
$$= (p-1)\Gamma(p-1)$$

(2) p が自然数のとき,

(1) より $\Gamma(p) = (p-1)\Gamma(p-1)$
$\qquad\qquad = (p-1)(p-2)\Gamma(p-2)$
$\qquad\qquad = (p-1)(p-2) \cdots \cdots 3 \cdot 2 \cdot 1 \cdot \Gamma(1)$

> **Memo** ガンマ関数
> 数学者オイラーが階乗の一般化として，最初に導入した．
> $\Gamma(n+1) = n!$
> （n：自然数）

第 3 章　積分法

$$\Gamma(1) = \int_0^\infty e^{-x}\,dx = 1 \text{ より, } \Gamma(p) = (p-1)!$$

(3) $\Gamma\left(\dfrac{1}{2}\right) = \displaystyle\int_0^\infty e^{-x} x^{-\frac{1}{2}}\,dx = \int_0^\infty \dfrac{e^{-x}}{\sqrt{x}}\,dx$ より, $\sqrt{x} = t$
とおくと, $x = t^2$, $dx = 2t\,dt$ となって,

$$\Gamma\left(\dfrac{1}{2}\right) = \int_0^\infty \dfrac{e^{-t^2}}{t} 2t\,dt = 2\int_0^\infty e^{-t^2}\,dt \ (=\sqrt{\pi})$$

> **Memo**
> $\displaystyle\int_0^\infty e^{-x^2}\,dx = \dfrac{\sqrt{\pi}}{2}$ は
> 第 5 章例題 13 を参照.

8 ▶▶ 考え方
ベータ関数に関する基本的な問題で, これも定義より式変形を進めていく.

解答 ▷ (1) $B(p,q) = \displaystyle\int_0^1 x^{p-1}(1-x)^{q-1}\,dx$ で, $1-x = t$ とおくと,

$$B(p,q) = \int_1^0 (1-t)^{p-1} t^{q-1}(-dt) = \int_0^1 t^{q-1}(1-t)^{p-1}\,dt = B(q,p)$$

(2) $B(p,q) = \displaystyle\int_0^1 x^{p-1}(1-x)^{q-1}\,dx \quad (p>0, q>0)$

$$= \left[-\dfrac{x^{p-1}(1-x)^q}{q}\right]_0^1 + \dfrac{p-1}{q}\int_0^1 x^{p-2}(1-x)^q\,dx$$

$$= \dfrac{p-1}{q} B(p-1, q+1)$$

> **Memo** ベータ関数
> ベータ関数はガンマ関数でつぎのように表すことができる.
> $B(p,q) = \dfrac{\Gamma(p)\cdot\Gamma(q)}{\Gamma(p+q)}$

同様に, $B(p-1, q+1) = \dfrac{p-2}{q+1} B(p-2, q+2)$ となるので,

$$B(p,q) = \dfrac{p-1}{q} \cdot \dfrac{p-2}{q+1} \cdot \dfrac{p-3}{q+2} \cdot \cdots \cdot \dfrac{p-(p-1)}{q+p-2} \cdot B\{p-(p-1), q+(p-1)\}$$

$$= \dfrac{p-1}{q} \cdot \dfrac{p-2}{q+1} \cdot \dfrac{p-3}{q+2} \cdot \cdots \cdot \dfrac{1}{q+p-2} \cdot \dfrac{1}{q+p-1}$$

$$= \dfrac{(p-1)(p-2)\cdots 1 \cdot (q-1)!}{(q+p-1)(q+p-2)\cdots q \cdot (q-1)!}$$

$$= \dfrac{(p-1)!\,(q-1)!}{(p+q-1)!}$$

> **Check!**
> $B(1, q+p-1) = \displaystyle\int_0^1 (1-x)^{q+p-2}\,dx = \dfrac{1}{q+p-1}$ に注意する.

9 ▶▶考え方
(1) AC = CD = DB である。　(2) 面積は，$2\int_1^a \sqrt{x^2-1}\,dx$ より求められる．

解答 ▷ (1) $x=a$ が漸近線 $x^2-y^2=0$ と交わる点の y 座標は，$y=\pm a$ である．
$x=a$ が双曲線 $x^2-y^2=1$ と交わる点の y 座標は，$y=\pm\sqrt{a^2-1}$ である．
よって，条件より，$\sqrt{a^2-1}=\dfrac{a}{3}$

$a>1$ より，$a=\dfrac{3\sqrt{2}}{4}$ を得る．　　　　　　　　　　　　　　(答) $\underline{\dfrac{3\sqrt{2}}{4}}$

(2) $\int \sqrt{x^2-1}\,dx = \dfrac{1}{2}\left(x\sqrt{x^2-1} - \log_e\left|x+\sqrt{x^2-1}\right|\right)$ を公式として使えば，求める面積は，

$2\int_1^a (\sqrt{x^2-1})\,dx$
$= \left[x\sqrt{x^2-1} - \log_e\left|x+\sqrt{x^2-1}\right|\right]_1^a$
$= a\sqrt{a^2-1} - \log_e\left|a+\sqrt{a^2-1}\right|$
$(a>1)$

$a=\dfrac{3\sqrt{2}}{4}$ を上式に代入すると，

$\dfrac{3}{8} - \dfrac{1}{2}\log_e 2$

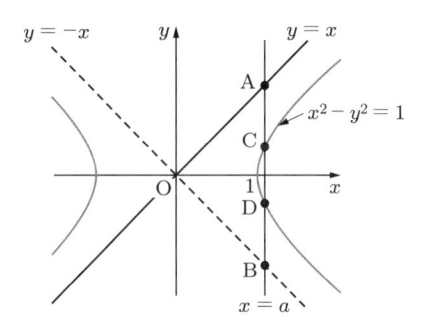

解図 3.1

を得る．　　　　　　　　　　　　　　　　　　　　　(答) $\underline{\dfrac{3}{8} - \dfrac{1}{2}\log_e 2}$

10 ▶▶考え方
まずは，交点 P の座標を (x_0, y_0) として，両曲線で囲まれた面積を求めることから考える．

解答 ▷ (1) 交点 $P(x_0, y_0)$ とすると，

$\alpha y_0{}^3 = x_0{}^4$ 　　　　　　　　　　　　　　　　　　　　… ①
$\beta x_0{}^3 = y_0{}^4$ 　　　　　　　　　　　　　　　　　　　　… ②

となる．二つの式の左辺，右辺どうしをかけると，$\alpha\beta x_0{}^3 y_0{}^3 = x_0{}^4 y_0{}^4$ となる．$x_0 \neq 0, y_0 \neq 0$ より

$\alpha\beta = x_0 y_0$ 　　　　　　　　　　　　　　　　　　　　… ③

第3章　積分法

である．③から $y_0 = \dfrac{\alpha\beta}{x_0}$ を①に代入すると，$\alpha\dfrac{\alpha^3\beta^3}{x_0^3} = x_0^4$，$\alpha^4\beta^3 = x_0^7$ となり，

$$x_0 = \alpha^{\frac{4}{7}}\beta^{\frac{3}{7}} \qquad \cdots ④$$

が得られる．求める面積を S とすると，

$$\begin{aligned}
S &= \int_0^{x_0} (\beta^{\frac{1}{4}}x^{\frac{3}{4}} - \alpha^{-\frac{1}{3}}x^{\frac{4}{3}})\,dx \\
&= \left[\dfrac{4}{7}\beta^{\frac{1}{4}}x^{\frac{7}{4}}\right]_0^{x_0} - \left[\dfrac{3}{7}\alpha^{-\frac{1}{3}}x^{\frac{7}{3}}\right]_0^{x_0} = \dfrac{4}{7}\beta^{\frac{1}{4}}x_0^{\frac{7}{4}} - \dfrac{3}{7}\alpha^{-\frac{1}{3}}x_0^{\frac{7}{3}} \qquad \cdots ⑤
\end{aligned}$$

⑤に④を代入して，

$$\begin{aligned}
S &= \dfrac{4}{7}\beta^{\frac{1}{4}}(\alpha^{\frac{4}{7}}\beta^{\frac{3}{7}})^{\frac{7}{4}} - \dfrac{3}{7}\alpha^{-\frac{1}{3}}(\alpha^{\frac{4}{7}}\beta^{\frac{3}{7}})^{\frac{7}{3}} \\
&= \dfrac{4}{7}\beta^{\frac{1}{4}}\alpha\beta^{\frac{3}{4}} - \dfrac{3}{7}\alpha^{-\frac{1}{3}}\alpha^{\frac{4}{3}}\beta = \dfrac{1}{7}\alpha\beta \qquad\qquad\qquad (\text{答})\ \underline{\dfrac{1}{7}\alpha\beta}
\end{aligned}$$

(2) (1)より $S = \dfrac{1}{7}\alpha\beta = C$（定数）である．

③より，$x_0 y_0 = 7C$（定数）となって，点 P の軌跡は直角双曲線をえがく．

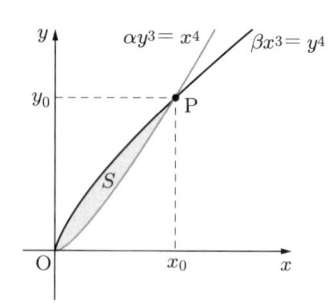

解図 3.2

Check!

$0 < x < x_0$ では，曲線 $\beta x^3 = y^4$ が $\alpha y^3 = x^4$ より上側にあることに注意する．

Chapter 4 偏微分法

1 偏導関数の計算

▶▶出題傾向と学習上のポイント

全微分,接平面,合成関数の微分（連鎖定理）などは,偏微分特有の内容です.これらは重要で,しかも出題頻度が高いので,定義や概念を確実に理解して,十分な計算力をつけましょう.

(1) 多変数関数の極限

いままで,1 変数 x を定義域とした関数 $f(x)$ をみてきたが（図 4.1 (a) 参照）,第 4 章と第 5 章では多変数 $(x_1, x_2, \ldots, x_n)$ を定義域とする関数 $f(x_1, x_2, \ldots, x_n)$ を考える.

とくに,2 変数 x, y の関数 $z = f(x, y)$ は,図 (b) のようにイメージできる.

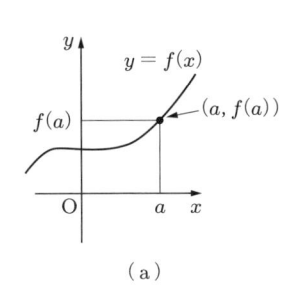

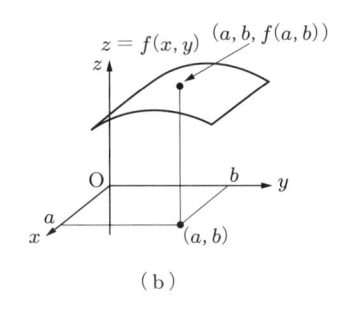

図 4.1

2 次元座標を考え,点 P, A の座標をそれぞれ,(x, y), (a, b) とする.$z = f(x, y)$ の極限が存在し,その極限値が α であるとき,

$$\lim_{P \to A} f(P) = \alpha \quad \text{は} \quad \lim_{(x,y) \to (a,b)} f(P) = \alpha$$

とも表記できる.

> **Memo**
> 極限値 α をもつとは,点 P から点 A までどのような近づき方をしても,一定の極限値 α をもつことを示す.

第4章 偏微分法

(2) 逐次極限

x を固定したとき，$\varphi(x) = \lim_{y \to b} f(x,y)$ が存在し，かつ $\beta = \lim_{x \to a} \varphi(x)$ が存在するならば，$\lim_{x \to a}\left\{\lim_{y \to b} f(x,y)\right\} = \beta$ と表記して，**逐次極限**という．

$\lim_{y \to b}\left\{\lim_{x \to a} f(x,y)\right\}$ も同様である．

> **Memo**
> $\lim_{x \to a}\left\{\lim_{y \to b} f(x,y)\right\}$ や，$\lim_{y \to b}\left\{\lim_{x \to a} f(x,y)\right\}$ は，それぞれ $\lim_{x \to a}\lim_{y \to b} f(x,y)$ や，$\lim_{y \to b}\lim_{x \to a} f(x,y)$ と表記することもある．

重要 極限と逐次極限の関係

二つの逐次極限 $\lim_{x \to a}\left\{\lim_{y \to b} f(x,y)\right\}$，$\lim_{y \to b}\left\{\lim_{x \to a} f(x,y)\right\}$ と極限 $\lim_{(x,y) \to (a,b)} f(x,y)$ は，すべて別のもので，一つが存在してもほかが存在するとは限らない．また，存在しても一致するとは限らない．

例1 つぎの関数について，$\lim_{x \to 0}\left\{\lim_{y \to 0} f(x,y)\right\}$，$\lim_{y \to 0}\left\{\lim_{x \to 0} f(x,y)\right\}$，$\lim_{(x,y) \to (0,0)} f(x,y)$ をそれぞれ求めてみよう．

(1) $f(x,y) = \dfrac{xy}{\sqrt{x^2+y^2}}$ 　　　(2) $f(x,y) = \dfrac{x-y}{x+y}$

(1) $\lim_{x \to 0} f(x,y) = \lim_{y \to 0} f(x,y) = 0$ より，

$$\lim_{x \to 0}\left\{\lim_{y \to 0} f(x,y)\right\} = \lim_{y \to 0}\left\{\lim_{x \to 0} f(x,y)\right\} = 0$$

また，$\dfrac{xy}{\sqrt{x^2+y^2}}$ は $x = r\cos\theta$，$y = r\sin\theta$ とおけば，

$\dfrac{xy}{\sqrt{x^2+y^2}} = \dfrac{r^2\cos\theta\sin\theta}{r} = r\cos\theta\sin\theta$ から，

$|f(x,y)| \leq r$ となる．
$(x,y) \to (0,0)$ のとき，$r \to 0$ だから，つぎのようになる．

$$\lim_{(x,y) \to (0,0)} \dfrac{xy}{\sqrt{x^2+y^2}} = 0$$

> **Memo**
> (1) はつぎのパターン：
> $\lim_{x \to 0}\left\{\lim_{y \to 0} f(x,y)\right\}$
> $= \lim_{y \to 0}\left\{\lim_{x \to 0} f(x,y)\right\}$
> $= \lim_{(x,y) \to (0,0)} f(x,y)$

(2) $\lim_{x \to 0}\left(\lim_{y \to 0} \dfrac{x-y}{x+y}\right) = \lim_{x \to 0} \dfrac{x}{x} = 1$，$\lim_{y \to 0}\left(\lim_{x \to 0} \dfrac{x-y}{x+y}\right) = \lim_{y \to 0}\left(\dfrac{-y}{y}\right) = -1$

また，$\lim_{(x,y) \to (0,0)} \dfrac{x-y}{x+y}$ で，直線 $y = mx$ に沿って，$(x,y) \to (0,0)$ を考えると，

$\dfrac{x-y}{x+y} = \dfrac{(1-m)x}{(1+m)x} = \dfrac{1-m}{1+m}$ となる．これは m の値によって極限値は異なるので，

$$\lim_{(x,y)\to(0,0)} \frac{x-y}{x+y} \text{ は存在しない}.$$

なお，図 4.2 では $\lim_{x\to 0}\left(\lim_{y\to 0}\frac{x-y}{x+y}\right) = \lim_{x\to 0}\frac{x}{x} = 1$ は ③ → ④ の経路に，$\lim_{y\to 0}\left(\lim_{x\to 0}\frac{x-y}{x+y}\right) = \lim_{y\to 0}\left(\frac{-y}{y}\right) = -1$ は ① → ② の経路に，$\lim_{(x,y)\to(0,0)}\frac{x-y}{x+y}$ は ⑤ の経路にそれぞれ対応する．

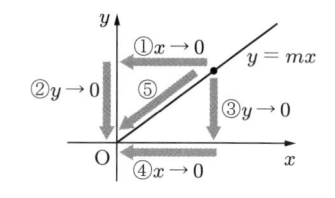

図 4.2

> **Memo**
> (2) はつぎのパターン：$\lim_{x\to 0}\left\{\lim_{y\to 0}f(x,y)\right\} \neq \lim_{y\to 0}\left\{\lim_{x\to 0}f(x,y)\right\}$，$\lim_{(x,y)\to(0,0)}f(x,y)$ は存在しない．

▶ **例題 1** つぎの極限値を求めなさい．

(1) $\displaystyle\lim_{(x,y)\to(0,0)}\frac{x^2 y}{x^4+y^2}$ 　　(2) $\displaystyle\lim_{(x,y)\to(0,0)}\frac{xy}{x^2+y^2}$

(3) $\displaystyle\lim_{(x,y)\to(0,0)}\frac{x^2+2y^2}{\sqrt{x^2+y^2}}$

> ▶▶ **考え方**
> $(x,y)\to(0,0)$ は，$y=mx^n$（n：自然数）や，$x=r\cos\theta$, $y=r\sin\theta$ とおいて，それぞれ $(x,y)\to(0,0)$ や，$r\to 0$ を考える．

解答 ▷ (1) $y=mx^2$ に沿って，$(x,y)\to(0,0)$ を考えると，$\dfrac{x^2y}{x^4+y^2} = \dfrac{mx^4}{x^4+m^2x^4} = \dfrac{m}{1+m^2}$ となるが，m の値によって異なるので，極限値は存在しない．　(答) 存在しない

(2) $x=r\cos\theta$, $y=r\sin\theta$ とおけば，

$$\frac{xy}{x^2+y^2} = \frac{r^2\sin\theta\cos\theta}{r^2} = \frac{\sin 2\theta}{2}$$

すなわち，θ の値によって異なる値をとるので，$r\to 0$ のとき極限値は存在しない．
　　　　　　　　　　　　　　　　　　　　　　　　　　　(答) 存在しない

(3) $x=r\cos\theta$, $y=r\sin\theta$ とおけば，

$$\frac{x^2+2y^2}{\sqrt{x^2+y^2}} = \frac{r^2\cos^2\theta+2r^2\sin^2\theta}{r} = r(\cos^2\theta+2\sin^2\theta) = r(1+\sin^2\theta)$$

となって，$r\to 0$ のとき極限値 0 をもつ．　　　　　　　　　　　　(答) 0

別解 ▷ (2) $y=kx$ に沿って $(x,y)\to(0,0)$ を考えると，

$$\frac{xy}{x^2+y^2} = \frac{kx^2}{x^2+k^2x^2} = \frac{k}{1+k^2} \text{ となって，} \lim_{(x,y)\to(0,0)} \frac{xy}{x^2+y^2} \text{ は存在しない．}$$

(3) 関数の連続性

関数 $z = f(x,y)$ と，その定義域内の点 $A(a,b)$ について，

$$\lim_{(x,y)\to(a,b)} f(x,y) = f(a,b)$$

であるとき，関数 $z = f(x,y)$ は点 $A(a,b)$ で連続であるという．

Memo
$y = f(x)$ において，$x = a$ で連続とは，
$$\lim_{x\to a+0} f(x) = \lim_{x\to a-0} f(x) = f(a)$$

▶ **例題 2** つぎの関数 $f(x,y)$ の，原点 $(0,0)$ での連続性を調べなさい．

$$f(x,y) = \begin{cases} \dfrac{xy}{x^2+y^2} & (x,y) \neq (0,0) \\ 0 & (x,y) = (0,0) \end{cases}$$

▶▶ **考え方**
$\lim_{(x,y)\to(0,0)} f(x,y)$ が存在し，$f(0,0)$ と一致するかどうか検討する．

解答 ▷ 例題 1 (2) と同様に，$y = kx$ の直線に沿って $(x,y) \to (0,0)$ を考えると，$f(x,y) = \dfrac{xy}{x^2+y^2} = \dfrac{k}{1+k^2}$ となり，極限値をもたない．よって，$f(x,y)$ は原点 $(0,0)$ で連続ではない．

(4) 偏導関数

A. 偏微分係数

点 (a,b) を含むある領域で定義された関数 $f(x,y)$ について，

$$f_x(a,b) = \lim_{h\to 0} \frac{f(a+h,b) - f(a,b)}{h}, \quad f_y(a,b) = \lim_{h\to 0} \frac{f(a,b+h) - f(a,b)}{h}$$

が存在するとき，$f_x(a,b)$（または $f_y(a,b)$）を，f の点 (a,b) における x（または y）についての**偏微分係数**といい，f は (a,b) において，x（または y）について**偏微分可能である**という．$f_x(a,b)$ は図 4.3 では曲線 C_1 上の，点 $(a,b,f(a,b))$ における接線の傾きを表し，$f_y(a,b)$ は曲線 C_2 上の，点 $(a,b,f(a,b))$ における接線の傾きを表している．

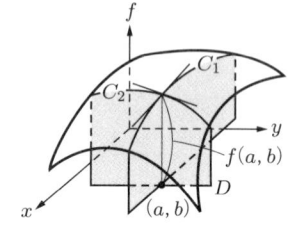

図 4.3

B. 偏導関数

2変数関数 $z = f(x, y)$ について,変数 y を一定と考えたとき,x についての偏導関数は,

$$\frac{\partial z}{\partial x} = \lim_{h \to 0} \frac{f(x+h, y) - f(x, y)}{h}$$

である.$\frac{\partial z}{\partial x}$ は z_x, $\frac{\partial f(x,y)}{\partial x}$, f_x とも表記する.

つぎに,変数 x を一定と考えたとき,y についての偏導関数は,

$$\frac{\partial z}{\partial y} = \lim_{h \to 0} \frac{f(x, y+h) - f(x, y)}{h}$$

である.$\frac{\partial z}{\partial y}$ は z_y, $\frac{\partial f(x,y)}{\partial y}$, f_y とも表記する.

> **重要** $z = f(x, y)$ の偏導関数
>
> $z = f(x, y)$ の x についての偏導関数
>
> y は一定
>
> $$\frac{\partial z}{\partial x} = \lim_{h \to 0} \frac{f(x+h, y) - f(x, y)}{h}$$
>
> $z = f(x, y)$ の y についての偏導関数
>
> x は一定
>
> $$\frac{\partial z}{\partial y} = \lim_{h \to 0} \frac{f(x, y+h) - f(x, y)}{h}$$

C. 高次の偏導関数

2次の偏導関数を

$$(f_x)_x = f_{xx} = \frac{\partial^2 f}{\partial x^2}, \quad (f_y)_y = f_{yy} = \frac{\partial^2 f}{\partial y^2}$$

と表記する.$(f_x)_y = f_{xy} = \frac{\partial^2 f}{\partial y \partial x}$ は,f を x について偏微分した後,y について偏微分をすることを示す.また,$(f_y)_x = f_{yx} = \frac{\partial^2 f}{\partial x \partial y}$ は,f を y について偏微分した後,x について偏微分をすることを示す.

$f(x, y)$ の2次の偏導関数は,f_{xx}, f_{xy}, f_{yx}, f_{yy} の4個であるが,一般に r 次偏導関数は 2^r 個ある.なお,$f(x, y)$

Memo 偏微分の順序

$$f_{xy} = \frac{\partial^2 f}{\partial y \partial x}$$

x のつぎに y で偏微分する

Memo

r 次偏導関数の個数は

r 個

$f \underbrace{\circ\circ\circ\cdots\circ}_{r}$

それぞれ x または y の2通りで偏微分

すなわち,2^r 個である.

がすべての r 次偏導関数をもち，それらがすべて連続であるとき，C^r 級という．すべての自然数 r について，C^r 級ならば C^∞ 級という．

$f(x,y)$ が C^r 級ならば，r 次以下の偏導関数，および $f(x,y)$ はすべて連続，また，C^r 級であれば，r 次以下の偏関数において，偏微分の順序を変えてもよい．たとえば，$f(x,y)$ が C^2 級ならば，$f_{xy} = f_{yx} = \dfrac{\partial^2 f}{\partial x \partial y}$ となる．

▶**例題 3** つぎの関数 f の偏導関数 f_x, f_y を求めなさい．
(1) $f = x^2 + y^2 - 3xy$ (2) $f = \dfrac{e^{xy}}{x+y}$ (3) $f = (x^2+y^2)\tan\dfrac{y}{x}$

▶ 考え方
f_x は y を定数とみて，f_y は x を定数とみて，それぞれ導関数を求める．

解答 ▷ (1) 略 （答）$f_x = 2x - 3y$, $f_y = 2y - 3x$

(2) $f_x = \dfrac{ye^{xy}(x+y) - e^{xy}}{(x+y)^2} = \dfrac{e^{xy}(y^2 + xy - 1)}{(x+y)^2}$

$f_y = \dfrac{xe^{xy}(x+y) - e^{xy}}{(x+y)^2} = \dfrac{e^{xy}(x^2 + xy - 1)}{(x+y)^2}$

（答）$f_x = \dfrac{e^{xy}(y^2+xy-1)}{(x+y)^2}$, $f_y = \dfrac{e^{xy}(x^2+xy-1)}{(x+y)^2}$

(3) $f_x = 2x\tan\dfrac{y}{x} + (x^2+y^2)\dfrac{1}{\cos^2\dfrac{y}{x}}\left(-\dfrac{y}{x^2}\right) = \dfrac{x^3\sin\dfrac{2y}{x} - x^2y - y^3}{x^2\cos^2\dfrac{y}{x}}$

$f_y = 2y\tan\dfrac{y}{x} + (x^2+y^2)\dfrac{1}{\cos^2\dfrac{y}{x}}\left(\dfrac{1}{x}\right) = \dfrac{xy\sin\dfrac{2y}{x} + x^2 + y^2}{x\cos^2\dfrac{y}{x}}$

（答）$f_x = \dfrac{x^3\sin\dfrac{2y}{x} - x^2y - y^3}{x^2\cos^2\dfrac{y}{x}}$, $f_y = \dfrac{xy\sin\dfrac{2y}{x} + x^2 + y^2}{x\cos^2\dfrac{y}{x}}$

▶**例題 4**★ u を a, e の関数 $u = a + e\sin u$ としたとき，つぎの関係が成り立つことを証明しなさい．
(1) $\dfrac{\partial u}{\partial e} = \sin u \dfrac{\partial u}{\partial a}$
(2) $\dfrac{\partial^n u}{\partial e^n} = \dfrac{\partial^{n-1}}{\partial a^{n-1}}\left(\sin^n u \dfrac{\partial u}{\partial a}\right)$

Memo
$u = a + e\sin u$ は天文学で出てくるケプラー方程式である．

> **▶▶ 考え方**
> u を a, e の関数と考え，偏微分する．(2) は数学的帰納法を用いる．

解答▷ (1) $\dfrac{\partial u}{\partial a} = 1 + e\cos u \dfrac{\partial u}{\partial a}$ より，$\dfrac{\partial u}{\partial a} = \dfrac{1}{1 - e\cos u}$

$\dfrac{\partial u}{\partial e} = \sin u + e\cos u \dfrac{\partial u}{\partial e}$ より，$\dfrac{\partial u}{\partial e} = \dfrac{\sin u}{1 - e\cos u} = \sin u \dfrac{\partial u}{\partial a}$ が成り立つ.

(2) $n = 1$ では (1) より，成り立つことは明らかである.

$n = k$ のとき，$\dfrac{\partial^k u}{\partial e^k} = \dfrac{\partial^{k-1}}{\partial a^{k-1}}\left(\sin^k u \dfrac{\partial u}{\partial a}\right)$ が成り立つと仮定する．

$n = k+1$ では，

$$\dfrac{\partial^{k+1} u}{\partial e^{k+1}} = \dfrac{\partial}{\partial e}\left(\dfrac{\partial^k u}{\partial e^k}\right) = \dfrac{\partial}{\partial e}\left\{\dfrac{\partial^{k-1}}{\partial a^{k-1}}\left(\sin^k u \dfrac{\partial u}{\partial a}\right)\right\}$$
$$= \dfrac{\partial^{k-1}}{\partial a^{k-1}}\left\{\dfrac{\partial}{\partial e}\left(\sin^k u \dfrac{\partial u}{\partial a}\right)\right\} \qquad \cdots ①$$

ここで，

$$\dfrac{\partial}{\partial e}\left(\sin^k u \dfrac{\partial u}{\partial a}\right) = k\sin^{k-1} u \cos u \dfrac{\partial u}{\partial e} \cdot \dfrac{\partial u}{\partial a} + \sin^k u \dfrac{\partial}{\partial e}\left(\dfrac{\partial u}{\partial a}\right)$$
$$= k\sin^{k-1} u \cos u \left(\sin u \dfrac{\partial u}{\partial a}\right)\dfrac{\partial u}{\partial a} + \sin^k u \dfrac{\partial}{\partial a}\left(\sin u \dfrac{\partial u}{\partial a}\right)$$
$$= k\sin^k u \cos u \left(\dfrac{\partial u}{\partial a}\right)^2 + \sin^k u \left\{\cos u \left(\dfrac{\partial u}{\partial a}\right)^2 + \sin u \dfrac{\partial^2 u}{\partial a^2}\right\}$$
$$= (k+1)\sin^k u \cos u \left(\dfrac{\partial u}{\partial a}\right)^2 + \sin^{k+1} u \dfrac{\partial^2 u}{\partial a^2}$$
$$= \dfrac{\partial}{\partial a}\left(\sin^{k+1} u \dfrac{\partial u}{\partial a}\right)$$

となる．これを ① に代入すると，

$$\dfrac{\partial^{k+1} u}{\partial e^{k+1}} = \dfrac{\partial^{k-1}}{\partial a^{k-1}}\dfrac{\partial}{\partial a}\left(\sin^{k+1} u \dfrac{\partial u}{\partial a}\right) = \dfrac{\partial^k}{\partial a^k}\left(\sin^{k+1} u \dfrac{\partial u}{\partial a}\right)$$

となり，$n = k+1$ のときにも成り立つ．よって，式が成り立つことが証明できた.

参考▷ ケプラーの方程式 $u = u(a, e) = a + e\sin u$ で，

$$u = u(a, 0) + \dfrac{\partial u(a, 0)}{\partial e}e + \dfrac{1}{2!}\dfrac{\partial^2 u(a, 0)}{\partial e^2}e^2 + \cdots + \dfrac{1}{n!}\dfrac{\partial^n u(a, 0)}{\partial e^n}e^n + \cdots$$
$$\cdots ②$$

と表せる．$e \to 0$ のとき，$u \to a$ より，$u(a, 0) = a$ である.

また，(2) の $\dfrac{\partial^n u}{\partial e^n} = \dfrac{\partial^{n-1}}{\partial a^{n-1}}\left(\sin^n u \dfrac{\partial u}{\partial a}\right)$ より，$\dfrac{\partial^n u(a, 0)}{\partial e^n} = \dfrac{d^{n-1}}{da^{n-1}}(\sin^n a)$ となるので，② は，つぎのようになる.

第 4 章　偏微分法

$$u = a + \sum_{n=1}^{\infty} \frac{e^n}{n!} \frac{d^{n-1}(\sin^n a)}{da^{n-1}} = a + e\sin a + \frac{e^2 \sin 2a}{2} + \cdots$$

▶例題 5　$f(x,y) = e^{x^2+y^2}$ の 2 次の偏導関数 f_{xx}, f_{xy}, f_{yx}, f_{yy} を求めなさい．

▶▶考え方
1 次の偏導関数から求めていく．

Memo
$f_{xy} = f_{yx}$ を確認できる．

解答▷　$f_x = 2xe^{x^2+y^2}$, $f_y = 2ye^{x^2+y^2}$ より

$$f_{xx} = 2e^{x^2+y^2} + 2x \cdot 2xe^{x^2+y^2} = 2(1+2x^2)e^{x^2+y^2}, \quad f_{xy} = 4xye^{x^2+y^2}$$

$$f_{yx} = 4xye^{x^2+y^2}, \quad f_{yy} = 2(1+2y^2)e^{x^2+y^2}$$

(答) $f_{xx} = 2(1+2x^2)e^{x^2+y^2}$, $f_{xy} = f_{yx} = 4xye^{x^2+y^2}$, $f_{yy} = 2(1+2y^2)e^{x^2+y^2}$

▶例題 6　$f(x,y) = \begin{cases} \dfrac{xy}{x^2+y^2} & (x,y) \neq (0,0) \\ 0 & (x,y) = (0,0) \end{cases}$ について，原点 $(0,0)$ における偏微分係数を求め，偏微分可能かどうか調べなさい．

▶▶考え方
偏導関数の定義に基づいて計算する．

Memo
1 変数関数 $y = f(x)$ では，ある点で微分可能な場合は，その点で必ず連続となる．しかし，$z = f(x,y)$ では，ある点で偏微分可能だからといって，連続であるとはいえない．

解答▷　$f_x(0,0) = \lim_{h \to 0} \dfrac{f(h,0) - f(0,0)}{h} = \lim_{h \to 0} \dfrac{0-0}{h} = 0$

$f_y(0,0) = \lim_{h \to 0} \dfrac{f(0,h) - f(0,0)}{h} = \lim_{h \to 0} \dfrac{0-0}{h} = 0$

より，原点 $(0,0)$ では偏微分可能である．

しかし，例題 2 でみたように，$f(x,y)$ は原点 $(0,0)$ では連続でない．

(5) 全微分と接平面

例題 6 より，関数 $f(x,y)$ は，x および y に関して偏微分可能でも，必ずしも連続であるとは限らないことがわかる．

偏微分とは，2 変数 x，y のうち一方だけを変化させたときの $f(x,y)$ の変化であるが，**2 変数 x，y の両方を独立に変化させる微分を全微分**という．

$f(x,y)$ が点 (a,b) で全微分可能ならば，$f(x,y)$ が (a,b) で連続かつ偏微分可能である．このとき，

Memo
$f(x,y)$ が C^r 級ならば，r 回全微分可能である．偏微分可能であっても，不連続なことがある．全微分可能であって，初めて連続性が保証される．

$$f(a+h, b+k) - f(a,b) = \alpha h + \beta k + \varepsilon\sqrt{h^2 + k^2}$$

$$\lim_{(h,k)\to(0,0)} \varepsilon = 0, \quad \alpha = f_x(a,b), \quad \beta = f_y(a,b)$$

が成り立つ.

> **重要 全微分**
>
> $f(x,y)$ が点 (a,b) で全微分可能であるとき,
>
> $$df(a,b) = f_x(a,b)\,dx + f_y(a,b)\,dy$$
>
> を $f(x,y)$ の点 (a,b) における全微分という.

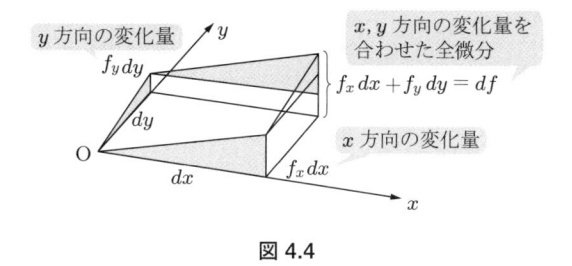

図 4.4

> **重要 接平面と法線の公式**
>
> 関数 $f(x,y)$ が (a,b) で全微分可能であるとき, 曲面 $z = f(x,y)$ 上の点 $(a,b,f(a,b))$ を通る接平面の方程式は, つぎのようになる.
>
> $$z - f(a,b) = f_x(a,b)(x-a) + f_y(a,b)(y-b)$$
>
> また, 点 $(a,b,f(a,b))$ を通る法線の方程式は, つぎのようになる.
>
> $$\frac{x-a}{f_x(a,b)} = \frac{y-b}{f_y(a,b)} = \frac{z-f(a,b)}{-1}$$

$z = f(x,y)$ を $f(a,b)$ のまわりで 1 次近似してできる平面を考えると, 後述のテイラーの定理から,

$$z = f(a,b) + \alpha(x-a) + \beta(y-b) \quad (\alpha = f_x(a,b),\ \beta = f_y(a,b))$$

となり, 接平面を定義することができる.

上記の接平面の方程式を変形すると,

$$f_x(a,b)(x-a) + f_y(a,b)(y-b) - (z - f(a,b)) = 0$$

となり，接平面に垂直な方向（すなわち法線）の方向ベクトルは，$(f_x(a,b), f_y(a,b), -1)$ となる．

> **Memo**
> 点 (x_1, y_1, z_1) を通り，法線ベクトル $\boldsymbol{n}=(a,b,c)$ に垂直な平面の方程式は，
> $$a(x-x_1) + b(y-y_1)$$
> $$+ c(z-z_1) = 0$$

> **Memo**
> 点 (x_1, y_1, z_1) を通り，方向ベクトル $\boldsymbol{v}=(a,b,c)$ に平行な直線の方程式は，
> $$\frac{x-x_1}{a} = \frac{y-y_1}{b}$$
> $$= \frac{z-z_1}{c}$$

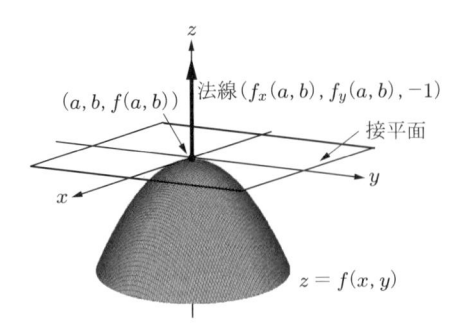

図 4.5

▶ **例題 7** つぎの $z(x,y)$ の全微分を求めなさい．
 (1) $z(x,y) = xye^{x^2+y^2}$ (2) $z(x,y) = (x^2y + y^3)\sin(xy)$

▶▶ **考え方**
全微分は $dz = z_x\, dx + z_y\, dy$ より計算する．

解答 ▷ (1) $z_x = ye^{x^2+y^2} + xy\cdot 2xe^{x^2+y^2} = ye^{x^2+y^2}(1+2x^2)$
$z_y = xe^{x^2+y^2} + xy\cdot 2ye^{x^2+y^2} = xe^{x^2+y^2}(1+2y^2)$
（答） $dz = ye^{x^2+y^2}(1+2x^2)\,dx + xe^{x^2+y^2}(1+2y^2)\,dy$

(2) $z_x = 2xy\sin(xy) + (x^2y+y^3)y\cos(xy) = 2xy\sin(xy) + y^2(x^2+y^2)\cos(xy)$
$z_y = (x^2 + 3y^2)\sin(xy) + (x^2y + y^3)x\cos(xy)$
$= (x^2 + 3y^2)\sin(xy) + xy(x^2+y^2)\cos(xy)$
（答） $dz = \{2xy\sin(xy) + y^2(x^2+y^2)\cos(xy)\}\,dx$
$+ \{(x^2+3y^2)\sin(xy) + xy(x^2+y^2)\cos(xy)\}\,dy$

▶ **例題 8** 曲面 $z(x,y) = \dfrac{x^2}{a^2} + \dfrac{y^2}{b^2}$ 上の点 (x_1, y_1, z_1) における接平面と法線の方程式をそれぞれ求めなさい．

▶▶ **考え方**
接平面と法線の方程式の公式を使う．

解答▷ $z_x(x,y) = \dfrac{2x}{a^2}$, $z_y(x,y) = \dfrac{2y}{b^2}$ より求められる．

(答) 接平面：$z - z_1 = \dfrac{2x_1}{a^2}(x - x_1) + \dfrac{2y_1}{b^2}(y - y_1)$

法線：$\dfrac{a^2(x - x_1)}{2x_1} = \dfrac{b^2(y - y_1)}{2y_1} = \dfrac{z - z_1}{-1}$ $\left(\text{なお，} z_1 = \dfrac{x_1{}^2}{a^2} + \dfrac{y_1{}^2}{b^2}\right)$

(6) 合成関数の微分

$y = f(u)$, $u = g(x)$ （すなわち $y = f(g(x))$）のとき，$\dfrac{dy}{dx} = \dfrac{dy}{du}\dfrac{du}{dx}$ である．

Memo
$\dfrac{dy}{du}\dfrac{du}{dx} \Rightarrow \dfrac{dy}{dx}$ と約分できるイメージである．

重要 合成関数の微分公式 ❶

$z = f(x,y)$ が全微分可能で，$x = x(t)$, $y = y(t)$ がある区間で微分可能であるとき，$z = f(x(t), y(t))$ に対して，次式が成り立つ．

Memo
$x = x(t)$, $y = y(t)$ のとき，x, y は t の 1 変数関数であることに注意する．

$$\dfrac{dz}{dt} = \dfrac{d}{dt}f(x(t), y(t)) = \dfrac{\partial z}{\partial x}\dfrac{dx}{dt} + \dfrac{\partial z}{\partial y}\dfrac{dy}{dt}$$

重要 合成関数の微分公式 ❷

$z = f(x,y)$ が全微分可能で，$x = x(u,v)$, $y = y(u,v)$ がある区間で偏微分可能であるとき，$z = f(x(u,v), y(u,v))$ に対して，次式が成り立つ．

$$\dfrac{\partial z}{\partial u} = \dfrac{\partial z}{\partial x}\dfrac{\partial x}{\partial u} + \dfrac{\partial z}{\partial y}\dfrac{\partial y}{\partial u}, \quad \dfrac{\partial z}{\partial v} = \dfrac{\partial z}{\partial x}\dfrac{\partial x}{\partial v} + \dfrac{\partial z}{\partial y}\dfrac{\partial y}{\partial v}$$

Memo
$x = x(u,v)$, $y = y(u,v)$ のとき，x, y は u, v の 2 変数関数であることに注意する．なお，❶，❷ は連鎖定理（chain rule）といい，非常に重要な定理である．連鎖定理とは，偏導関数の積が鎖で繋がるイメージである．

▶ **例題 9** $z(x,y) = e^{xy}$, $x = r\cos\theta$, $y = r\sin\theta$ のとき，$\dfrac{\partial z}{\partial r}$, $\dfrac{\partial z}{\partial \theta}$ をそれぞれ求めなさい．

▶▶考え方
x, y は r, θ の 2 変数関数として合成関数の微分公式 ❷ を使う．

解答▷ $\dfrac{\partial z}{\partial r} = \dfrac{\partial z}{\partial x}\dfrac{\partial x}{\partial r} + \dfrac{\partial z}{\partial y}\dfrac{\partial y}{\partial r} = ye^{xy}\cos\theta + xe^{xy}\sin\theta$

第 4 章　偏微分法

$$= e^{xy}(y\cos\theta + x\sin\theta)$$
$$\frac{\partial z}{\partial \theta} = \frac{\partial z}{\partial x}\frac{\partial x}{\partial \theta} + \frac{\partial z}{\partial y}\frac{\partial y}{\partial \theta} = ye^{xy}(-r\sin\theta) + xe^{xy}(r\cos\theta)$$
$$= re^{xy}(-y\sin\theta + x\cos\theta)$$

（答）$\dfrac{\partial z}{\partial r} = e^{xy}(y\cos\theta + x\sin\theta)$,　$\dfrac{\partial z}{\partial \theta} = re^{xy}(-y\sin\theta + x\cos\theta)$

▶ **例題 10**　$z = f(x, y)$ が全微分可能で，$x = x(t)$，$y = y(t)$ が微分可能であるとき，

$$\frac{d^2 z}{dt^2} = \frac{\partial^2 z}{\partial x^2}\left(\frac{dx}{dt}\right)^2 + 2\frac{\partial^2 z}{\partial x \partial y}\frac{dx}{dt}\frac{dy}{dt} + \frac{\partial^2 z}{\partial y^2}\left(\frac{dy}{dt}\right)^2 + \frac{\partial z}{\partial x}\frac{d^2 x}{dt^2} + \frac{\partial z}{\partial y}\frac{d^2 y}{dt^2}$$

を示しなさい．

▶▶ **考え方**

$\dfrac{dz}{dt} = \dfrac{\partial z}{\partial x}\dfrac{dx}{dt} + \dfrac{\partial z}{\partial y}\dfrac{dy}{dt}$ より，$\dfrac{d}{dt} = \dfrac{dx}{dt}\dfrac{\partial}{\partial x} + \dfrac{dy}{dt}\dfrac{\partial}{\partial y}$ と考える．

解答 ▷　$\dfrac{d^2 z}{dt^2} = \dfrac{d}{dt}\left(\dfrac{dz}{dt}\right) = \dfrac{d}{dt}\left(\dfrac{\partial z}{\partial x}\dfrac{dx}{dt} + \dfrac{\partial z}{\partial y}\dfrac{dy}{dt}\right)$

$$= \frac{d}{dt}\left(\frac{\partial z}{\partial x}\right)\frac{dx}{dt} + \frac{\partial z}{\partial x}\frac{d^2 x}{dt^2} + \frac{d}{dt}\left(\frac{\partial z}{\partial y}\right)\frac{dy}{dt} + \frac{\partial z}{\partial y}\frac{d^2 y}{dt^2}$$

$$= \left(\frac{\partial^2 z}{\partial x^2}\frac{dx}{dt} + \frac{\partial^2 z}{\partial y \partial x}\frac{dy}{dt}\right)\frac{dx}{dt} + \frac{\partial z}{\partial x}\frac{d^2 x}{dt^2} + \left(\frac{\partial^2 z}{\partial x \partial y}\frac{dx}{dt} + \frac{\partial^2 z}{\partial y^2}\frac{dy}{dt}\right)\frac{dy}{dt} + \frac{\partial z}{\partial y}\frac{d^2 y}{dt^2}$$

$$= \frac{\partial^2 z}{\partial x^2}\left(\frac{dx}{dt}\right)^2 + 2\frac{\partial^2 z}{\partial x \partial y}\frac{dx}{dt}\frac{dy}{dt} + \frac{\partial^2 z}{\partial y^2}\left(\frac{dy}{dt}\right)^2 + \frac{\partial z}{\partial x}\frac{d^2 x}{dt^2} + \frac{\partial z}{\partial y}\frac{d^2 y}{dt^2}$$

▶ **例題 11**　つぎに示された $f(x, y, z)$ に対して，$\Delta f = \dfrac{\partial^2 f}{\partial x^2} + \dfrac{\partial^2 f}{\partial y^2} + \dfrac{\partial^2 f}{\partial z^2}$ を求めなさい．

(1)　$\log_e(x^2 + y^2 + z^2)$　　(2)　$\dfrac{1}{\sqrt{x^2 + y^2 + z^2}}$

(3★)　$\dfrac{e^{-k\sqrt{x^2+y^2+z^2}}}{\sqrt{x^2+y^2+z^2}}$　　（k は定数）

> **Memo**
> $\Delta = \dfrac{\partial^2}{\partial x^2} + \dfrac{\partial^2}{\partial y^2} + \dfrac{\partial^2}{\partial z^2}$
> を 3 次元ラプラス演算子（ラプラシアン）という．
> (2) は電磁気学の静電ポテンシャルの関数形．
> (3) は素粒子（中間子）の湯川ポテンシャルの関数形．

▶▶ **考え方**

(1)，(2) では $\dfrac{\partial f}{\partial x}$，$\dfrac{\partial^2 f}{\partial x^2}$ などを直接求めてもよいが，(3) では計算が複雑になるので，$r = \sqrt{x^2 + y^2 + z^2}$ とおいて，$\dfrac{\partial f(r)}{\partial x} = \dfrac{df}{dr}\dfrac{\partial r}{\partial x} = f'(r)\dfrac{x}{r}$ とする．

解答▷ (1) $\dfrac{\partial f(x,y,z)}{\partial x} = \dfrac{2x}{x^2+y^2+z^2}$

$$\dfrac{\partial^2 f(x,y,z)}{\partial x^2} = \dfrac{2(x^2+y^2+z^2)-2x\cdot 2x}{(x^2+y^2+z^2)^2} = \dfrac{-2x^2+2y^2+2z^2}{(x^2+y^2+z^2)^2}$$

同様に, $\dfrac{\partial^2 f(x,y,z)}{\partial y^2} = \dfrac{2x^2-2y^2+2z^2}{(x^2+y^2+z^2)^2}$, $\dfrac{\partial^2 f(x,y,z)}{\partial z^2} = \dfrac{2x^2+2y^2-2z^2}{(x^2+y^2+z^2)^2}$ より

$$\begin{aligned}\Delta f &= \dfrac{\partial^2 f}{\partial x^2}+\dfrac{\partial^2 f}{\partial y^2}+\dfrac{\partial^2 f}{\partial z^2}\\ &= \dfrac{-2x^2+2y^2+2z^2}{(x^2+y^2+z^2)^2}+\dfrac{2x^2-2y^2+2z^2}{(x^2+y^2+z^2)^2}+\dfrac{2x^2+2y^2-2z^2}{(x^2+y^2+z^2)^2}\\ &= \dfrac{2x^2+2y^2+2z^2}{(x^2+y^2+z^2)^2} = \dfrac{2}{x^2+y^2+z^2} \qquad\qquad \text{(答)}\ \underline{\dfrac{2}{x^2+y^2+z^2}}\end{aligned}$$

(2) $\dfrac{\partial f(x,y,z)}{\partial x} = -\dfrac{x}{(x^2+y^2+z^2)^{\frac{3}{2}}}$

$$\begin{aligned}\dfrac{\partial^2 f(x,y,z)}{\partial x^2} &= -\dfrac{(x^2+y^2+z^2)^{\frac{3}{2}}-x\cdot\frac{3}{2}(x^2+y^2+z^2)^{\frac{1}{2}}\cdot 2x}{(x^2+y^2+z^2)^3}\\ &= \dfrac{2x^2-y^2-z^2}{(x^2+y^2+z^2)^{\frac{5}{2}}}\end{aligned}$$

同様に, $\dfrac{\partial^2 f(x,y,z)}{\partial y^2} = \dfrac{-x^2+2y^2-z^2}{(x^2+y^2+z^2)^{\frac{5}{2}}}$, $\dfrac{\partial^2 f(x,y,z)}{\partial z^2} = \dfrac{-x^2-y^2+2z^2}{(x^2+y^2+z^2)^{\frac{5}{2}}}$ より

$$\Delta f = \dfrac{\partial^2 f}{\partial x^2}+\dfrac{\partial^2 f}{\partial y^2}+\dfrac{\partial^2 f}{\partial z^2} = 0 \qquad\qquad \text{(答)}\ \underline{0}$$

(3) $r = \sqrt{x^2+y^2+z^2}$ とおいて, f を r の関数として解く.

$$\dfrac{\partial f(r)}{\partial x} = \dfrac{df}{dr}\dfrac{\partial r}{\partial x} = f'(r)\dfrac{x}{r}$$

$$\begin{aligned}\dfrac{\partial^2 f}{\partial x^2} &= \dfrac{\partial}{\partial x}f'(r)\cdot\dfrac{x}{r}+f'(r)\dfrac{\partial}{\partial x}\left(\dfrac{x}{r}\right) = f''(r)\cdot\left(\dfrac{x}{r}\right)^2+f'(r)\dfrac{r-x\frac{x}{r}}{r^2}\\ &= f''(r)\cdot\left(\dfrac{x}{r}\right)^2+f'(r)\dfrac{r^2-x^2}{r^3}\end{aligned}$$

同様に, $\dfrac{\partial^2 f}{\partial y^2} = f''(r)\cdot\left(\dfrac{y}{r}\right)^2+f'(r)\dfrac{r^2-y^2}{r^3}$, $\dfrac{\partial^2 f}{\partial z^2} = f''(r)\cdot\left(\dfrac{z}{r}\right)^2+f'(r)\dfrac{r^2-z^2}{r^3}$ より

$$\Delta f = \dfrac{\partial^2 f}{\partial x^2}+\dfrac{\partial^2 f}{\partial y^2}+\dfrac{\partial^2 f}{\partial z^2}$$

第 4 章　偏微分法

$$= f''(r) \cdot \frac{x^2+y^2+z^2}{r^2} + f'(r)\frac{3r^2-(x^2+y^2+z^2)}{r^3} = f''(r) + \frac{2}{r}f'(r)$$

が得られる．よって，

$$f(r) = \frac{e^{-kr}}{r}, \quad f'(r) = \frac{-ke^{-kr}r - e^{-kr}}{r^2} = -\frac{(kr+1)}{r^2}e^{-kr}$$

$$f''(r) = -\left\{\frac{kr^2-(kr+1)2r}{r^4}e^{-kr} + \frac{(kr+1)}{r^2}(-k)e^{-kr}\right\}$$

$$= \frac{k^2r^2+2kr+2}{r^3}e^{-kr}$$

より

$$\Delta f = f''(r) + \frac{2}{r}f'(r) = \frac{k^2r^2+2kr+2}{r^3}e^{-kr} - \frac{2}{r}\cdot\frac{(kr+1)}{r^2}e^{-kr} = \frac{k^2}{r}e^{-kr}$$

$$= \frac{k^2 e^{-k\sqrt{x^2+y^2+z^2}}}{\sqrt{x^2+y^2+z^2}} \qquad \text{(答)} \ \frac{k^2 e^{-k\sqrt{x^2+y^2+z^2}}}{\sqrt{x^2+y^2+z^2}}$$

参考▷ (1), (2) を (3) と同じ手法で解くと，それぞれつぎのように得られる．

(1) $f(r) = \log_e r^2 = 2\log_e r$ より，$f'(r) = \frac{2}{r}$, $f''(r) = -\frac{2}{r^2}$ となって，

$$\Delta f = f''(r) + \frac{2}{r}f'(r) = -\frac{2}{r^2} + \frac{2}{r}\cdot\frac{2}{r} = \frac{2}{r^2} = \frac{2}{x^2+y^2+z^2}$$

(2) $f(r) = \frac{1}{r}$, $f'(r) = -\frac{1}{r^2}$, $f''(r) = \frac{2}{r^3}$ となって，

$$\Delta f = f''(r) + \frac{2}{r}f'(r) = \frac{2}{r^3} - \frac{2}{r^3} = 0$$

なお，(2) より，f が静電ポテンシャルでは，ラプラス方程式 $\Delta f = 0$ を満たすことがわかる．

また，(3) より，f が湯川ポテンシャルの場合，$\Delta f = k^2 f$ ($\neq 0$) となり，ラプラス方程式ではなく，ポアソン方程式 $\Delta f = -\dfrac{\rho}{\varepsilon_0}$ （ε_0：真空の誘電率）を満たすことがわかる．この場合，電荷分布 $\rho(r) = -\dfrac{\varepsilon_0 k^2 e^{-kr}}{r}$ となる．

▶例題 12★ $z = f(x,y)$ は C^2 級の関数で，$x = r\cos\theta$, $y = r\sin\theta$ であるとき，以下の関係式が成り立つことを示しなさい．

(1) $\left(\dfrac{\partial z}{\partial x}\right)^2 + \left(\dfrac{\partial z}{\partial y}\right)^2 = \left(\dfrac{\partial z}{\partial r}\right)^2 + \dfrac{1}{r^2}\left(\dfrac{\partial z}{\partial \theta}\right)^2$

(2) $\dfrac{\partial^2 z}{\partial x^2} + \dfrac{\partial^2 z}{\partial y^2} = \dfrac{\partial^2 z}{\partial r^2} + \dfrac{1}{r}\dfrac{\partial z}{\partial r} + \dfrac{1}{r^2}\dfrac{\partial^2 z}{\partial \theta^2}$

▶▶ 考え方

$\dfrac{\partial z}{\partial r} = \dfrac{\partial z}{\partial x}\dfrac{\partial x}{\partial r} + \dfrac{\partial z}{\partial y}\dfrac{\partial y}{\partial r}$, $\dfrac{\partial z}{\partial \theta} = \dfrac{\partial z}{\partial x}\dfrac{\partial x}{\partial \theta} + \dfrac{\partial z}{\partial y}\dfrac{\partial y}{\partial \theta}$ を使う.

解答▷ (1) $\dfrac{\partial z}{\partial r} = \dfrac{\partial z}{\partial x}\dfrac{\partial x}{\partial r} + \dfrac{\partial z}{\partial y}\dfrac{\partial y}{\partial r} = \dfrac{\partial z}{\partial x}\cos\theta + \dfrac{\partial z}{\partial y}\sin\theta$ … ①

$\dfrac{\partial z}{\partial \theta} = \dfrac{\partial z}{\partial x}\dfrac{\partial x}{\partial \theta} + \dfrac{\partial z}{\partial y}\dfrac{\partial y}{\partial \theta} = \dfrac{\partial z}{\partial x}(-r\sin\theta) + \dfrac{\partial z}{\partial y}(r\cos\theta)$ … ②

① より

$$\left(\dfrac{\partial z}{\partial r}\right)^2 = \left(\dfrac{\partial z}{\partial x}\right)^2 \cos^2\theta + 2\dfrac{\partial z}{\partial x}\dfrac{\partial z}{\partial y}\sin\theta\cos\theta + \left(\dfrac{\partial z}{\partial y}\right)^2 \sin^2\theta \quad \cdots ③$$

② より

$$\dfrac{1}{r^2}\left(\dfrac{\partial z}{\partial \theta}\right)^2 = \left(\dfrac{\partial z}{\partial x}\right)^2 \sin^2\theta - 2\dfrac{\partial z}{\partial x}\dfrac{\partial z}{\partial y}\sin\theta\cos\theta + \left(\dfrac{\partial z}{\partial y}\right)^2 \cos^2\theta \quad \cdots ④$$

③, ④ より $\left(\dfrac{\partial z}{\partial r}\right)^2 + \dfrac{1}{r^2}\left(\dfrac{\partial z}{\partial \theta}\right)^2 = \left(\dfrac{\partial z}{\partial x}\right)^2 + \left(\dfrac{\partial z}{\partial y}\right)^2$

(2) ① より

$$\begin{aligned}
\dfrac{\partial^2 z}{\partial r^2} &= \dfrac{\partial}{\partial r}\left(\dfrac{\partial z}{\partial x}\cos\theta\right) + \dfrac{\partial}{\partial r}\left(\dfrac{\partial z}{\partial y}\sin\theta\right) = \left(\dfrac{\partial}{\partial r}\dfrac{\partial z}{\partial x}\right)\cos\theta + \left(\dfrac{\partial}{\partial r}\dfrac{\partial z}{\partial y}\right)\sin\theta \\
&= \left(\dfrac{\partial^2 z}{\partial x^2}\dfrac{\partial x}{\partial r} + \dfrac{\partial^2 z}{\partial x\partial y}\dfrac{\partial y}{\partial r}\right)\cos\theta + \left(\dfrac{\partial^2 z}{\partial x\partial y}\dfrac{\partial x}{\partial r} + \dfrac{\partial^2 z}{\partial y^2}\dfrac{\partial y}{\partial r}\right)\sin\theta \\
&= \left(\dfrac{\partial^2 z}{\partial x^2}\cos\theta + \dfrac{\partial^2 z}{\partial x\partial y}\sin\theta\right)\cos\theta + \left(\dfrac{\partial^2 z}{\partial x\partial y}\cos\theta + \dfrac{\partial^2 z}{\partial y^2}\sin\theta\right)\sin\theta
\end{aligned}$$

すなわち,

$$\dfrac{\partial^2 z}{\partial r^2} = \dfrac{\partial^2 z}{\partial x^2}\cos^2\theta + 2\dfrac{\partial^2 z}{\partial x\partial y}\sin\theta\cos\theta + \dfrac{\partial^2 z}{\partial y^2}\sin^2\theta \quad \cdots ⑤$$

また, ② より

$$\begin{aligned}
\dfrac{\partial^2 z}{\partial \theta^2} &= \dfrac{\partial}{\partial \theta}\left\{\dfrac{\partial z}{\partial x}(-r\sin\theta) + \dfrac{\partial z}{\partial y}(r\cos\theta)\right\} \\
&= \left(\dfrac{\partial}{\partial \theta}\dfrac{\partial z}{\partial x}\right)(-r\sin\theta) + \dfrac{\partial z}{\partial x}(-r\cos\theta) + \left(\dfrac{\partial}{\partial \theta}\dfrac{\partial z}{\partial y}\right)(r\cos\theta) \\
&\quad + \dfrac{\partial z}{\partial y}(-r\sin\theta) \\
&= \left(\dfrac{\partial^2 z}{\partial x^2}\dfrac{\partial x}{\partial \theta} + \dfrac{\partial^2 z}{\partial y\partial x}\dfrac{\partial y}{\partial \theta}\right)(-r\sin\theta) + \left(\dfrac{\partial^2 z}{\partial x\partial y}\dfrac{\partial x}{\partial \theta} + \dfrac{\partial^2 z}{\partial y^2}\dfrac{\partial y}{\partial \theta}\right)(r\cos\theta) \\
&\quad + \dfrac{\partial z}{\partial x}(-r\cos\theta) + \dfrac{\partial z}{\partial y}(-r\sin\theta)
\end{aligned}$$

$$
\begin{aligned}
&= \left\{\frac{\partial^2 z}{\partial x^2}(-r\sin\theta) + \frac{\partial^2 z}{\partial y \partial x}r\cos\theta\right\}(-r\sin\theta) \\
&\quad + \left\{\frac{\partial^2 z}{\partial x \partial y}(-r\sin\theta) + \frac{\partial^2 z}{\partial y^2}(r\cos\theta)\right\}(r\cos\theta) \\
&\quad + \frac{\partial z}{\partial x}(-r\cos\theta) + \frac{\partial z}{\partial y}(-r\sin\theta) \\
&= \frac{\partial^2 z}{\partial x^2}r^2\sin^2\theta - 2\frac{\partial^2 z}{\partial x\,\partial y}r^2\sin\theta\cos\theta + \frac{\partial^2 z}{\partial y^2}r^2\cos^2\theta \\
&\quad - r\frac{\partial z}{\partial x}\cos\theta - r\frac{\partial z}{\partial y}\sin\theta
\end{aligned}
$$

すなわち,

$$
\frac{\partial^2 z}{\partial \theta^2} = r^2\left(\frac{\partial^2 z}{\partial x^2}\sin^2\theta - 2\frac{\partial^2 z}{\partial x\,\partial y}\sin\theta\cos\theta + \frac{\partial^2 z}{\partial y^2}\cos^2\theta\right) - r\frac{\partial z}{\partial r} \quad \cdots \text{⑥}
$$

なお, ⑥ では, ① で得られた $\dfrac{\partial z}{\partial r} = \dfrac{\partial z}{\partial x}\cos\theta + \dfrac{\partial z}{\partial y}\sin\theta$ を用いた. ⑥ より

$$
\frac{1}{r^2}\frac{\partial^2 z}{\partial \theta^2} + \frac{1}{r}\frac{\partial z}{\partial r} = \frac{\partial^2 z}{\partial x^2}\sin^2\theta - 2\frac{\partial^2 z}{\partial x\,\partial y}\sin\theta\cos\theta + \frac{\partial^2 z}{\partial y^2}\cos^2\theta \quad \cdots \text{⑦}
$$

⑤, ⑦ より $\dfrac{\partial^2 z}{\partial r^2} + \dfrac{1}{r^2}\dfrac{\partial^2 z}{\partial \theta^2} + \dfrac{1}{r}\dfrac{\partial z}{\partial r} = \dfrac{\partial^2 z}{\partial x^2} + \dfrac{\partial^2 z}{\partial y^2}$

(7) テイラーの定理

1変数でのテイラーの定理はすでに学んだので, 2変数関数におけるテイラーの定理を示す.

$f(x, y)$ が点 (a, b) の近傍で定義された C^n 級の関数のとき,

$$
\begin{aligned}
&f(a+h, b+k) \\
&= f(a,b) + \left(h\frac{\partial}{\partial x} + k\frac{\partial}{\partial y}\right)f(a,b) + \frac{1}{2!}\left(h\frac{\partial}{\partial x} + k\frac{\partial}{\partial y}\right)^2 f(a,b) + \cdots \\
&\quad + \frac{1}{(n-1)!}\left(h\frac{\partial}{\partial x} + k\frac{\partial}{\partial y}\right)^{n-1} f(a,b) \\
&\quad + \frac{1}{n!}\left(h\frac{\partial}{\partial x} + k\frac{\partial}{\partial y}\right)^n f(a+\theta h, b+\theta k)
\end{aligned}
$$

となる θ $(0 < \theta < 1)$ が存在する.

また, 上式で $(a, b) = (0, 0)$ として, h, k の代わりに x, y とすれば,

$$f(x,y) = f(0,0) + \left(x\frac{\partial}{\partial x} + y\frac{\partial}{\partial y}\right)f(0,0) + \frac{1}{2!}\left(x\frac{\partial}{\partial x} + y\frac{\partial}{\partial y}\right)^2 f(0,0)$$

$$+ \cdots + \frac{1}{(n-1)!}\left(x\frac{\partial}{\partial x} + y\frac{\partial}{\partial y}\right)^{n-1} f(0,0)$$

$$+ \frac{1}{n!}\left(x\frac{\partial}{\partial x} + y\frac{\partial}{\partial y}\right)^n f(\theta x, \theta y) \quad (0 < \theta < 1)$$

となる．これをマクローリンの定理という．

▶▶▶ 演習問題 4−1

1 つぎの関数 $f(x,y)$ の原点 $(0,0)$ での連続性を調べなさい．

$$f(x,y) = \begin{cases} \dfrac{x^2 y^2}{x^2+y^2} & (x,y) \neq (0,0) \\ 0 & (x,y) = (0,0) \end{cases}$$

2 $f(x_1, x_2, \ldots, x_n)$ が C^m 級で，x_1 で r_1 回，x_2 で r_2 回，$\ldots$，x_n で r_n 回偏微分した m 階偏導関数 $\dfrac{\partial^m f}{\partial x_1^{r_1} \partial x_2^{r_2} \cdots \partial x_n^{r_n}}$ の総数を求めなさい．ただし，$m = r_1 + r_2 + \cdots + r_n$ とします．

3
$$f(x,y) = \begin{cases} \dfrac{xy(x^2-y^2)}{x^2+y^2} & (x,y) \neq (0,0) \\ 0 & (x,y) = (0,0) \end{cases}$$

とするとき，$f_{xy}(0,0)$，$f_{yx}(0,0)$ を求めなさい．

4 曲面 $z = \arctan \dfrac{y}{x}$ $(x \neq 0)$ 上の点 $(x,y,z) = \left(1, -1, -\dfrac{\pi}{4}\right)$ における接平面の方程式を求めなさい．ただし，$-\dfrac{\pi}{2} < z < \dfrac{\pi}{2}$ とします．

5★ $r = \sqrt{x_1^2 + x_2^2 + \cdots + x_n^2}$，$f(x_1, x_2, \ldots, x_n) = g(r)$ とします．このとき，つぎの問いに答えなさい．

(1) $\dfrac{\partial^2 f}{\partial x_1^2} + \dfrac{\partial^2 f}{\partial x_2^2} + \cdots + \dfrac{\partial^2 f}{\partial x_n^2} = g''(r) + \dfrac{n-1}{r} g'(r) = \dfrac{1}{r^{n-1}} \cdot \dfrac{d}{dr}\left(r^{n-1} \dfrac{dg(r)}{dr}\right)$

となることを示しなさい．

(2) $\dfrac{\partial^2 f}{\partial x_1^2} + \dfrac{\partial^2 f}{\partial x_2^2} + \cdots + \dfrac{\partial^2 f}{\partial x_n^2} = 0$ を満たす C^2 級関数 $f(x_1, x_2, \ldots, x_n) = g(r)$ は，$n \geqq 3$ のとき $\dfrac{a}{r^{n-2}} + b$，$n = 2$ のとき $a \log_e r + b$ となることを示しなさい．

ただし，a，b は定数とします．

6 全微分可能な 2 変数関数 $f(x,y)$ に対して，$g(r,\theta) = f(r\cos\theta, r\sin\theta)$（$r$，$\theta$ は実数かつ $r > 0$）とおくとき，

$$\frac{\partial f}{\partial x} = \frac{\partial g}{\partial r}\cdot a(r,\theta) + \frac{\partial g}{\partial \theta}\cdot b(r,\theta), \quad \frac{\partial f}{\partial y} = \frac{\partial g}{\partial r}\cdot c(r,\theta) + \frac{\partial g}{\partial \theta}\cdot d(r,\theta)$$

を満たす関数 $a(r,\theta)$, $b(r,\theta)$, $c(r,\theta)$, $d(r,\theta)$ をそれぞれ求めなさい.

7★ $z = f(x,y)$ は C^2 級の関数で,$x = r\cos\theta$,$y = r\sin\theta$ であるとき,以下の関係式が成り立つことを示しなさい.

$$\frac{\partial^2 z}{\partial x^2} = \frac{\partial^2 z}{\partial r^2}\cos^2\theta - 2\frac{\partial^2 z}{\partial \theta\partial r}\cdot\frac{\sin\theta\cos\theta}{r} + \frac{\partial^2 z}{\partial \theta^2}\cdot\frac{\sin^2\theta}{r^2}$$
$$+ \frac{\partial z}{\partial r}\cdot\frac{\sin^2\theta}{r} + 2\frac{\partial z}{\partial \theta}\cdot\frac{\sin\theta\cos\theta}{r^2}$$

$$\frac{\partial^2 z}{\partial y^2} = \frac{\partial^2 z}{\partial r^2}\sin^2\theta + 2\frac{\partial^2 z}{\partial \theta\partial r}\cdot\frac{\sin\theta\cos\theta}{r} + \frac{\partial^2 z}{\partial \theta^2}\cdot\frac{\cos^2\theta}{r^2}$$
$$+ \frac{\partial z}{\partial r}\cdot\frac{\cos^2\theta}{r} - 2\frac{\partial z}{\partial \theta}\cdot\frac{\sin\theta\cos\theta}{r^2}$$

8★★ 3 変数実関数 $f(x,y,z)$ について,つぎの条件 (i)〜(iv) をすべて満たすものの,一般形を求めなさい.

$$\begin{cases} f(x,y,z) \text{ は 3 次の同次式（どの項の次数も 3 に等しい多項式）} & \cdots\text{(i)} \\ \dfrac{\partial f}{\partial x} + \dfrac{\partial f}{\partial y} + \dfrac{\partial f}{\partial z} = 0 & \cdots\text{(ii)} \\ \dfrac{\partial^2 f}{\partial x\partial y} + \dfrac{\partial^2 f}{\partial y\partial z} + \dfrac{\partial^2 f}{\partial z\partial x} = 0 & \cdots\text{(iii)} \\ \dfrac{\partial^3 f}{\partial x\partial y\partial z} = 0 & \cdots\text{(iv)} \end{cases}$$

▶▶▶ 演習問題 4−1 解答

1 ┌▶▶ 考え方 ─────────────────────────────
$x = r\cos\theta$,$y = r\sin\theta$ を代入して,$r \to 0$ を考える.

解答▷ $x = r\cos\theta$,$y = r\sin\theta$ とおいて,
$$f(x,y) = \frac{x^2y^2}{x^2+y^2} = \frac{r^4\sin^2\theta\cos^2\theta}{r^2} = r^2(\sin\theta\cos\theta)^2 \text{ より,} 0 \leqq f(x,y) \leqq r^2 \text{ で}$$
ある.$(x,y) \to (0,0)$ のとき $r \to 0$ で,はさみうちの原理より $\displaystyle\lim_{(x,y)\to(0,0)} f(x,y) = 0$
よって,$f(x,y)$ は原点で連続となる.

2 ┌▶▶ 考え方 ─────────────────────────────
n 変数関数の m 階偏導関数の総数を求める問題.C^m 級より,偏微分の順序を変えて

よいので，$r_1 + r_2 + \cdots + r_n = m$ $(r_1, \ldots, r_n$ は非負整数$)$ より，重複組合せの考え を使う．

解答▷ C^m 級より，偏微分の順序を変えてよいので，$r_1 + r_2 + \cdots + r_n = m$ $(r_1, \ldots, r_n$ は非負整数$)$ より，総数は，${}_n\mathrm{H}_m = {}_{n+m-1}\mathrm{C}_m = \dfrac{(n+m-1)!}{m!\,(n-1)!}$ 個となる．

(答) $\underline{\dfrac{(n+m-1)!}{m!\,(n-1)!}}$

参考▷ $f(x, y, z)$ の場合の3階偏導関数は，

$$\frac{\partial^3 f}{\partial x^3}, \frac{\partial^3 f}{\partial y^3}, \frac{\partial^3 f}{\partial z^3}, \frac{\partial^3 f}{\partial x^2 \partial y}, \frac{\partial^3 f}{\partial x \partial y^2}, \frac{\partial^3 f}{\partial y^2 \partial z}, \frac{\partial^3 f}{\partial y \partial z^2}, \frac{\partial^3 f}{\partial z^2 \partial x}, \frac{\partial^3 f}{\partial z \partial x^2}, \frac{\partial^3 f}{\partial x \partial y \partial z}$$

の10個となる．これは，$n = m = 3$ の場合で，${}_3\mathrm{H}_3 = {}_5\mathrm{C}_3 = {}_5\mathrm{C}_2 = 10$ と求められる．

3 ▶▶ **考え方**
偏導関数の定義に基づいて計算する．

解答▷ $f_{xy}(0,0) = \lim\limits_{k \to 0} \dfrac{f_x(0,k) - f_x(0,0)}{k}$ で，$f_x(0,k) = \lim\limits_{h \to 0} \dfrac{f(h,k) - f(0,k)}{h} = \lim\limits_{h \to 0} \dfrac{k(h^2 - k^2)}{h^2 + k^2} = -k$ を，上式に代入して，

$$f_{xy}(0,0) = \lim_{k \to 0} \frac{-k - 0}{k} = -1$$

Memo
$f_{xy}(0,0) \neq f_{yx}(0,0)$ で，偏微分する順序を変えると，偏微分係数の値は必ずしも一致しない．

一方，$f_{yx}(0,0) = \lim\limits_{h \to 0} \dfrac{f_y(h,0) - f_y(0,0)}{h}$ で，
$f_y(h,0) = \lim\limits_{k \to 0} \dfrac{f(h,k) - f(h,0)}{k} = \lim\limits_{k \to 0} \dfrac{h(h^2 - k^2)}{h^2 + k^2} = h$ を，上式に代入して，

$$f_{yx}(0,0) = \lim_{h \to 0} \frac{h - 0}{h} = 1$$

(答) $\underline{f_{xy}(0,0) = -1,\ f_{yx}(0,0) = 1}$

4 ▶▶ **考え方**
接平面の公式を用いる．

解答▷ 点 (x_0, y_0, z_0) を通る接平面は，つぎのようになる．

$$z - z_0 = z_x(x_0, y_0)(x - x_0) + z_y(x_0, y_0)(y - y_0) \quad \cdots \text{①}$$

$$z_x = \frac{1}{1 + \left(\dfrac{y}{x}\right)^2} \left(-\frac{y}{x^2}\right) = -\frac{x^2}{x^2 + y^2} \frac{y}{x^2} = -\frac{y}{x^2 + y^2}$$

117

第 4 章　偏微分法

$$z_y = \frac{1}{1+\left(\frac{y}{x}\right)^2}\left(\frac{1}{x}\right) = \frac{x^2}{x^2+y^2}\left(\frac{1}{x}\right) = \frac{x}{x^2+y^2}$$

$(x_0, y_0, z_0) = \left(1, -1, -\dfrac{\pi}{4}\right)$ より，$z_x(x_0, y_0) = \dfrac{1}{2}$，$z_x(x_0, y_0) = \dfrac{1}{2}$

① に代入すると，$z + \dfrac{\pi}{4} = \dfrac{1}{2}(x-1) + \dfrac{1}{2}(y+1)$ となる．

よって，$2x + 2y - 4z = \pi$

(答) $2x + 2y - 4z = \pi$

5 ▶▶ **考え方**

$f(x_1, x_2, \ldots, x_n)$ を r の関数 $g(r)$ として，例題 11 (3) と同じ解法で解く．

解答 ▷ (1) $\dfrac{\partial f}{\partial x_1} = \dfrac{dg}{dr}\dfrac{\partial r}{\partial x_1} = g'(r)\dfrac{x_1}{r}$

$$\dfrac{\partial^2 f}{\partial x_1{}^2} = \dfrac{\partial}{\partial x_1}g'(r)\cdot\dfrac{x_1}{r} + g'(r)\dfrac{\partial}{\partial x_1}\left(\dfrac{x_1}{r}\right) = g''(r)\cdot\left(\dfrac{x_1}{r}\right)^2 + g'(r)\dfrac{r - x_1\dfrac{x_1}{r}}{r^2}$$

$$= g''(r)\cdot\left(\dfrac{x_1}{r}\right)^2 + g'(r)\dfrac{r^2 - x_1{}^2}{r^3}$$

同様に，$\dfrac{\partial^2 f}{\partial x_2{}^2} = g''(r)\cdot\left(\dfrac{x_2}{r}\right)^2 + g'(r)\dfrac{r^2 - x_2{}^2}{r^3}, \ldots, \dfrac{\partial^2 f}{\partial x_n{}^2} = g''(r)\cdot\left(\dfrac{x_n}{r}\right)^2 + g'(r)\dfrac{r^2 - x_n{}^2}{r^3}$

よって，

$$\dfrac{\partial^2 f}{\partial x_1{}^2} + \dfrac{\partial^2 f}{\partial x_2{}^2} + \cdots + \dfrac{\partial^2 f}{\partial x_n{}^2}$$
$$= g''(r)\cdot\dfrac{x_1{}^2 + \cdots + x_n{}^2}{r^2}$$
$$\quad + g'(r)\dfrac{nr^2 - (x_1{}^2 + \cdots + x_n{}^2)}{r^3}$$
$$= g''(r) + g'(r)\cdot\dfrac{nr^2 - r^2}{r^3} = g''(r) + \dfrac{n-1}{r}g'(r)$$

> **Memo**
> $n = 3$ では，
> $\dfrac{\partial^2 f}{\partial x_1{}^2} + \dfrac{\partial^2 f}{\partial x_2{}^2} + \dfrac{\partial^2 f}{\partial x_3^2}$
> $= g''(r) + \dfrac{2}{r}g'(r)$
> となって，例題 11 (3) で得られた
> $\dfrac{\partial^2 f}{\partial x^2} + \dfrac{\partial^2 f}{\partial y^2} + \dfrac{\partial^2 f}{\partial z^2}$
> $= f''(r) + \dfrac{2}{r}f'(r)$
> に一致する．

また，つぎのようになる．

$$\dfrac{1}{r^{n-1}}\cdot\dfrac{d}{dr}\left(r^{n-1}\dfrac{dg(r)}{dr}\right)$$
$$= \dfrac{1}{r^{n-1}}\{(n-1)r^{n-2}g'(r) + r^{n-1}g''(r)\} = g''(r) + \dfrac{n-1}{r}g'(r)$$

(2) $\dfrac{\partial^2 f}{\partial x_1{}^2} + \dfrac{\partial^2 f}{\partial x_2{}^2} + \cdots + \dfrac{\partial^2 f}{\partial x_n{}^2} = \dfrac{1}{r^{n-1}}\cdot\dfrac{d}{dr}\left(r^{n-1}\dfrac{dg(r)}{dr}\right) = 0$ より，$\dfrac{d}{dr}\left(r^{n-1}\dfrac{dg(r)}{dr}\right) = 0$，$r^{n-1}\dfrac{dg(r)}{dr} = a$（定数）となる．

$\dfrac{dg(r)}{dr} = \dfrac{a}{r^{n-1}}$ より, $n \geqq 3$ のとき $g(r) = \displaystyle\int \dfrac{a}{r^{n-1}} dr = \dfrac{a}{(2-n)r^{n-2}} + b$ （b は定数）となる.

$\dfrac{a}{(2-n)}$ を a とおき直して, $g(r) = \dfrac{a}{r^{n-2}} + b$ が得られる.

$n = 2$ のとき $\dfrac{dg(r)}{dr} = \dfrac{a}{r}$ より, $g(r) = \displaystyle\int \dfrac{a}{r} dr = a \log_e r + b$ となる.

6 ▶▶ **考え方**

合成関数の微分公式 ❷ を使う.

解答 ▷ $\dfrac{\partial f}{\partial x} = \dfrac{\partial g}{\partial r}\dfrac{\partial r}{\partial x} + \dfrac{\partial g}{\partial \theta}\dfrac{\partial \theta}{\partial x}$, $\dfrac{\partial f}{\partial y} = \dfrac{\partial g}{\partial r}\dfrac{\partial r}{\partial y} + \dfrac{\partial g}{\partial \theta}\dfrac{\partial \theta}{\partial y}$

で $r = \sqrt{x^2 + y^2}$, $\theta = \tan^{-1}\dfrac{y}{x}$ より,

$$\dfrac{\partial r}{\partial x} = \dfrac{x}{r} = \dfrac{r\cos\theta}{r} = \cos\theta \ (= a(r, \theta))$$

$$\dfrac{\partial r}{\partial y} = \dfrac{y}{r} = \dfrac{r\sin\theta}{r} = \sin\theta \ (= c(r, \theta))$$

$$\dfrac{\partial \theta}{\partial x} = \dfrac{-\dfrac{y}{x^2}}{1 + \left(\dfrac{y}{x}\right)^2} = -\dfrac{y}{x^2} \cdot \dfrac{x^2}{x^2 + y^2} = -\dfrac{y}{x^2 + y^2} = -\dfrac{r\sin\theta}{r^2} = -\dfrac{\sin\theta}{r}$$

$$(= b(r, \theta))$$

$$\dfrac{\partial \theta}{\partial y} = \dfrac{\dfrac{1}{x}}{1 + \left(\dfrac{y}{x}\right)^2} = \dfrac{1}{x} \cdot \dfrac{x^2}{x^2 + y^2} = \dfrac{x}{x^2 + y^2} = \dfrac{r\cos\theta}{r^2} = \dfrac{\cos\theta}{r} \ (= d(r, \theta))$$

（答）$a(r, \theta) = \cos\theta$, $b(r, \theta) = -\dfrac{\sin\theta}{r}$, $c(r, \theta) = \sin\theta$, $d(r, \theta) = \dfrac{\cos\theta}{r}$

別解 ▷ $x = r\cos\theta$, $y = r\sin\theta$ で

$$\dfrac{\partial g}{\partial r} = \dfrac{\partial f}{\partial x}\dfrac{\partial x}{\partial r} + \dfrac{\partial f}{\partial y}\dfrac{\partial y}{\partial r} = \dfrac{\partial f}{\partial x}\cos\theta + \dfrac{\partial f}{\partial y}\sin\theta \qquad \cdots ①$$

$$\dfrac{\partial g}{\partial \theta} = \dfrac{\partial f}{\partial x}\dfrac{\partial x}{\partial \theta} + \dfrac{\partial f}{\partial y}\dfrac{\partial y}{\partial \theta} = \dfrac{\partial f}{\partial x}(-r\sin\theta) + \dfrac{\partial f}{\partial y}(r\cos\theta) \qquad \cdots ②$$

①, ② より, つぎのように求めることも可能である.

$$\begin{pmatrix} \cos\theta & \sin\theta \\ -r\sin\theta & r\cos\theta \end{pmatrix} \begin{pmatrix} \dfrac{\partial f}{\partial x} \\ \dfrac{\partial f}{\partial y} \end{pmatrix} = \begin{pmatrix} \dfrac{\partial g}{\partial r} \\ \dfrac{\partial g}{\partial \theta} \end{pmatrix}$$

第 4 章　偏微分法

$$\begin{pmatrix} \dfrac{\partial f}{\partial x} \\ \dfrac{\partial f}{\partial y} \end{pmatrix} = \begin{pmatrix} \cos\theta & \sin\theta \\ -r\sin\theta & r\cos\theta \end{pmatrix}^{-1} \begin{pmatrix} \dfrac{\partial g}{\partial r} \\ \dfrac{\partial g}{\partial \theta} \end{pmatrix} = \dfrac{1}{r} \begin{pmatrix} r\cos\theta & -\sin\theta \\ r\sin\theta & \cos\theta \end{pmatrix} \begin{pmatrix} \dfrac{\partial g}{\partial r} \\ \dfrac{\partial g}{\partial \theta} \end{pmatrix}$$

$$= \begin{pmatrix} \dfrac{\partial g}{\partial r}\cos\theta - \dfrac{\partial g}{\partial \theta}\dfrac{\sin\theta}{r} \\ \dfrac{\partial g}{\partial r}\sin\theta + \dfrac{\partial g}{\partial \theta}\dfrac{\cos\theta}{r} \end{pmatrix}$$

7 ▶▶ 考え方

演習問題 4–1 の 6 と同様に，$\dfrac{\partial z}{\partial x} = \cos\theta \dfrac{\partial z}{\partial r} - \dfrac{\sin\theta}{r}\dfrac{\partial z}{\partial \theta}$, $\dfrac{\partial z}{\partial y} = \sin\theta \dfrac{\partial z}{\partial r} + \dfrac{\cos\theta}{r}\dfrac{\partial z}{\partial \theta}$ より，$\dfrac{\partial}{\partial x} = \cos\theta \dfrac{\partial}{\partial r} - \dfrac{\sin\theta}{r}\dfrac{\partial}{\partial \theta}$, $\dfrac{\partial}{\partial y} = \sin\theta \dfrac{\partial}{\partial r} + \dfrac{\cos\theta}{r}\dfrac{\partial}{\partial \theta}$ を考える．

解答 ▷ $\dfrac{\partial z}{\partial x} = \cos\theta \dfrac{\partial z}{\partial r} - \dfrac{\sin\theta}{r}\dfrac{\partial z}{\partial \theta}$, $\dfrac{\partial z}{\partial y} = \sin\theta \dfrac{\partial z}{\partial r} + \dfrac{\cos\theta}{r}\dfrac{\partial z}{\partial \theta}$ より，

$$\begin{aligned}
\dfrac{\partial^2 z}{\partial x^2} &= \dfrac{\partial}{\partial x}\left(\cos\theta \dfrac{\partial z}{\partial r} - \dfrac{\sin\theta}{r}\dfrac{\partial z}{\partial \theta}\right) = \dfrac{\partial}{\partial x}\left(\cos\theta \dfrac{\partial z}{\partial r}\right) - \dfrac{\partial}{\partial x}\left(\dfrac{\sin\theta}{r}\dfrac{\partial z}{\partial \theta}\right) \\
&= \cos\theta \dfrac{\partial}{\partial r}\left(\cos\theta \dfrac{\partial z}{\partial r}\right) - \dfrac{\sin\theta}{r}\dfrac{\partial}{\partial \theta}\left(\cos\theta \dfrac{\partial z}{\partial r}\right) \\
&\quad - \cos\theta \dfrac{\partial}{\partial r}\left(\dfrac{\sin\theta}{r}\dfrac{\partial z}{\partial \theta}\right) + \dfrac{\sin\theta}{r}\dfrac{\partial}{\partial \theta}\left(\dfrac{\sin\theta}{r}\dfrac{\partial z}{\partial \theta}\right) \\
&= \cos^2\theta \dfrac{\partial^2 z}{\partial r^2} - \dfrac{\sin\theta}{r}\left(-\sin\theta \dfrac{\partial z}{\partial r} + \cos\theta \dfrac{\partial^2 z}{\partial r \partial \theta}\right) \\
&\quad - \sin\theta\cos\theta \left(-\dfrac{1}{r^2}\dfrac{\partial z}{\partial \theta} + \dfrac{1}{r}\dfrac{\partial^2 z}{\partial r \partial \theta}\right) + \dfrac{\sin\theta}{r^2}\left(\cos\theta \dfrac{\partial z}{\partial \theta} + \sin\theta \dfrac{\partial^2 z}{\partial \theta^2}\right) \\
&= \cos^2\theta \dfrac{\partial^2 z}{\partial r^2} + \dfrac{\sin^2\theta}{r}\dfrac{\partial z}{\partial r} - \dfrac{\sin\theta\cos\theta}{r}\dfrac{\partial^2 z}{\partial r \partial \theta} \\
&\quad + \dfrac{\sin\theta\cos\theta}{r^2}\dfrac{\partial z}{\partial \theta} - \dfrac{\sin\theta\cos\theta}{r}\dfrac{\partial^2 z}{\partial r \partial \theta} + \dfrac{\sin\theta\cos\theta}{r^2}\dfrac{\partial z}{\partial \theta} + \dfrac{\sin\theta^2}{r^2}\dfrac{\partial^2 z}{\partial \theta^2} \\
&= \dfrac{\partial^2 z}{\partial r^2}\cos^2\theta - 2\dfrac{\partial^2 z}{\partial \theta \partial r}\dfrac{\sin\theta\cos\theta}{r} + \dfrac{\partial^2 z}{\partial \theta^2}\dfrac{\sin^2\theta}{r^2} + \dfrac{\partial z}{\partial r}\dfrac{\sin^2\theta}{r} \\
&\quad + 2\dfrac{\partial z}{\partial \theta}\dfrac{\sin\theta\cos\theta}{r^2} \qquad\qquad\qquad\qquad\qquad \cdots ①
\end{aligned}$$

が得られる．同様に，

$$\begin{aligned}
\dfrac{\partial^2 z}{\partial y^2} &= \dfrac{\partial}{\partial y}\left(\sin\theta \dfrac{\partial z}{\partial r} + \dfrac{\cos\theta}{r}\dfrac{\partial z}{\partial \theta}\right) = \dfrac{\partial}{\partial y}\left(\sin\theta \dfrac{\partial z}{\partial r}\right) + \dfrac{\partial}{\partial y}\left(\dfrac{\cos\theta}{r}\dfrac{\partial z}{\partial \theta}\right) \\
&= \sin\theta \dfrac{\partial}{\partial r}\left(\sin\theta \dfrac{\partial z}{\partial r}\right) + \dfrac{\cos\theta}{r}\dfrac{\partial}{\partial \theta}\left(\sin\theta \dfrac{\partial z}{\partial r}\right) \\
&\quad + \sin\theta \dfrac{\partial}{\partial r}\left(\dfrac{\cos\theta}{r}\dfrac{\partial z}{\partial \theta}\right) + \dfrac{\cos\theta}{r}\dfrac{\partial}{\partial \theta}\left(\dfrac{\cos\theta}{r}\dfrac{\partial z}{\partial \theta}\right)
\end{aligned}$$

$$= \frac{\partial^2 z}{\partial r^2}\sin^2\theta + 2\frac{\partial^2 z}{\partial\theta\partial r}\frac{\sin\theta\cos\theta}{r} + \frac{\partial^2 z}{\partial\theta^2}\frac{\cos^2\theta}{r^2} + \frac{\partial z}{\partial r}\frac{\cos^2\theta}{r}$$
$$- 2\frac{\partial z}{\partial\theta}\frac{\sin\theta\cos\theta}{r^2} \qquad \cdots ②$$

が得られる．なお，① と ② の両辺をそれぞれ足すと，例題 12(2) の $\dfrac{\partial^2 z}{\partial x^2} + \dfrac{\partial^2 z}{\partial y^2} = \dfrac{\partial^2 z}{\partial r^2} + \dfrac{1}{r}\dfrac{\partial z}{\partial r} + \dfrac{1}{r^2}\dfrac{\partial^2 z}{\partial\theta^2}$ が得られる．

8 ▶▶ **考え方**

$f(x,y,z)$ は 3 次の同次式より，x^3, y^3, z^3, x^2y, xy^2 などの項の和を考え，条件 (ii) 〜(iv) から候補を絞り込んでいく．

解答 ▷ 条件 (i) より，$f(x,y,z)$ は，x^3, y^3, z^3, x^2y, xy^2, y^2z, yz^2, z^2x, zx^2, xyz の項を含むが，条件 (iv) より xyz の項は含まないことがわかる．そこで，残りの 9 個の係数を a, b, c, d, e, h, l, m, n として
$$f(x,y,z) = ax^3 + by^3 + cz^3 + dx^2y + exy^2 + hy^2z + lyz^2 + mz^2x + nzx^2 \cdots ①$$
を考える．

$$\frac{\partial f}{\partial x} = 3ax^2 + 2dxy + ey^2 + mz^2 + 2nzx \qquad \cdots ②$$

$$\frac{\partial f}{\partial y} = 3by^2 + dx^2 + 2exy + 2hyz + lz^2 \qquad \cdots ③$$

$$\frac{\partial f}{\partial z} = 3cz^2 + hy^2 + ey^2 + 2lyz + 2mzx + nx^2 \qquad \cdots ④$$

条件 (ii) より，$(3a+d+n)x^2 + (e+3b+h)y^2 + (m+l+3c)z^2 + 2(d+e)xy + 2(h+l)yz + 2(n+m)zx = 0$
すなわち，
$$3a+d+n=0, \quad e+3b+h=0, \quad m+l+3c=0 \qquad \cdots ⑤$$
$$d+e=0, \quad h+l=0, \quad n+m=0 \qquad \cdots ⑥$$

③ より $\dfrac{\partial^2 f}{\partial x\partial y} = 2dx+2ey$，④ より $\dfrac{\partial^2 f}{\partial y\partial z} = 2hy+2lz$，② より $\dfrac{\partial^2 f}{\partial z\partial x} = 2mz+2nx$ である．

したがって，条件 (iii) より，$2(d+n)x + 2(e+h)y + 2(l+m)z = 0$
すなわち，
$$d+n=0, \quad e+h=0, \quad l+m=0 \qquad \cdots ⑦$$

⑦ を ⑤ に代入して，
$$a=b=c=0 \qquad \cdots ⑧$$

また，⑥，⑦ より $e = n = l$ となって，$e = n = l = K$ （K：定数）とおくと，$d = h = m = -K$ となり，⑧ と合わせて ① に代入すると，

$$f(x,y,z) = -Kx^2y + Kxy^2 - Ky^2z + Kyz^2 - Kz^2x + Kzx^2$$
$$= -K(x^2y - xy^2 + y^2z - yz^2 + z^2x - zx^2)$$
$$= K(x-y)(y-z)(z-x)$$

（答）最簡交代式 $(x-y)(y-z)(z-x)$ の 0 を除く定数倍

Memo 最簡交代式

各文字の差の積を，最簡交代式という．二つの文字 x, y では $x-y$，三つの文字 x, y, z では $(x-y)(y-z)(z-x)$ である．なお，差積 $(x-y)(x-z)(y-z)$ と解答してもよい．

2 偏微分法の応用

▶▶出題傾向と学習上のポイント

偏微分の応用として，極値（極小値，極大値）を求める問題は出題頻度が高く，極値判定法を確実に使いこなせることが大切です．さらに，ラグランジュの未定乗数法，陰関数の極値，包絡線も重要な内容ですので，合わせて十分な準備をしましょう．

(1) 極値（極大値，極小値）

点 $\mathrm{A}(a,b)$ の近傍内の A 以外のすべての点 (x,y) に対して，関数 $z = f(x,y)$ を考える．

$f(x,y) < f(a,b)$ が成り立つとき，$z = f(x,y)$ は点 $\mathrm{A}(a,b)$ で極大という．

$f(x,y) > f(a,b)$ が成り立つとき，$z = f(x,y)$ は点 $\mathrm{A}(a,b)$ で極小という．

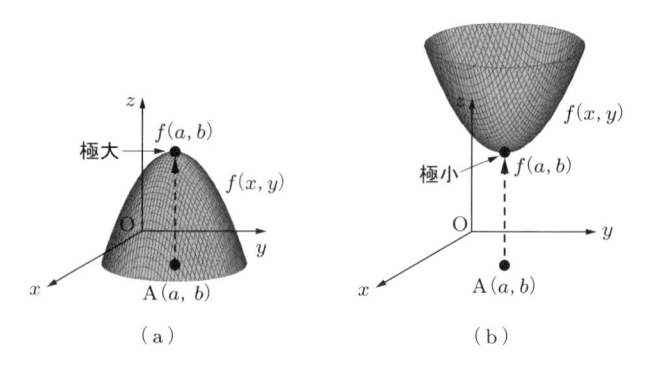

図 4.6

2 偏微分法の応用

また，$f(x,y)$ が点 (a,b) の近傍で C^2 級で，点 (a,b) で $f_x(a,b) = 0$, $f_y(a,b) = 0$ となるとき，点 (a,b) を f の停留点という．

$$\Delta(a,b) = \begin{vmatrix} f_{xx}(a,b) & f_{xy}(a,b) \\ f_{xy}(a,b) & f_{yy}(a,b) \end{vmatrix}$$
$$= f_{xx}(a,b) \cdot f_{yy}(a,b) - \{f_{xy}(a,b)\}^2$$

> **Memo** ヘッセ行列
> $\Delta(a,b)$
> $= f_{xx}(a,b) \cdot f_{yy}(a,b)$
> $\quad - \{f_{xy}(a,b)\}^2$
> をヘッセ行列式（ヘシアン）という．

とするとき，つぎの重要な極値判定法がある．

重要 極値判定法

(a,b) は f の停留点で，$\Delta(a,b) = f_{xx}(a,b) \cdot f_{yy}(a,b) - \{f_{xy}(a,b)\}^2$ とする．

(i) $\Delta(a,b) > 0$, $f_{xx}(a,b) < 0$ ならば，$f(x,y)$ は (a,b) で極大

(ii) $\Delta(a,b) > 0$, $f_{xx}(a,b) > 0$ ならば，$f(x,y)$ は (a,b) で極小

(iii) $\Delta(a,b) < 0$ ならば，$f(x,y)$ は (a,b) で極値をとらない
 ⇒ 停留点は鞍点になる．

(iv) $\Delta(a,b) = 0$ ならば，極値をとるかとらないか判定できない
 ⇒ さらに調べないとわからない

また，$\Delta(a,b) < 0$ の場合，点 (a,b) は鞍点になる．
鞍点 (saddle point) とは，ある方向（図 4.7 の ①）でみれば極大値であるが，別の方向（図の ②）では極小値となる点である．

> **Check!**
> $\Delta(a,b) > 0$ で極値をもつと判定できることに注意する．また，以下のように $\Delta(a,b)$ を定める場合もある．
> $\Delta(a,b)$
> $= \{f_{xy}(a,b)\}^2$
> $\quad - f_{xx}(a,b) \cdot f_{yy}(a,b)$
> この場合は，$\Delta(a,b) < 0$ で極値をもつことになる．

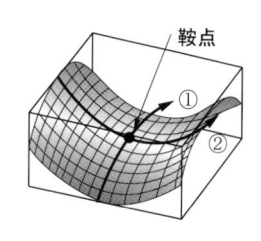

図 4.7

▶ **例題 13** つぎの関数の極値を求めなさい．

(1) $f(x,y) = x^2 + xy + y^2 - 2x - 4y$ (2) $f(x,y) = x^3 + 3xy + y^3$
(3) $f(x,y) = xy(x^2 + y^2 - 1)$

┌─ ▶考え方 ─
│ 停留点 (a,b) を求め，停留点における $\Delta(a,b)$ や $f_{xx}(a,b)$ の符号で判定する．
└─

解答 ▷ (1) $f_x = 2x + y - 2 = 0$, $f_y = x + 2y - 4 = 0$ より，停留点 $(0,2)$ を得る．

さらに，$f_{xx}=2$，$f_{yy}=2$，$f_{xy}=f_{yx}=1$ となる．
$\Delta(a,b) = 2\times 2 - 1^2 = 3 > 0$，$f_{xx}=2>0$ より，極小値 $f(0,2)=-4$ をとる．

（答）$(0,2)$ で極小値 -4

(2) $f_x = 3x^2 + 3y = 0$，$f_y = 3x + 3y^2 = 0$ より，停留点として二つの候補 $(0,0)$，$(-1,-1)$ が得られる．

さらに，$f_{xx}=6x$，$f_{yy}=6y$，$f_{xy}=f_{yx}=3$ となる．ここで，$\Delta(0,0) = 0\times 0 - 3^2 = -9 < 0$ より，$(0,0)$ で極値はとらない．

また，$\Delta(-1,-1) = (-6)\times(-6) - 3^2 = 27 > 0$，$f_{xx} = 6\times(-1) = -6 < 0$ から，点 $(-1,-1)$ で極大値 $f(-1,-1) = (-1)^3 + 3\times(-1)\times(-1) + (-1)^3 = 1$ をとる．

（答）$(-1,-1)$ で極大値 1

(3) $f_x = y(3x^2 + y^2 - 1) = 0$，$f_y = x(3y^2 + x^2 - 1) = 0$ より，停留点として，九つの候補 $(0,0)$，$(0,1)$，$(0,-1)$，$(1,0)$，$(-1,0)$，$\left(\dfrac{1}{2},\dfrac{1}{2}\right)$，$\left(\dfrac{1}{2},-\dfrac{1}{2}\right)$，$\left(-\dfrac{1}{2},\dfrac{1}{2}\right)$，$\left(-\dfrac{1}{2},-\dfrac{1}{2}\right)$ が得られる．

また，$f_{xx} = 6xy$，$f_{yy} = 6xy$，$f_{xy} = 3x^2 + 3y^2 - 1 = f_{yx}$ となる．ここで，$(0,0)$，$(0,1)$，$(0,-1)$，$(1,0)$，$(-1,0)$ に対して，$\Delta = f_{xx}f_{yy} - (f_{xy})^2 < 0$ より，これら五つの点では極値はとらない．

また，$\left(\dfrac{1}{2},\dfrac{1}{2}\right)$，$\left(-\dfrac{1}{2},-\dfrac{1}{2}\right)$ に対して，$\Delta = f_{xx}f_{yy} - (f_{xy})^2 = 2 > 0$，$f_{xx} = \dfrac{3}{2} > 0$ より，これら二つの点で極小値 $f\left(\dfrac{1}{2},\dfrac{1}{2}\right) = f\left(-\dfrac{1}{2},-\dfrac{1}{2}\right) = -\dfrac{1}{8}$ をとる．

さらに，$\left(\dfrac{1}{2},-\dfrac{1}{2}\right)$，$\left(-\dfrac{1}{2},\dfrac{1}{2}\right)$ に対して，$\Delta = f_{xx}f_{yy} - (f_{xy})^2 = 2 > 0$，$f_{xx} = -\dfrac{3}{2} < 0$ より，これら二つの点で極大値 $f\left(\dfrac{1}{2},-\dfrac{1}{2}\right) = f\left(-\dfrac{1}{2},\dfrac{1}{2}\right) = \dfrac{1}{8}$ をとる．

（答）$\left(\dfrac{1}{2},\dfrac{1}{2}\right)$，$\left(-\dfrac{1}{2},-\dfrac{1}{2}\right)$ で極小値 $-\dfrac{1}{8}$，$\left(\dfrac{1}{2},-\dfrac{1}{2}\right)$，$\left(-\dfrac{1}{2},\dfrac{1}{2}\right)$ で極大値 $\dfrac{1}{8}$

▶ **例題 14** $f(x,y) = x^4 + y^4 - a(x+y)^2$ の極値を求めなさい．ただし，a は正の定数とします．

▶▶ **考え方**
極値判定法により吟味するが，今度は $\Delta(a,b) = 0$ の場合を考える必要がある．

解答 ▷ $f_x = 4x^3 - 2a(x+y) = 0$，$f_y = 4y^3 - 2a(x+y) = 0$ より，$(x,y) = (0,0)$，$(\sqrt{a},\sqrt{a})$，$(-\sqrt{a},-\sqrt{a})$ の 3 点が停留点となる．

また，$f_{xx} = 12x^2 - 2a$，$f_{yy} = 12y^2 - 2a$，$f_{xy} = -2a$．
また，点 $(\sqrt{a},\sqrt{a})$ に対して，

$$\Delta(\sqrt{a},\sqrt{a}) = (10a)\times(10a) - (-2a)^2 = 96a^2 > 0$$

$f_{xx}(\sqrt{a},\sqrt{a}) = 10a > 0$ より，極小となって，極小値は
$f(\sqrt{a},\sqrt{a}) = a^2 + a^2 - a(2\sqrt{a})^2 = -2a^2$

> **Check!**
> $\Delta(a,b) = 0$ の場合，ほかの方法で判定しなければならない．

また，点 $(-\sqrt{a}, -\sqrt{a})$ に対して，
$$\Delta(\sqrt{a}, \sqrt{a}) = (10a) \times (10a) - (-2a)^2 = 96a^2 > 0$$
$f_{xx}(-\sqrt{a}, -\sqrt{a}) = 10a > 0$ より，同様に極小となって，極小値は $f(-\sqrt{a}, -\sqrt{a}) = -2a^2$
つぎに，点 $(0,0)$ に対して，
$$\Delta(0,0) = (-2a) \times (-2a) - (-2a)^2 = 0$$
となって，$f(0,0) = 0$ の極値の判定ができない．このとき，
(i) $y = -x$，$x \neq 0$ のとき，$f = 2x^4 > 0$
(ii) $y = 0$，$x \fallingdotseq 0$ のとき，$f = x^2(x^2 - a) < 0$
となるので，極値ではない（鞍点となる）．
(答) $(\sqrt{a}, \sqrt{a})$，$(-\sqrt{a}, -\sqrt{a},)$ で，極小値 $-2a^2$ をとる．

Check!
$f(x,y)$ は点 $(0,0)$ において
(i) $y = -x$ 方向で極小
(ii) x 軸方向で極大
となり，すなわち点 $(0,0)$ は鞍点となることに注意する．

参考 ▷ 図 4.8 に以下を示す．
(a) (i) $y = -x$ 方向の $f(x,y)$ の概形，(ii) $y = 0$ 方向の $f(x,y)$ の概形
(b) $f(x,y)$ の 3 次元表示

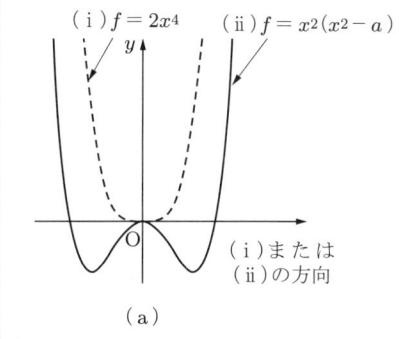

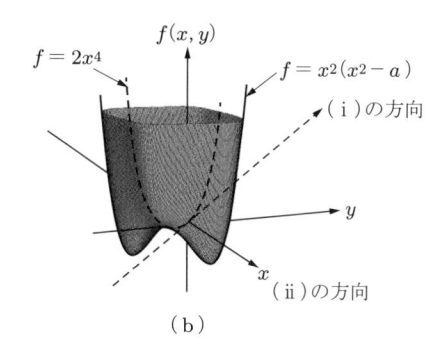

図 4.8

▶ **例題 15** $F(x,y) = ax^2 + 2hxy + by^2 + 2gx + 2fy + c$ が極小値をとれば，その値は同時に最小値であり，極大値をとれば，その値は同時に最大値であることを証明しなさい．

▶▶ **考え方**
極値とは，極値をとる点 (x_0, y_0) の近傍での $F(x_0 + h, y_0 + k) - F(x_0, y_0)$ を吟味するが，最大・最小では，点 (x_0, y_0) から任意の位置での $F(x_0 + h, y_0 + k) - F(x_0, y_0)$ を考える．なお，$F(x,y)$ は x，y の 2 次式であることに注意する．

解答 ▷ $F(x,y) = ax^2 + 2hxy + by^2 + 2gx + 2fy + c$ として，$F_x = 2(ax + hy + g)$，

$F_y = 2(hx+by+f)$, $F_{xx} = 2a$, $F_{yy} = 2b$, $F_{xy} = 2h$ より，$F(x,y)$ が極値をもつとき，
$$\Delta = 2a \cdot 2b - (2h)^2 = 4(ab-h^2) > 0 \quad (\text{すなわち，} ab-h^2 > 0)$$
$F_x(x_0, y_0) = 0$, $F_y(x_0, y_0) = 0$ となる x_0, y_0 を求めて，極値をとる x, y 座標を求める．
$ax_0 + hy_0 + g = 0$, $hx_0 + by_0 + f = 0$ より，$x_0 = \dfrac{bg-hf}{h^2-ab}$, $y_0 = \dfrac{af-hg}{h^2-ab}$ が得られる．

任意の ξ, η に対して，テイラー展開により，
$$F(x_0+\xi, y_0+\eta) - F(x_0, y_0)$$
$$= \xi F_x(x_0, y_0) + \eta F_y(x_0, y_0) + \frac{1}{2}\{\xi^2 F_{xx}(x_0+\theta\xi, y_0+\theta\eta)$$
$$\quad + 2\xi\eta F_{xy}(x_0+\theta\xi, y_0+\theta\eta) + \eta^2 F_{yy}(x_0+\theta\xi, y_0+\theta\eta)\} \quad (0 < \theta < 1)$$
$$= \frac{1}{2}(\xi^2 \cdot 2a + 2\xi\eta \cdot 2h + \eta^2 \cdot 2b) = a\xi^2 + 2h\xi\eta + b\eta^2$$
$$= a\left(\xi + \frac{h}{a}\eta\right)^2 + \frac{ab-h^2}{a}\eta^2$$

となる．この式において，$ab-h^2 > 0$ より
(i) $a > 0$ のとき，$F(x_0, y_0)$ は極小値であるが，$F(x_0+\xi, y_0+\eta) - F(x_0, y_0) > 0$ より，同時に最小値である．
(ii) $a < 0$ のとき，$F(x_0, y_0)$ は極大値であるが，$F(x_0+\xi, y_0+\eta) - F(x_0, y_0) < 0$ より，同時に最大値である．

(2) ラグランジュの未定乗数法（条件付き極値）

> **重要　ラグランジュの未定乗数法**
>
> $f(x,y)$, $\varphi(x,y)$ が C^1 級のとき，条件 $\varphi(x,y) = 0$ のもとで $f(x,y)$ が極値をとる点 (a,b) において，λ をパラメータとして
> $$F(x, y, \lambda) = f(x,y) - \lambda\varphi(x,y)$$
> とおくとき，
> $$\begin{cases} F_x(a,b,\lambda) = f_x(a,b) - \lambda\varphi_x(a,b) = 0 \\ F_y(a,b,\lambda) = f_y(a,b) - \lambda\varphi_y(a,b) = 0 \\ F_\lambda(a,b,\lambda) = -\varphi(a,b) = 0 \end{cases}$$
> となる λ が存在する．

なお，ラグランジュの未定乗数法は，極値をとる点の候補を示してくれるが，それが極値（極大値か極小値）かどうかを判定することは一般的にできない．

▶ **例題 16** 条件 $\dfrac{x^2}{9} + \dfrac{y^2}{4} = 1$ のもとで，xy の極値を求めなさい．

> ▶▶ **考え方**
> $F(x, y, \lambda) = xy - \lambda\left(\dfrac{x^2}{9} + \dfrac{y^2}{4} - 1\right)$ とおくことを考える．

解答 ▷ $f(x,y) = xy$，$\varphi(x,y) = \dfrac{x^2}{9} + \dfrac{y^2}{4} - 1$，$F(x,y,\lambda) = xy - \lambda\left(\dfrac{x^2}{9} + \dfrac{y^2}{4} - 1\right)$ とおく．

$$F_x = y - \frac{2}{9}\lambda x = 0, \quad F_y = x - \frac{\lambda y}{2} = 0$$

また，$F_\lambda(x,y,\lambda) = 0$ から $\dfrac{x^2}{9} + \dfrac{y^2}{4} = 1$ である．$\lambda = \dfrac{9y}{2x} = \dfrac{2x}{y}$ より

$$(2x + 3y)(2x - 3y) = 0 \quad \therefore y = \pm\frac{2}{3}x$$

$y = \pm\dfrac{2}{3}x$ を $\dfrac{x^2}{9} + \dfrac{y^2}{4} = 1$ に代入して，極値をとる候補点 $(x,y) = \left(\pm\dfrac{3}{\sqrt{2}}, \pm\sqrt{2}\right)$，$(x,y) = \left(\pm\dfrac{3}{\sqrt{2}}, \mp\sqrt{2}\right)$（複号同順）が求められる．

条件 $\dfrac{x^2}{9} + \dfrac{y^2}{4} = 1$ は有界閉集合で，xy は連続であるから，上記の点で極大値（最大値），極小値（最小値）をとる．

（答）$\left(\pm\dfrac{3}{\sqrt{2}}, \pm\sqrt{2}\right)$ で極大（最大）値 3 をとる．
$\left(\pm\dfrac{3}{\sqrt{2}}, \mp\sqrt{2}\right)$ で極小（最小）値 -3 をとる．

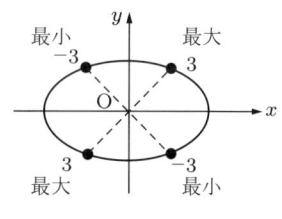

図 4.9

> **Memo**
> 有界閉集合上の連続関数は最大値・最小値をとる（ワイエルシュトラスの定理）．なお，有界閉集合とは，2 次曲線を例にとると楕円や円のように閉じたものの内部である．そのため，双曲線や放物線では有界閉集合にならない．

別解 ▷ 楕円 $\dfrac{x^2}{9} + \dfrac{y^2}{4} = 1$ より，$x = 3\cos\theta$，$y = 2\sin\theta$ とおけるので，$xy = 6\sin\theta\cos\theta = 3\sin 2\theta$ となる．

$\sin 2\theta$ が極大となるのは，$2\theta = 90°, 450°$ のとき．よって $\theta = 45°, 225°$，すなわち，$\left(\pm\dfrac{3}{\sqrt{2}}, \pm\sqrt{2}\right)$ で極大値（最大値）3 をとる．

$\sin 2\theta$ が極小となるのは，$2\theta = 270°, 630°$ のとき．よって $\theta = 135°, 315°$，すなわち，$\left(\pm\dfrac{3}{\sqrt{2}}, \mp\sqrt{2}\right)$ で極小値（最小値）は -3 をとる．

第 4 章 偏微分法

▶**例題 17** 条件 $x^2 + y^2 = 1$ のもとで，$f(x, y) = ax^2 + 2bxy + cy^2$ の最大値と最小値を求めなさい．

> ▶**考え方**
> 条件 $x^2 + y^2 = 1$ は，有界閉集合を表す．

解答▷ $F(x, y, \lambda) = ax^2 + 2bxy + cy^2 - \lambda(x^2 + y^2 - 1)$ とおいて，$F_x = 2ax + 2by - 2\lambda x = 0$，$F_y = 2bx + 2cy - 2\lambda y = 0$ より，

$$\begin{cases} ax + by = \lambda x & \cdots ① \\ bx + cy = \lambda y & \cdots ② \end{cases}$$

① $\times x +$ ② $\times y$ を計算すると，

$$ax^2 + 2bxy + cy^2 = \lambda(x^2 + y^2) = \lambda$$

$x^2 + y^2 = 1$ は有界閉集合で，連続関数 $f(x, y) = ax^2 + 2bxy + cy^2$ がとる最大値，最小値は λ である．

① より $(a - \lambda)x + by = 0$，② より $bx + (c - \lambda)y = 0$ となる．

よって，自明な解 $x = y = 0$ 以外の解をもつ条件として，

$$\begin{vmatrix} a - \lambda & b \\ b & c - \lambda \end{vmatrix} = 0$$

すなわち，$\lambda^2 - (a + c)\lambda + ac - b^2 = 0$ が得られる．この λ の 2 次方程式を解いて，

$$\lambda = \frac{a + c \pm \sqrt{(a+c)^2 - 4(ac - b^2)}}{2} = \frac{a + c \pm \sqrt{(a-c)^2 + 4b^2}}{2}$$

判別式 $(a - c)^2 + 4b^2 \geqq 0$ より，必ず実数解をもつ．

(答) 最大値 $\dfrac{a + c + \sqrt{(a-c)^2 + 4b^2}}{2}$，最小値 $\dfrac{a + c - \sqrt{(a-c)^2 + 4b^2}}{2}$

別解▷ $x = \cos\theta$，$y = \sin\theta$ とおくと，

$$\begin{aligned} f(\theta) &= a\cos^2\theta + 2b\sin\theta\cos\theta + c\sin^2\theta \\ &= a\frac{1 + \cos 2\theta}{2} + b\sin 2\theta + c\frac{1 - \cos 2\theta}{2} \\ &= b\sin 2\theta + \frac{a - c}{2}\cos 2\theta + \frac{a + c}{2} \\ &= \sqrt{b^2 + \frac{(a-c)^2}{4}}\sin(2\theta + \alpha) + \frac{a + c}{2} \quad \left(\alpha = \tan^{-1}\frac{a - c}{2b}\right) \end{aligned}$$

となる．$-1 \leqq \sin(2\theta + \alpha) \leqq 1$ より，最大値は $\dfrac{\sqrt{4b^2 + (a-c)^2}}{2} + \dfrac{a + c}{2}$，最小値は $-\dfrac{\sqrt{4b^2 + (a-c)^2}}{2} + \dfrac{a + c}{2}$ となる．

▶ **例題 18**★ a_1, a_2, a_3 は定数で，$a_1a_2a_3 \neq 0$ とします．

$$\begin{cases} x_1{}^2 + y_1{}^2 + z_1{}^2 = a_1{}^2 \\ x_2{}^2 + y_2{}^2 + z_2{}^2 = a_2{}^2 \\ x_3{}^2 + y_3{}^2 + z_3{}^2 = a_3{}^2 \end{cases}$$

という条件のもとで，3次の行列式 $\Delta = \begin{vmatrix} x_1 & y_1 & z_1 \\ x_2 & y_2 & z_2 \\ x_3 & y_3 & z_3 \end{vmatrix}$ の最大値は $|a_1a_2a_3|$，最小値は $-|a_1a_2a_3|$ に等しいことを示しなさい．

▶▶ **考え方**
Δ の定義域は有界閉集合より，Δ は最大値と最小値をもつことがいえる．z_i を変数 x_i, y_i ($i=1,2,3$) の関数とみなして，条件をどう表すかを考える．

解答 ▷ Δ の定義域は有界閉集合より，Δ は最大値と最小値をもち，それぞれ $\Delta_{\max}$, $\Delta_{\min}$ とする．

z_i を変数 x_i, y_i ($i=1,2,3$) の関数とすると，

$$\frac{\partial z_i}{\partial x_i} = -\frac{x_i}{z_i}, \quad \frac{\partial z_i}{\partial y_i} = -\frac{y_i}{z_i}, \quad \frac{\partial z_j}{\partial x_i} = \frac{\partial z_j}{\partial y_i} = 0 \quad (i \neq j)$$

さて，行列式 Δ の展開において，x_i, y_i, z_i の余因子を X_i, Y_i, Z_i とすれば，$\Delta = x_i X_i + y_i Y_i + z_i Z_i$ より，

$$\frac{\partial \Delta}{\partial x_i} = X_i + \frac{\partial z_i}{\partial x_i} Z_i = X_i - \frac{x_i}{z_i} Z_i, \quad \frac{\partial \Delta}{\partial y_i} = Y_i + \frac{\partial z_i}{\partial y_i} Z_i = Y_i - \frac{y_i}{z_i} Z_i$$
$$(i = 1, 2, 3)$$

最大値をとる停留点 (x_i, y_i) では，$\frac{\partial \Delta}{\partial x_i} = \frac{\partial \Delta}{\partial y_i} = 0$ より，$X_i - \frac{x_i}{z_i} Z_i = 0$, $Y_i - \frac{y_i}{z_i} Z_i = 0$．
すなわち，$\frac{X_i}{x_i} = \frac{Y_i}{y_i} = \frac{Z_i}{z_i} \ (= k)$ となる．

また，$x_i X_j + y_i Y_j + z_i Z_j = k(x_i x_j + y_i y_j + z_i z_j) = 0$ ($i \neq j$) より，

$$\Delta^2 = \begin{vmatrix} x_1 & y_1 & z_1 \\ x_2 & y_2 & z_2 \\ x_3 & y_3 & z_3 \end{vmatrix} \begin{vmatrix} x_1 & x_2 & x_3 \\ y_1 & y_2 & y_3 \\ z_1 & z_2 & z_3 \end{vmatrix} = \begin{vmatrix} a_1{}^2 & 0 & 0 \\ 0 & a_2{}^2 & 0 \\ 0 & 0 & a_3{}^2 \end{vmatrix} = (a_1 a_2 a_3)^2$$

よって，$\Delta_{\max} = |a_1 a_2 a_3|$, $\Delta_{\min} = -|a_1 a_2 a_3|$ ∎

Memo アダマールの不等式

3次の行列式のアダマール（Hadamard）の不等式に関する問題である．アダマールの不等式は，つぎのような n 次の行列式にも拡張できる．

A を n 次正方行列，$\boldsymbol{a}_j$ をその第 j 行ベクトルとする．具体的に表すと，

$$A = \begin{pmatrix} a_{11} & a_{12} & a_{13} & \cdots & a_{1n} \\ a_{21} & a_{22} & a_{23} & \cdots & a_{2n} \\ \vdots & \vdots & \vdots & \ddots & \vdots \\ a_{j1} & a_{j2} & a_{j3} & \cdots & a_{jn} \\ \vdots & \vdots & \vdots & \ddots & \vdots \\ a_{n1} & a_{n2} & a_{n3} & \cdots & a_{nn} \end{pmatrix}, \quad \boldsymbol{a}_j = \begin{pmatrix} a_{j1} & a_{j2} & a_{j3} & \cdots & a_{jn} \end{pmatrix}$$

$\boldsymbol{a}_j$ のノルムを $\|\boldsymbol{a}_j\|$ とするとき,$\|\boldsymbol{a}_j\| = \sqrt{|a_{j1}|^2 + |a_{j2}|^2 + \cdots + |a_{jn}|^2}$ $(j = 1, 2, \ldots, n)$ である.このとき,$|\det A| \leqq \|\boldsymbol{a}_1\| \cdot \|\boldsymbol{a}_2\| \cdot \cdots \cdot \|\boldsymbol{a}_n\|$ となる.すなわち,

$$-\|\boldsymbol{a}_1\| \cdot \|\boldsymbol{a}_2\| \cdot \cdots \cdot \|\boldsymbol{a}_n\| \leqq \det A \leqq \|\boldsymbol{a}_1\| \cdot \|\boldsymbol{a}_2\| \cdot \cdots \cdot \|\boldsymbol{a}_n\|$$

より,$\det A$ の最大値は $\|\boldsymbol{a}_1\| \cdot \|\boldsymbol{a}_2\| \cdot \cdots \cdot \|\boldsymbol{a}_n\|$,最小値は $-\|\boldsymbol{a}_1\| \cdot \|\boldsymbol{a}_2\| \cdot \cdots \cdot \|\boldsymbol{a}_n\|$ となる.
もし,$|a_{jk}| \leqq M$ ならば,$|a_{jk}|^2 \leqq M^2$ より,

$$\|\boldsymbol{a}_j\| = \sqrt{|a_{j1}|^2 + |a_{j2}|^2 + \cdots + |a_{jn}|^2} \leqq \sqrt{nM^2} = \sqrt{n}M \quad (j = 1, 2, \ldots, n)$$

よって,$|\det A| \leqq \|\boldsymbol{a}_1\| \cdot \|\boldsymbol{a}_2\| \cdot \cdots \cdot \|\boldsymbol{a}_n\| \leqq (\sqrt{n}M)^n = \sqrt{n^n}M^n$ と表せる.

(3) 陰関数の極値

A. 陰関数

二つの変数 x,y が $F(x, y) = 0$ を満たすとき,y を x の関数とみなして,**陰関数**という.一般に,実関数 $x_1, x_2, \ldots, x_n, z$ が $F(x_1, x_2, \ldots, x_n, z) = 0$ を満たすとき,$z = f(x_1, x_2, \ldots, x_n)$ を $F(x_1, x_2, \ldots, x_n, z) = 0$ によって定められた陰関数という.

例 2 $\dfrac{x^2}{a^2} + \dfrac{y^2}{b^2} = 1$ で定められる関数 $y = f(x)$ について,$f'(x)$ と $f''(x)$ を求める.

$\dfrac{x^2}{a^2} + \dfrac{y^2}{b^2} = 1$ の両辺を x で微分して $\dfrac{2x}{a^2} + \dfrac{2y}{b^2} y' = 0$ より

$$f'(x) = y' = -\frac{b^2}{a^2} \frac{x}{y}$$

$$f''(x) = \frac{df'(x)}{dx} = -\frac{b^2}{a^2} \cdot \frac{y - xy'}{y^2} = -\frac{b^2}{a^2} \cdot \frac{y - x\left(-\dfrac{b^2 x}{a^2 y}\right)}{y^2}$$
$$= -\frac{b^2}{a^2} \cdot \frac{a^2 y^2 + b^2 x^2}{a^2 y^3} = -\frac{b^2}{a^2} \cdot \frac{a^2 b^2}{a^2 y^3} = -\frac{b^4}{a^2 y^3}$$

▶ **例題 19** $F(x, y)$ が C^2 級のとき,$F(x, y) = 0$ が定める陰関数 $y = f(x)$ (ただし,$F_y(x, y) \neq 0$) で,$\dfrac{dy}{dx} = -\dfrac{F_x}{F_y}$,$\dfrac{d^2 y}{dx^2} = -\dfrac{F_{xx}F_y{}^2 - 2F_{xy}F_x F_y + F_{yy}F_x{}^2}{F_y{}^3}$ である

ことを導きなさい．

> **▶▶ 考え方**
> $F(x,y) = 0$ が定める陰関数 $y = f(x)$ の偏導関数 $\dfrac{dy}{dx}$，2次偏導関数 $\dfrac{d^2y}{dx^2}$ を求めるには，連鎖定理を用いる．

解答▷ $z = F(x,y)$ として，$\dfrac{dz}{dx} = \dfrac{\partial z}{\partial x} + \dfrac{\partial z}{\partial y} \cdot \dfrac{dy}{dx} = F_x + F_y \dfrac{dy}{dx} = 0$ より，$\dfrac{dy}{dx} = -\dfrac{F_x}{F_y}$ が得られる．また，

$$\dfrac{d^2y}{dx^2} = \dfrac{d}{dx}\left(-\dfrac{F_x}{F_y}\right) = -\dfrac{\left(\dfrac{d}{dx}F_x\right)F_y - F_x\left(\dfrac{d}{dx}F_y\right)}{F_y{}^2} \quad \cdots ①$$

$$\dfrac{d}{dx}F_x = \dfrac{\partial}{\partial x}F_x + \dfrac{\partial}{\partial y}F_x \cdot \dfrac{dy}{dx} = F_{xx} + F_{xy}\cdot\left(-\dfrac{F_x}{F_y}\right) = \dfrac{F_{xx}F_y - F_{xy}F_x}{F_y} \quad \cdots ②$$

$$\dfrac{d}{dx}F_y = \dfrac{\partial}{\partial x}F_y + \dfrac{\partial}{\partial y}F_y \cdot \dfrac{dy}{dx} = F_{yx} + F_{yy}\cdot\left(-\dfrac{F_x}{F_y}\right) = \dfrac{F_{xy}F_y - F_{yy}F_x}{F_y} \quad \cdots ③$$

②，③ を ① に代入して，整理すると，$\dfrac{d^2y}{dx^2} = -\dfrac{F_{xx}F_y{}^2 - 2F_{xy}F_xF_y + F_{yy}F_x{}^2}{F_y{}^3}$ が得られる．

▶例題20 $x^p + y^p + z^p = 1$ $(p \geqq 2)$ で定められる関数 $z = f(x,y)$ について，2次までの偏導関数 z_x，z_y，z_{xx}，z_{yy}，z_{xy} を求めなさい．

解答▷ $x^p + y^p + z^p = 1$ を x について偏微分すると，$px^{p-1} + pz^{p-1}z_x = 0$，すなわち，

$$x^{p-1} + z^{p-1}z_x = 0 \quad \cdots ①$$

したがって，

$$z_x = -\left(\dfrac{x}{z}\right)^{p-1} \quad \cdots ②$$

同様に，$x^p + y^p + z^p = 1$ を y について偏微分すると，$py^{p-1} + pz^{p-1}z_y = 0$ となる．すなわち，

$$y^{p-1} + z^{p-1}z_y = 0 \quad \cdots ③$$

したがって，

$$z_y = -\left(\dfrac{y}{z}\right)^{p-1} \quad \cdots ④$$

① をさらに x について偏微分すると,
$$(p-1)x^{p-2} + (p-1)z^{p-2}(z_x)^2 + z^{p-1}z_{xx} = 0$$

② を上式に代入し, z_{xx} について解くと, $z_{xx} = -\dfrac{(p-1)x^{p-2}(x^p+z^p)}{z^{2p-1}}$

③ を y について偏微分して, ④ を代入し, z_{yy} について解くと, $z_{yy} = -\dfrac{(p-1)y^{p-2}(y^p+z^p)}{z^{2p-1}}$

① を y について偏微分して, $(p-1)z^{p-2}z_y z_x + z^{p-1}z_{xy} = 0$

上式に ②, ④ を代入して z_{xy} を求めると, $z_{xy} = -\dfrac{(p-1)(xy)^{p-1}}{z^{2p-1}}$

(答) $z_x = -\left(\dfrac{x}{z}\right)^{p-1}$, $z_y = -\left(\dfrac{y}{z}\right)^{p-1}$, $z_{xx} = -\dfrac{(p-1)x^{p-2}(x^p+z^p)}{z^{2p-1}}$,

$z_{yy} = -\dfrac{(p-1)y^{p-2}(y^p+z^p)}{z^{2p-1}}$, $z_{xy} = -\dfrac{(p-1)(xy)^{p-1}}{z^{2p-1}}$

B. 陰関数の極値

重要 $F(x,y)=0$ が定める陰関数 $y=f(x)$ の極値の求め方

まず, $F(x,y)=0$ かつ $F_x(x,y)=0$ を満たす $(x,y)=(x_0,y_0)$ を求める.

解 $(x,y)=(x_0,y_0)$ について,

$$\begin{cases} \dfrac{F_{xx}}{F_y} > 0 \text{ ならば}, \ y=y_0 \text{ は極大値となる}. \\ \dfrac{F_{xx}}{F_y} < 0 \text{ ならば}, \ y=y_0 \text{ は極小値となる}. \end{cases}$$

ただし, $F_y(x_0,y_0) \neq 0$ である.

$F(x,y)=0$ が定める陰関数 $y=f(x)$ の極値を求める上記の手法の根拠を, 以下に示す.

例題 19 より, $f'(x) = -\dfrac{F_x}{F_y}$, $f''(x) = -\dfrac{F_{xx}F_y{}^2 - 2F_{xy}F_x F_y + F_{yy}F_x{}^2}{F_y{}^3}$ である.

また, 点 (x_0,y_0) で $F_x(x_0,y_0)=0$ より, $f'(x_0) = -\dfrac{F_x}{F_y} = 0$, $f''(x_0) = -\dfrac{F_{xx}F_y{}^2}{F_y{}^3} = -\dfrac{F_{xx}}{F_y}$ である.

このとき, $f''(x_0) = -\dfrac{F_{xx}}{F_y} < 0$ $\left(\text{すなわち}, \ \dfrac{F_{xx}}{F_y} > 0\right)$

ならば, $y=y_0$ は極大値となる.

$f''(x_0) = -\dfrac{F_{xx}}{F_y} > 0$ $\left(\text{すなわち}, \ \dfrac{F_{xx}}{F_y} < 0\right)$ ならば,

Memo
$F_x(x_0,y_0)$
$= F_y(x_0,y_0) = 0$
を満たす (x_0,y_0) を特異点とよぶが, 特異点での極値は考えない.

$y = y_0$ は極小値となる.

▶**例題 21** つぎのような関係式で定められる陰関数 $y = f(x)$ の極値を,それぞれ求めなさい.

(1) $x^2 + 2xy + 2y^2 - 1 = 0$ (2) $(x^2 + y^2)^2 - a^2(x^2 - y^2) = 0$ $(a > 0)$

> ▶▶ 考え方
> $F_x(x_0, y_0) = 0$ を満たす (x_0, y_0) に対して,$\dfrac{F_{xx}}{F_y}$ の符号を調べる.

解答 ▷ (1) $F(x, y) = x^2 + 2xy + 2y^2 - 1$ とおくと,

$$F_x = 2x + 2y, \quad F_{xx} = 2, \quad F_y = 2x + 4y$$

$F(x, y) = 0$,$F_x(x, y) = 0$ を満たす (x, y) は,$(x, y) = (1, -1), (-1, 1)$ となる.

まず,$(x, y) = (1, -1)$ では,$\dfrac{F_{xx}}{F_y} = -1 < 0$ より,$y = -1$ は極小値となる.

また,$(x, y) = (-1, 1)$ では,$\dfrac{F_{xx}}{F_y} = 1 > 0$ より,$y = 1$ は極大値となる.

(答) $x = 1$ で極小値 -1,$x = -1$ で極大値 1

(2) $F(x, y) = (x^2 + y^2)^2 - a^2(x^2 - y^2)$ とおくと,

$$F_x = 4x(x^2 + y^2) - 2a^2 x, \quad F_{xx} = 2(6x^2 + 2y^2 - a^2), \quad F_y = 4y(x^2 + y^2) + 2a^2 y$$

$F(x, y) = 0$,$F_x(x, y) = 0$ を満たす (x, y) を求める.

$F_x(x, y) = 0$ から $x = 0$,または,$x^2 + y^2 = \dfrac{a^2}{2}$ を $F(x, y) = 0$ に代入して,

$$(x, y) = (0, 0), \left(\pm \dfrac{\sqrt{3}a}{2\sqrt{2}}, \dfrac{a}{2\sqrt{2}}\right), \left(\pm \dfrac{\sqrt{3}a}{2\sqrt{2}}, -\dfrac{a}{2\sqrt{2}}\right)$$

まず,$(x, y) = (0, 0)$ では,$F_y = 0$ となる特異点なので,この点は考えない.

つぎに,$(x, y) = \left(\pm \dfrac{\sqrt{3}a}{2\sqrt{2}}, \dfrac{a}{2\sqrt{2}}\right)$ では,$\dfrac{F_{xx}}{F_y} = \dfrac{3}{\sqrt{2}a} > 0$ より,極大値 $y = \dfrac{a}{2\sqrt{2}}$ をとる.

また,$(x, y) = \left(\pm \dfrac{\sqrt{3}a}{2\sqrt{2}}, -\dfrac{a}{2\sqrt{2}}\right)$ では,$\dfrac{F_{xx}}{F_y} = -\dfrac{3}{\sqrt{2}a} < 0$ より,極小値 $y = -\dfrac{a}{2\sqrt{2}}$ をとる.

(答) $x = \pm \dfrac{\sqrt{3}a}{2\sqrt{2}}$ で極大値 $\dfrac{a}{2\sqrt{2}}$,$x = \pm \dfrac{\sqrt{3}a}{2\sqrt{2}}$ で極小値 $-\dfrac{a}{2\sqrt{2}}$

参考 ▷ (1) $x^2 + 2xy + 2y^2 - 1 = 0$(図 4.10 (a))
(2) $(x^2 + y^2)^2 - 8(x^2 - y^2) = 0$(図 (b)).なお,例題 21 (2) では $a = 2\sqrt{2}$ に相当する.

第4章　偏微分法

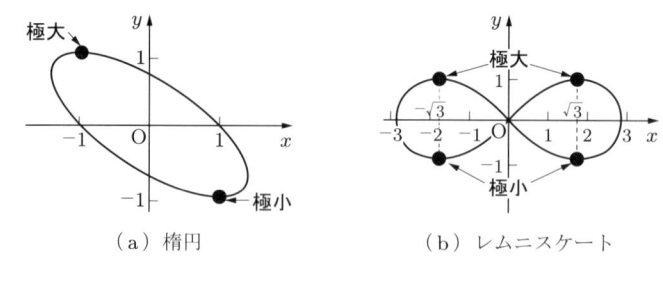

　　　　（a）楕円　　　　　　　　　　（b）レムニスケート

図 4.10

(4) 包絡線

包絡線とは，与えられた曲線群と接線を共有する曲線，すなわち，与えられた（一般には無限個の）すべての曲線群に接する曲線を示す．

重要　包絡線

曲線群 $f(x, y, a) = 0$（a は媒介変数）の包絡線を求めるには，$f(x, y, a) = 0$，$f_a(x, y, a) = 0$ から a を消去すればよい．

▶**例題 22**　つぎの問いに答えなさい．

(1) $ax^2 + \dfrac{y^2}{a} = 1$（$a$ は媒介変数，$a \neq 0$）の包絡線を求めなさい．

(2) 鉛直面内の水平方向と鉛直方向にそれぞれ x 軸，y 軸をとります．この座標平面上の原点から，x 軸の正の向きに対して角度 θ $\left(0 < \theta < \dfrac{\pi}{2}\right)$ の方向に，初速度の大きさ V_0（$V_0 \neq 0$，一定）で投げた物体の軌道は，

$$y = -\frac{g}{2V_0^2 \cos^2 \theta} x^2 + (\tan \theta) x \quad (y \geqq 0,\ g \text{ は重力加速度で一定})$$

と表される曲線を描きます．ここで，θ を $0 < \theta < \dfrac{\pi}{2}$ の範囲で変化させたとき，投げた物体の軌道によりできる領域の境界線のうち，x 軸，y 軸を除く曲線（包絡線）の方程式を求めなさい．

▶▶**考え方**

曲線群 $f(x, y, a) = 0$ に対して，媒介変数 a に関する偏導関数 $f_a(x, y, a) = 0$ より，a を消去して包絡線を求める．(1) は楕円群，(2) は放物線群となる．

解答▷　(1)　$f(x, y, a) = ax^2 + \dfrac{y^2}{a} - 1 = 0$　　　　　　　　　　　　　…①

$$f_a(x,y,a) = x^2 - \frac{y^2}{a^2} = 0 \qquad \cdots ②$$

② から $a^2 = \dfrac{y^2}{x^2}$, $a = \pm \dfrac{y}{x}$ を ① に代入して, $xy = \pm \dfrac{1}{2}$ (直角双曲線)　　（答）$xy = \pm \dfrac{1}{2}$

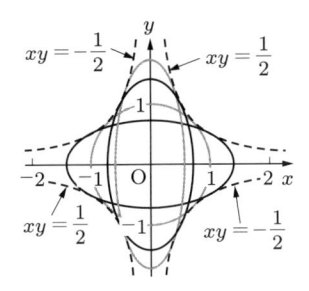

図 4.11

図 4.12

(2) $\quad y = -\dfrac{gx^2}{2V_0{}^2 \cos^2 \theta} + x \tan x = -\dfrac{gx^2}{2V_0{}^2}(1+\tan^2 \theta) + x\tan\theta \qquad \cdots ③$

を, $\tan\theta$ をパラメータとする曲線群とみなす.

③ の右辺を $\tan\theta$ で偏微分したものを 0 とおいて, 包絡線を求める.

$$-\frac{gx^2}{2V_0{}^2}(2\tan\theta) + x = 0$$

すなわち, $\tan\theta = \dfrac{V_0{}^2}{gx}$ を ③ に代入すると,

$$y = -\frac{gx^2}{2V_0{}^2}\left(1 + \frac{V_0{}^4}{g^2 x^2}\right) + x\cdot \frac{V_0{}^2}{gx} = -\frac{gx^2}{2V_0{}^2} + \frac{V_0{}^2}{2g}$$

（答）$y = -\dfrac{gx^2}{2V_0{}^2} + \dfrac{V_0{}^2}{2g}$

参考▷ 式 ③ から $\tan\theta$ に関する 2 次方程式

$$\tan^2\theta - \frac{2V_0{}^2}{gx}\tan\theta + \frac{2V_0{}^2}{gx^2}y + 1 = 0$$

を導き, 判別式 $\geqq 0$ より x, y の関係式を求めると, 判別式 $\left(\dfrac{V_0{}^2}{gx}\right)^2 - \dfrac{2V_0{}^2}{gx^2}y - 1 \geqq 0$ より, $y \leqq -\dfrac{gx^2}{2V_0{}^2} + \dfrac{V_0{}^2}{2g}$ が得られる.

$y \leqq -\dfrac{gx^2}{2V_0{}^2} + \dfrac{V_0{}^2}{2g}$ は, θ を変化させて投げた物体が到達しうる範囲と考えられ, $y =$

$-\dfrac{gx^2}{2V_0{}^2}+\dfrac{V_0{}^2}{2g}$ はその境界線,すなわち,求めた包絡線となる.

▶▶▶ 演習問題 4 – 2

1 つぎの問いに答えなさい.
 (1) △ABC における頂点 A,B,C の座標をそれぞれ (a_1,b_1),(a_2,b_2),(a_3,b_3) とするとき,△ABC 内で $\mathrm{AP}^2+\mathrm{BP}^2+\mathrm{CP}^2$ を最小にする一つの点 P の座標を求めなさい.
 (2) 平面上に n 個の点 $\mathrm{P}_1(x_1,y_1),\mathrm{P}_2(x_2,y_2),\ldots,\mathrm{P}_n(x_n,y_n)$ が与えられたとき,それらの点からの距離の 2 乗の和が最小となる点を求めなさい.

2★ 条件 $x^3+y^3-3xy=0$ のもとで,x^2+y^2 の極値を求めなさい.

3 条件 $\varphi(x)=a_1x_1+a_2x_2+\cdots+a_nx_n+b=0$ のもとで,
$$f(x)=x_1{}^2+x_2{}^2+\cdots+x_n{}^2$$
がとり得る極値を求めなさい.ただし,$a_i\neq 0\ (i=1,2,\ldots,n)$ とします.

4★ $x^xy^yz^z=1$ で定められる関数 $z=f(x,y)$ について,2 次までの偏導関数 z_x,z_y,z_{xx},z_{yy},z_{xy} を求めなさい.

5 つぎの関係式によって,z を x,y の関数と定義します.
$$x^2+y^2+z^2+2x+2y+2z=0$$
このとき,$\dfrac{\partial^2 z}{\partial x^2}+\dfrac{\partial^2 z}{\partial y^2}$ を z の式で表しなさい.

6★ 実数 x,y についての 2 変数関数
$$f(x,y)=\dfrac{1}{4}x^4-\dfrac{4}{3}x^3+\dfrac{5}{2}x^2-2x+\dfrac{1}{3}y^3+\dfrac{3}{2}y^2+2y+2$$
の極値と,それを与える x,y の値を求めなさい.

▶▶▶ 演習問題 4 – 2 解答

1 ▶▶ **考え方**
(1),(2) とも求める点を (x,y) として,$\mathrm{AP}^2+\mathrm{BP}^2+\mathrm{CP}^2$ や n 個の点からの距離の 2 乗の和を x,y の関数で表し,極値を求める.

解答 ▷ (1) 点 P の座標を (x,y) とすると,
$$\mathrm{AP}^2+\mathrm{BP}^2+\mathrm{CP}^2=f(x,y)=\sum_{i=1}^{3}\{(x-a_i)^2+(y-b_i)^2\}$$

$$f_x = 2\sum_{i=1}^{3}(x-a_i), \quad f_y = 2\sum_{i=1}^{3}(y-a_i), \quad f_{xx} = f_{yy} = 6 > 0, \quad f_{xy} = 0$$

より $\Delta(x,y) = 6 \times 6 - 0^2 = 36 > 0$ である.

よって, $f_x = 0, f_y = 0$ を満たす $x = x_0 = \dfrac{a_1 + a_2 + a_3}{3}, y = y_0 = \dfrac{b_1 + b_2 + b_3}{3}$ ((x_0, y_0) は $\triangle$ABC の重心) が $f(x,y)$ の極小値を与える. $f(x,y)$ は x, y の2次式より, (x_0, y_0) において最小値をとる. (答) $\left(\dfrac{a_1 + a_2 + a_3}{3}, \dfrac{b_1 + b_2 + b_3}{3}\right)$

(2) n 個の与えられた点から点 (x,y) までの距離の2乗和を $f(x,y) = \sum_{i=1}^{n}\{(x-x_i)^2 + (y-y_i)^2\}$ とする.

$$f_x = 2\sum_{i=1}^{n}(x-x_i), \quad f_y = 2\sum_{i=1}^{n}(y-y_i), \quad f_{xx} = f_{yy} = 2\sum_{i=1}^{n}1 = 2n, \quad f_{xy} = 0$$

$$\Delta(x,y) = 2n \cdot 2n - 0^2 = 4n^2 > 0, \quad f_{xx} = 2n > 0$$

$f_x = 0, f_y = 0$ を満たす, $x = \dfrac{\sum_{i=1}^{n} x_i}{n}, y = \dfrac{\sum_{i=1}^{n} y_i}{n}$ において, $f(x,y)$ は極小値をとる. $f(x,y)$ は x, y の2次式より, $x = \dfrac{\sum_{i=1}^{n} x_i}{n}, y = \dfrac{\sum_{i=1}^{n} y_i}{n}$ において $f(x,y)$ の最小値をとる. (答) $\left(\dfrac{\sum_{i=1}^{n} x_i}{n}, \dfrac{\sum_{i=1}^{n} y_i}{n}\right)$

> **Check!**
> $x = \dfrac{\sum_{i=1}^{n} x_i}{n}$, $y = \dfrac{\sum_{i=1}^{n} y_i}{n}$ はそれぞれ x 座標, y 座標の平均値である.

2 ▶▶ **考え方**
条件 $x^3 + y^3 - 3xy = 0$ (デカルトの正葉線) は有界閉集合にならないことに注意する.

解答 ▷ $f(x,y) = x^2 + y^2$, $\varphi(x,y) = x^3 + y^3 - 3xy$ から $F(x,y,\alpha) = x^2 + y^2 - \alpha(x^3 + y^3 - 3xy)$ とおいて

$$F_x = 2x - \alpha(3x^2 - 3y) = 0, \quad F_y = 2y - \alpha(3y^2 - 3x) = 0$$

$\alpha = \dfrac{2x}{3x^2 - 3y} = \dfrac{2y}{3y^2 - 3x}$ から $(x-y)(xy + x + y) = 0$

すなわち, $x = y$ または $xy + x + y = 0$

(i) $x = y$ のとき

$x^3 + y^3 - 3xy = 0$ に代入して, $(x,y) = (0,0), \left(\dfrac{3}{2}, \dfrac{3}{2}\right)$

$(x,y) = (0,0)$ で極値 0, $(x,y) = \left(\dfrac{3}{2}, \dfrac{3}{2}\right)$ で極値 $\dfrac{9}{2}$ をとり得る.

137

(ii) $xy+x+y=0$ のとき

$\phi_1 = x+y$, $\phi_2 = xy$ とおけば, $\phi_1 = -\phi_2$
$x^3+y^3-3xy=0$, $(x+y)^3-3xy(x+y)-3xy=0$ から

$$\phi_1{}^3-3\phi_1\phi_2-3\phi_2 = \phi_1{}^3+3\phi_1{}^2+3\phi_1 = \phi_1(\phi_1{}^2+3\phi_1+3) = 0$$

で, $\phi_1{}^2+3\phi_1+3>0$ から
$\phi_1 = x+y=0$, すなわち, $y=-x$ を, $x^3+y^3-3xy=0$ に代入して, $(x,y)=(0,0)$
$(x,y)=(0,0)$ で極値 0 をとり得る.

$(0,0)$ と $\left(\dfrac{3}{2}, \dfrac{3}{2}\right)$ で極値をとり得ることがわかったが, これらが極小か極大かはつぎのようにして調べる.

$x^3+y^3-3xy=0$ は, パラメータ表示では $x=\dfrac{3t}{1+t^3}$, $y=\dfrac{3t^2}{1+t^3}$ $(t\ne -1)$ となる. $x^2+y^2 = \dfrac{9(t^2+t^4)}{(1+t^3)^2} = g(t)$ とおき, $g(t)$ の極値を求めるため, 導関数 $g'(t)$ を求める.

$$g'(t) = 9\frac{(2t+4t^3)(1+t^3)^2 - 2(t^2+t^4)(1+t^3)\cdot 3t^2}{(1+t^3)^4}$$
$$= 18\frac{t(1+2t^2)(1+t^3) - 3t^4(1+t^2)}{(1+t^3)^3}$$
$$= 18\frac{-t(t-1)(t^4+t^3+3t^2+t+1)}{(1+t^3)^3} \quad (t\ne -1)$$

上式の分子に含まれる因数 $t^4+t^3+3t^2+t+1$ が 0 になるかどうかを調べる.
$t^4+t^3+3t^2+t+1 = 0$ を相反方程式とみて, 両辺を t^2 ($\ne 0$) で割ると,

$$t^2+t+3+\frac{1}{t}+\frac{1}{t^2} = 0$$

$t+\dfrac{1}{t} = u$ とおくと, $t^2+\dfrac{1}{t^2} = u^2-2$ より, 上式は $u^2+u+1=0$ となる.
$u^2+u+1>0$ より $t^4+t^3+3t^2+t+1>0$ がわかる.
$g(t)$ の増減表はつぎのようになる.

t	$\cdots$	-1	$\cdots$	0	$\cdots$	1	$\cdots$
$g'(t)$	$+$	/	$-$	0	$+$	0	$-$
$f(t)$	↗	/	↘	極小	↗	極大	↘

また, $\lim\limits_{t\to\pm\infty} g(t) = 0$, $\lim\limits_{t\to -1} g(t) = \infty$ である. よって, $g(t)$ は, $t=0$ のとき極小値 $g(0) = 0$, $t=1$ のとき極大値 $g(1) = \dfrac{9}{2}$ をもつ.

よって，$x^2 + y^2$ は $(0,0)$ で極小値 0，$\left(\dfrac{3}{2}, \dfrac{3}{2}\right)$ で極大値 $\dfrac{9}{2}$ をとることがわかる．

（答）$(0,0)$ で極小値 0，$\left(\dfrac{3}{2}, \dfrac{3}{2}\right)$ で極大値 $\dfrac{9}{2}$ をとる．

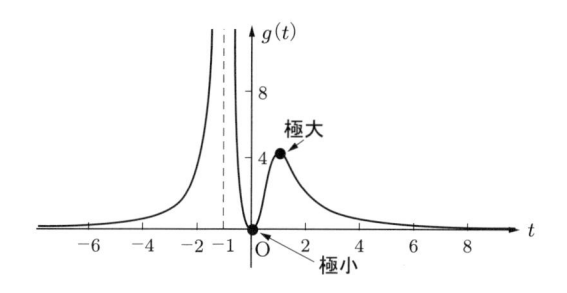

解図 4.1 $g(t)$ のグラフ

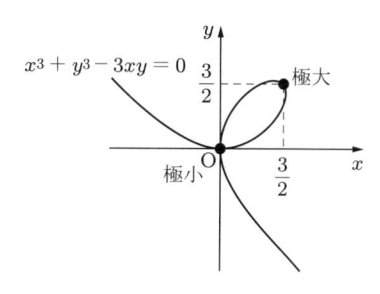

解図 4.2 デカルトの正葉線

3 ▶▶ 考え方

$F(x_1, \ldots, x) = x_1{}^2 + \cdots + x_n{}^2 - \lambda(a_1 x_1 + \cdots + a_n x_n + b)$ とおいて，ラグランジュの未定乗数法を用いる．

解答 ▷ $F(x_1, \ldots, x) = x_1{}^2 + \cdots + x_n{}^2 - \lambda(a_1 x_1 + \cdots + a_n x_n + b)$ より，

$$F_{x_i} = 2x_i - \lambda a_i = 0 \quad (i = 1, \ldots, n) \qquad \cdots \text{①}$$

$$F_\lambda = a_1 x_1 + a_2 x_2 + \cdots + a_n x_n + b = 0 \qquad \cdots \text{②}$$

① より $x_i = \dfrac{\lambda a_i}{2} \quad (i = 1, \ldots, n)$ を ② に代入すると，

$$a_1 \left(\dfrac{\lambda}{2} a_1\right) + a_2 \left(\dfrac{\lambda}{2} a_2\right) + \cdots + a_n \left(\dfrac{\lambda}{2} a_n\right) + b = 0$$

$\dfrac{\lambda}{2}(a_1{}^2 + \cdots + a_n{}^2) + b = 0$ より，$\lambda = -\dfrac{2b}{a_1{}^2 + \cdots + a_n{}^2}$

よって，

$$x_i = \dfrac{\lambda a_i}{2} = -\dfrac{a_i}{2} \dfrac{2b}{a_1{}^2 + \cdots + a_n{}^2} = -\dfrac{a_i b}{\sum_{i=1}^{n} a_i{}^2} \quad (i = 1, \ldots, n)$$

のとき，極値 $f(x_i) = \displaystyle\sum_{i=1}^{n} x_i{}^2 = \dfrac{b^2 \left(\sum_{i=1}^{n} a_i{}^2\right)}{\left(\sum_{i=1}^{n} a_i{}^2\right)^2} = \dfrac{b^2}{\sum_{i=1}^{n} a_i{}^2}$ をとり得る．

（答）$x_i = -\dfrac{a_i b}{\sum_{i=1}^{n} a_i{}^2} \quad (i = 1, \ldots, n)$ のとき極値 $\dfrac{b^2}{\sum_{i=1}^{n} a_i{}^2}$ をとり得る．

参考 ▷ 超平面 $a_1 x_1 + \cdots + a_n x_n + b = 0$ と，原点との距離は，$\dfrac{|b|}{\sqrt{\sum_{i=1}^{n} a_i{}^2}}$ となる．こ

第 4 章　偏微分法

れは極小値であり，最小値でもある．

4 ▶▶ **考え方**

$x^x y^y z^z = 1$ の両辺の対数（底は e）をとって，微分する．

解答 ▷　$x^x y^y z^z = 1$ の対数をとって，

$$x \log_e x + y \log_e y + z \log_e z = 0 \qquad \cdots ①$$

① を x で偏微分すると，$\log_e x + 1 + z_x \log_e z + z_x = 0$ より，

$$z_x = -\frac{\log_e x + 1}{\log_e z + 1} \qquad \cdots ②$$

同様に，① を y で偏微分すると，

$$z_y = -\frac{\log_e y + 1}{\log_e z + 1} \qquad \cdots ③$$

が得られる．② を x で偏微分すると，

$$z_{xx} = -\frac{\frac{1}{x}(\log_e z + 1) - (\log_e x + 1)\frac{1}{z}z_x}{(\log_e z + 1)^2}$$

$$= -\frac{\frac{1}{x}(\log_e z + 1) - \frac{1}{z}(\log_e x + 1)\left(-\frac{\log_e x + 1}{\log_e z + 1}\right)}{(\log_e z + 1)^2}$$

$$= -\frac{x(\log_e x + 1)^2 + z(\log_e z + 1)^2}{xz(\log_e z + 1)^3}$$

同様に，③ を y で偏微分すると，$z_{yy} = -\dfrac{y(\log_e y + 1)^2 + z(\log_e z + 1)^2}{yz(\log_e z + 1)^3}$

② を y で偏微分すると，

$$z_{xy} = -(-1)\frac{(\log_e x + 1)\left(\frac{1}{z}z_x\right)}{(\log_e z + 1)^2} = \frac{(\log_e x + 1)\left(-\frac{1}{z}\frac{\log_e y + 1}{\log_e z + 1}\right)}{(\log_e z + 1)^2}$$

$$= -\frac{(\log_e x + 1)(\log_e y + 1)}{z(\log_e z + 1)^3}$$

（答）$z_x = -\dfrac{\log_e x + 1}{\log_e z + 1}$，$z_y = -\dfrac{\log_e y + 1}{\log_e z + 1}$，$z_{xx} = -\dfrac{x(\log_e x + 1)^2 + z(\log_e z + 1)^2}{xz(\log_e z + 1)^3}$，

$z_{yy} = -\dfrac{y(\log_e y + 1)^2 + z(\log_e z + 1)^2}{yz(\log_e z + 1)^3}$，$z_{xy} = -\dfrac{(\log_e x + 1)(\log_e y + 1)}{z(\log_e z + 1)^3}$

参考 ▷　③ を x で偏微分すると，$z_{yx} = -\dfrac{(\log_e x + 1)(\log_e y + 1)}{z(\log_e z + 1)^3} = z_{xy}$ を確認できる．

5 ▶▶ **考え方**

陰関数の関係式より，$\dfrac{\partial z}{\partial x}$, $\dfrac{\partial z}{\partial y}$ を求め，さらに $\dfrac{\partial^2 z}{\partial x^2}$, $\dfrac{\partial^2 z}{\partial y^2}$ を求める．なお，$\dfrac{\partial^2 z}{\partial x^2} + \dfrac{\partial^2 z}{\partial y^2}$ は $(x, y$ ではなく$)$ z の式で表すことに注意する．

解答 ▷ $x^2 + y^2 + z^2 + 2x + 2y + 2z = 0$ $\quad\cdots$ ①

① を x で偏微分して整理すると，

$$x + z\dfrac{\partial z}{\partial x} + 1 + \dfrac{\partial z}{\partial x} = 0 \quad\cdots ②$$

再度 x で偏微分して整理すると，

$$1 + \left(\dfrac{\partial z}{\partial x}\right)^2 + (z+1)\dfrac{\partial^2 z}{\partial x^2} = 0 \quad\cdots ③$$

同様に，① を y で偏微分して整理すると，

$$y + z\dfrac{\partial z}{\partial y} + 1 + \dfrac{\partial z}{\partial y} = 0 \quad\cdots ④$$

$$1 + \left(\dfrac{\partial z}{\partial y}\right)^2 + (z+1)\dfrac{\partial^2 z}{\partial y^2} = 0 \quad\cdots ⑤$$

③ + ⑤ より，$2 + \left(\dfrac{\partial z}{\partial x}\right)^2 + \left(\dfrac{\partial z}{\partial y}\right)^2 + (z+1)\left(\dfrac{\partial^2 z}{\partial x^2} + \dfrac{\partial^2 z}{\partial y^2}\right) = 0$

$$(z+1)\left(\dfrac{\partial^2 z}{\partial x^2} + \dfrac{\partial^2 z}{\partial y^2}\right) = -2 - \left(\dfrac{\partial z}{\partial x}\right)^2 - \left(\dfrac{\partial z}{\partial y}\right)^2 \quad\cdots ⑥$$

②，④ よりそれぞれ，$\dfrac{\partial z}{\partial x} = -\dfrac{x+1}{z+1}$, $\dfrac{\partial z}{\partial y} = -\dfrac{y+1}{z+1}$ なので，

$$\left(\dfrac{\partial z}{\partial x}\right)^2 + \left(\dfrac{\partial z}{\partial y}\right)^2 = \dfrac{x^2 + y^2 + 2x + 2y + 2}{(z+1)^2} = -\dfrac{z^2 + 2z - 2}{(z+1)^2} \quad\cdots ⑦$$

⑦ を ⑥ に代入して，

$$\dfrac{\partial^2 z}{\partial x^2} + \dfrac{\partial^2 z}{\partial y^2} = -\dfrac{z^2 + 2z + 4}{(z+1)^3} \left(= -\dfrac{(z+1)^2 + 3}{(z+1)^3}\right) \qquad (答)\ \underline{-\dfrac{z^2 + 2z + 4}{(z+1)^3}}$$

6 ▶▶ **考え方**

極値判定法を用いる．なお本問では，停留点によってはヘッセ行列式が 0 となるので，ひと工夫必要となる．

解答 ▷ $f_x = x^3 - 4x^2 + 5x - 2$, $f_y = y^2 + 3y + 2$, $f_{xx} = 3x^2 - 8x + 5$, $f_{yy} = 2y + 3$

このとき，$f_{xy} = f_{yx} = 0$ で，$f_x = 0$, $f_y = 0$ から，$x = 1, 2$, $y = -1, -2$

よって，停留点は $(x, y) = (1, -1), (1, -2), (2, -1), (2, -2)$ の 4 点が考えられる．

まず，点 $(1, -1)$ では，

$$\Delta(1,-1) = f_{xx}(1,-1) \cdot f_{yy}(1,-1) - \{f_{xy}(1,-1)\}^2 = 0$$

また，点 $(1,-2)$ では，

$$\Delta(1,-2) = f_{xx}(1,-2) \cdot f_{yy}(1,-2) - \{f_{xy}(1,-2)\}^2 = 0$$

これら 2 点 $(1,-1)$, $(1,-2)$ では，それぞれ極値をとるかどうか判定できない．
 $f(x,y)$ が $x=1$ で極値をとるかどうかを調べるため，任意の実数 a をとって，直線 $y=a$ 上の挙動をみる．

$$\frac{d}{dx}f(x,a) = x^3 - 4x^2 + 5x - 2 = (x-1)^2(x-2)$$

$f(x,a)$ は $x<1$ および，$1<x<2$ で減少して，$(1,a)$ で極値をとらないことがわかる．すなわち，$(1,-1)$, $(1,-2)$ のいずれの点においても極値はとらない．
 つぎに，点 $(2,-1)$ では，

$$\Delta(2,-1) = (12-16+5)(-2+3) = 1 > 0$$

$f_{xx}(2,-1) = 12-16+5 = 1 > 0$ から，極小値 $f(2,-1) = \dfrac{1}{2}$ をとる．

最後に，点 $(2,-2)$ では，

$$\Delta(2,-2) = (12-16+5)(-4+3) = -1 < 0$$

から極値をとらない．

（答）$(2,-1)$ で極小値 $\dfrac{1}{2}$ をとる．

参考▷ $f(x,y)$ の 3 次元グラフは解図 4.3 に示す．
また，

$$f_1(x) = \frac{1}{4}x^4 - \frac{4}{3}x^3 + \frac{5}{2}x^2 - 2x,$$
$$f_2(y) = \frac{1}{3}y^3 + \frac{3}{2}y^2 + 2y + 2$$

とおけば，

$$f(x,y) = f_1(x) + f_2(y)$$

となり，$f(x,y)$ は x, y それぞれ一変数からなる関数の和となる．これらのグラフを解図 4.4 に示す．

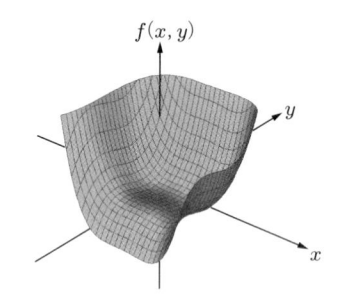

解図 4.3 $f(x,y)$ の 3 次元グラフ

解答でも示したように，$f_1(x)$ は $x=2$ では極小をとるが，$x=1$ では極値をもたない（図 (a)）．$f_2(y)$ は，$f_2{}'(y) = y^2 + 3y + 2 = (y+1)(y+2)$ より，$y=-2$ で極大，$y=-1$ で極小となる．
また，$(x,y) = (2,-2)$ では，鞍点となることに注意しなければならない（図 (b)，(c)）．

(a) $f_1(x)$

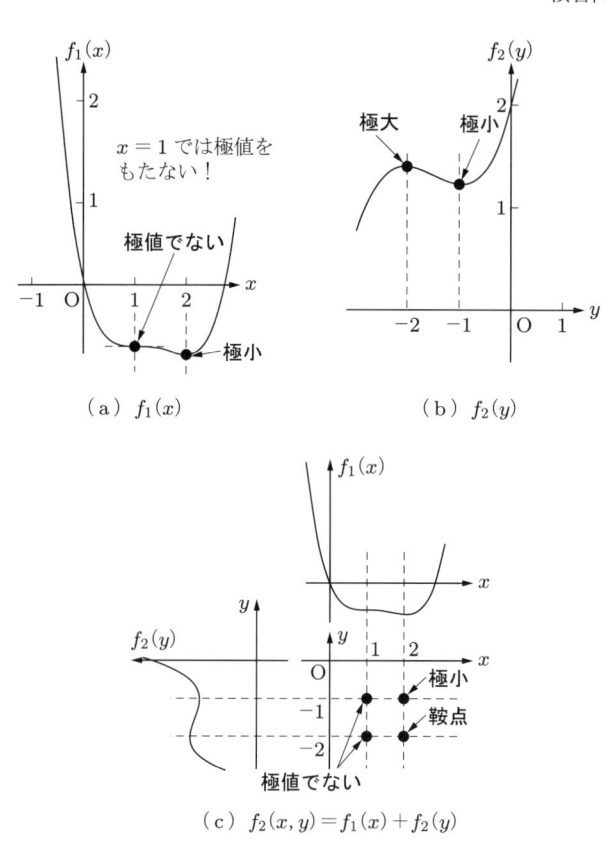

(b) $f_2(y)$

(c) $f_2(x,y) = f_1(x) + f_2(y)$

解図 4.4

Chapter 5 重積分法

1 重積分の計算

▶▶ 出題傾向と学習上のポイント

重積分の計算は，出題範囲が高い分野です．1変数の不定積分や定積分にはない重積分特有の積分の順序交換，ヤコビアンによる1次変換や，極座標への変数変換の公式を確実に理解し，十分な演習を積みましょう．

(1) 重積分

A. $\int f(x)\,dx$ から $\iint f(x,y)\,dx\,dy$ への拡張

定積分 $\int_a^b f(x)\,dx$ は，曲線 $y = f(x)$ と x 軸，および 2 直線 $x = a$, $x = b$ で囲まれた図形の面積を表す（図 5.1 (a)）．

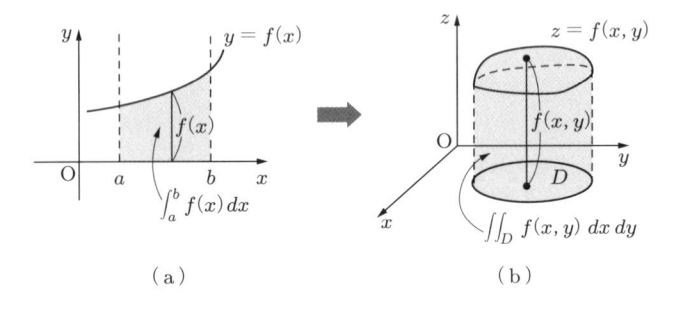

図 5.1

それでは，重積分 $\iint_D f(x,y)\,dx\,dy$ は何を表すか．図 (b) で示すように，$\iint_D f(x,y)\,dx\,dy$ は xy 平面での閉領域 D が底面で，高さを $z = f(x,y)$ とする立体の体積を表す．また，$z = f(x,y) = 1$ とした場合，$\iint_D dx\,dy$ は xy 平面での閉領域 D の面積を表す．

B. 重積分の計算

> **重要** 閉長方形領域における重積分

閉領域 D が $a \leqq x \leqq b,\ c \leqq y \leqq d$ において，関数 $f(x,y)$ が連続ならば，

$$\iint_D f(x,y)\,dx\,dy = \int_c^d \left\{ \int_a^b f(x,y)\,dx \right\} dy = \int_a^b \left\{ \int_c^d f(x,y)\,dy \right\} dx$$

$\iint_D f(x,y)\,dx\,dy$ は xy 平面での閉領域 D が底面で，高さを $z = f(x,y)$ とする立体の体積を表すことを説明した．この体積は，y 軸に垂直な断面積 $g(y)$ $\left(= \int_a^b f(x,y)\,dx \right)$ を y 軸方向に積分して求められる（図 5.2 (a)）．すなわち，

$$\iint_D f(x,y)\,dx\,dy = \int_c^d g(y)\,dy = \int_c^d \left\{ \int_a^b f(x,y)\,dx \right\} dy$$

また，この体積は，x 軸に垂直な断面積 $h(x)$ $\left(= \int_c^d f(x,y)\,dy \right)$ を x 軸方向に積分しても求められる（図 (b)）．すなわち，

$$\iint_D f(x,y)\,dx\,dy = \int_a^b h(x)\,dx = \int_a^b \left\{ \int_c^d f(x,y)\,dy \right\} dx$$

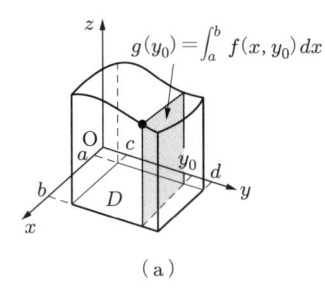

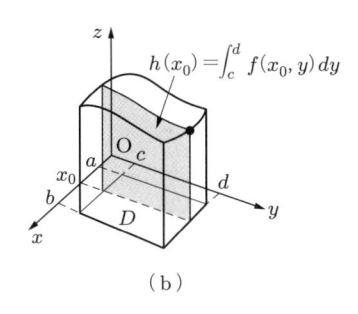

図 5.2

重積分は 1 次元の積分を繰り返すという意味で，**累次積分**ともいう．

とくに，$f(x,y) = g(x) \cdot h(y)$ のとき，

$$\iint_D f(x,y)\,dx\,dy = \left(\int_a^b g(x)\,dx \right) \left(\int_c^d h(y)\,dy \right)$$

が成り立つ．

> **Memo**
> $f(x,y)$ が $x,\ y$ のみの式に因数分解できる場合である．なお，$g(x)$ は $a \leqq x \leqq b$ で，$h(y)$ は $c \leqq y \leqq d$ で，それぞれ連続である．

Check!

$\int_c^d \left\{ \int_a^b f(x,y)\,dx \right\} dy = \int_c^d dy \int_a^b f(x,y)\,dx$ と表記することがあるが,
$\int_c^d dy \int_a^b f(x,y)\,dx$ を $\int_c^d dy \times \int_a^b f(x,y)\,dx = (d-c)\int_a^b f(x,y)\,dx$ と勘違いしないように注意する.

▶ **例題 1**

$\iint_D (x+y)\,dx\,dy$, $D = \{(x,y) : a \leqq x \leqq b, c \leqq y \leqq d\}$ を計算しなさい.

▶▶ **考え方**

領域 D は矩形（長方形）であることに注意する.

解答 ▷ $\iint_D (x+y)\,dx\,dy = \int_c^d \left\{ \int_a^b (x+y)\,dx \right\} dy = \int_c^d \left[\frac{x^2}{2} + xy \right]_{x=a}^{x=b} dy$

$= \int_c^d \left\{ \frac{b^2 - a^2}{2} + (b-a)y \right\} dy = \frac{b^2 - a^2}{2}(d-c) + (b-a)\frac{d^2 - c^2}{2}$

$= \frac{(b-a)(d-c)(a+b+c+d)}{2}$ 　　　　(答) $\underline{\dfrac{(b-a)(d-c)(a+b+c+d)}{2}}$

参考 ▷ 積分の順序を変えて,

$\int_a^b \left\{ \int_c^d (x+y)\,dy \right\} dx$

$= \int_a^b \left[xy + \frac{y^2}{2} \right]_{y=c}^{y=d} dx = \int_a^b \left\{ x(d-c) + \frac{d^2 - c^2}{2} \right\} dx$

$= \frac{b^2 - a^2}{2}(d-c) + \frac{d^2 - c^2}{2}(b-a) = \frac{(b-a)(d-c)(a+b+c+d)}{2}$

としても結果は一致する.

重要　単純な閉領域における重積分

(i) $f(x,y)$ が連続, 閉領域 D が $a \leqq x \leqq b$, $\varphi_1(x) \leqq y \leqq \varphi_2(x)$ の場合

$$\iint_D f(x,y)\,dx\,dy = \int_a^b \left\{ \int_{\varphi_1(x)}^{\varphi_2(x)} f(x,y)\,dy \right\} dx$$

(ii) $f(x,y)$ が連続, 閉領域 D が $\psi_1(y) \leqq x \leqq \psi_2(y)$, $c \leqq y \leqq d$ の場合

$$\iint_D f(x,y)\,dx\,dy = \int_c^d \left\{ \int_{\psi_1(y)}^{\psi_2(y)} f(x,y)\,dx \right\} dy$$

(i) の領域は，x の上限・下限が定数で，y（x の関数）で上限・下限をはさむイメージ（図 5.3(a)）

(ii) の領域は，y の上限・下限が定数で，x（y の関数）で上限・下限をはさむイメージ（図 (b)）

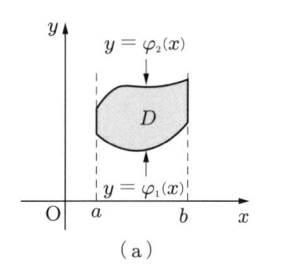

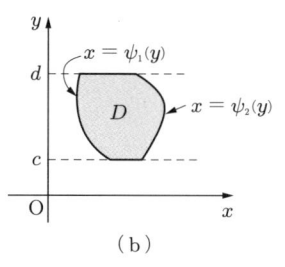

図 5.3

C. 積分の順序交換

重要　積分の順序交換

閉領域 D が $a \leqq x \leqq b$，$\varphi_1(x) \leqq y \leqq \varphi_2(x)$ もしくは，$\psi_1(y) \leqq x \leqq \psi_2(y)$，$c \leqq y \leqq d$ で囲まれた領域で，関数 $f(x, y)$ が連続ならば，つぎのように積分順序を交換できる．

$$\int_a^b \left\{ \int_{\varphi_1(x)}^{\varphi_2(x)} f(x, y)\, dy \right\} dx = \int_c^d \left\{ \int_{\psi_1(y)}^{\psi_2(y)} f(x, y)\, dx \right\} dy$$

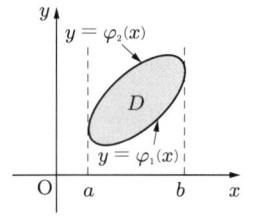

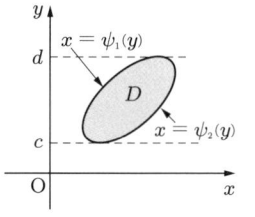

図 5.4

Memo

$\displaystyle\int_a^b \left\{ \int_{\varphi_1(x)}^{\varphi_2(x)} f(x, y)\, dy \right\} dx$ や $\displaystyle\int_c^d \left\{ \int_{\psi_1(y)}^{\psi_2(y)} f(x, y)\, dx \right\} dy$ の構造をみてみよう．

第 5 章　重積分法

$$\int_a^b \underbrace{\left\{\int_{\varphi_1(x)}^{\varphi_2(x)} f(x,y)\,dy\right\}}_{x \text{ の関数 } F_1(x)}dx = \int_a^b F_1(x)\,dx \quad \text{相等しい} \quad \int_c^d \underbrace{\left\{\int_{\psi_1(y)}^{\psi_2(y)} f(x,y)\,dx\right\}}_{y \text{ の関数 } F_2(y)}dy = \int_c^d F_2(y)\,dy$$

上端・下端は x の関数　　　　上端・下端は y の関数

$F_1(x)$, $F_2(y)$ はそれぞれ x 軸, y 軸に垂直に切った立体の断面積である.

例1 $\displaystyle\int_0^1\left(\int_{y-1}^{2y} xy\,dx\right)dy$ に関して，積分順序を変えても結果が変わらないことを確認してみる.

xy 平面での領域，$0 \leqq y \leqq 1$, $y-1 \leqq x \leqq 2y$ は図 5.5 のようになる. そこで，

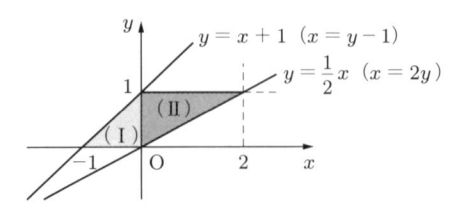

図 5.5

$$\int_0^1\left(\int_{y-1}^{2y} xy\,dx\right)dy$$
$$=\int_0^1\left[\frac{yx^2}{2}\right]_{x=y-1}^{x=2y} dy = \frac{1}{2}\int_0^1 \{y(2y)^2 - y(y-1)^2\}\,dy$$
$$=\frac{1}{2}\int_0^1 (3y^3 + 2y^2 - y)\,dy = \frac{1}{2}\left[\frac{3}{4}y^4 + \frac{2}{3}y^3 - \frac{y^2}{2}\right]_0^1 = \frac{11}{24} \quad \cdots \text{①}$$

今度は，領域を (I) と (II) に分けて，積分順序を変えると，

$$\int_{-1}^0\left(\int_0^{x+1} xy\,dy\right)dx + \int_0^2\left(\int_{\frac{x}{2}}^1 xy\,dy\right)dx$$

となる. 第 1 項を計算すると，

$$\int_{-1}^0\left(\int_0^{x+1} xy\,dy\right)dx = \frac{1}{2}\int_{-1}^0 (x^3 + 2x^2 + x)\,dx$$
$$= \frac{1}{2}\left[\frac{x^4}{4} + \frac{2x^3}{3} + \frac{x^2}{2}\right]_{-1}^0 = -\frac{1}{24}$$

となる. また，第 2 項は

$$\int_0^2\left(\int_{\frac{x}{2}}^1 xy\,dy\right)dx = \frac{1}{2}\int_0^2\left(x - \frac{x^3}{4}\right)dx = \frac{1}{2}\left[\frac{x^2}{2} - \frac{x^4}{16}\right]_0^2 = \frac{1}{2}$$

より，$\displaystyle\int_0^1\left(\int_{y-1}^{2y} xy\,dx\right)dy = -\frac{1}{24} + \frac{1}{2} = \frac{11}{24}$. すなわち，① の結果と一致する.

▶ **例題 2** つぎの 2 重積分を求めなさい.

(1) $\iint_D e^{px+qy}\,dx\,dy,\quad D=\{(x,y):0\leqq x\leqq a,\,0\leqq y\leqq b\},\ pq\neq 0$

(2) $\iint_D \sqrt{y}\,dx\,dy,\quad D=\left\{(x,y):\sqrt{\dfrac{x}{a}}+\sqrt{\dfrac{y}{b}}\leqq 1\ \ (a>0,b>0)\right\}$

(3★) $\displaystyle\int_0^3 dy\int_0^{\sqrt{y/3}}\log_e(x^3-3x+3)\,dx$

▶▶ **考え方**

まずは, xy 平面での領域 D を図示することから始める. (3) では $\int\log_e(x^3-3x+3)\,dx$ は, このままでは計算できないので, 積分の順序交換を試みる.

解答 ▷ (1) $\displaystyle\iint_D e^{px+qy}\,dx\,dy=\int_0^b\left(\int_0^a e^{px+qy}\,dx\right)dy=\int_0^b\left[\dfrac{e^{px+qy}}{p}\right]_{x=0}^{x=a}dy$

$=\dfrac{1}{p}\int_0^b e^{qy}(e^{pa}-1)\,dy=\dfrac{e^{pa}-1}{p}\left[\dfrac{e^{qy}}{q}\right]_{y=0}^{y=b}=\dfrac{(e^{pa}-1)(e^{qb}-1)}{pq}$

(答) $\underline{\dfrac{(e^{pa}-1)(e^{qb}-1)}{pq}}$

(2) $\sqrt{\dfrac{x}{a}}+\sqrt{\dfrac{y}{b}}=1$ のとき, $x=a\left(1-\sqrt{\dfrac{y}{b}}\right)^2$

$D=\left\{(x,y):0\leqq x\leqq a\left(1-\sqrt{\dfrac{y}{b}}\right)^2,\,0\leqq y\leqq b\right\}$ (図 5.6 の灰色部分) より,

$\displaystyle\iint_D \sqrt{y}\,dx\,dy=\int_0^b\left(\int_0^{a(1-\sqrt{y/b})^2}\sqrt{y}\,dx\right)dy=\int_0^b \sqrt{y}\,[x]_{x=0}^{x=a(1-\sqrt{y/b})^2}\,dy$

$=a\int_0^b \sqrt{y}\left(1-\sqrt{\dfrac{y}{b}}\right)^2 dy=a\int_0^b\left(\sqrt{y}-\dfrac{2y}{\sqrt{b}}+\dfrac{y^{3/2}}{b}\right)dy$

$=a\left[\dfrac{2}{3}y^{3/2}-\dfrac{2}{\sqrt{b}}\cdot\dfrac{y^2}{2}+\dfrac{1}{b}\cdot\dfrac{2}{5}y^{5/2}\right]_0^b=\dfrac{1}{15}ab^{3/2}$ (答) $\underline{\dfrac{1}{15}ab^{3/2}}$

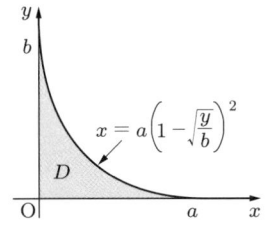

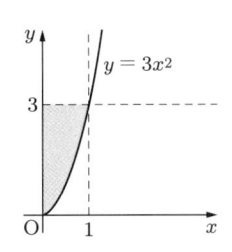

図 5.6

図 5.7

第 5 章 重積分法

(3) 積分範囲は，$0 \leqq y \leqq 3$, $0 \leqq x \leqq \sqrt{\dfrac{y}{3}}$ で，図 5.7 の灰色部分である．この領域を $0 \leqq x \leqq 1$, $3x^2 \leqq y \leqq 3$ とおき換えることができる．

すなわち，もとの累次積分はつぎのようになる．

$$\int_0^3 dy \int_0^{\sqrt{\frac{y}{3}}} \log_e(x^3 - 3x + 3)\, dx$$
$$= \int_0^1 dx \int_{3x^2}^3 \log_e(x^3 - 3x + 3)\, dy = \int_0^1 \left[y \log_e(x^3 - 3x + 3) \right]_{y=3x^2}^{y=3} dx$$
$$= \int_0^1 (3 - 3x^2) \log_e(x^3 - 3x + 3)\, dx$$

$x^3 - 3x + 3 = t$ とおくと，$(3x^2 - 3)\, dx = dt$ となって

$$\int_0^1 (3 - 3x^2) \log_e(x^3 - 3x + 3)\, dx = \int_3^1 \log_e t (-dt) = \int_1^3 \log_e t\, dt$$
$$= \left[t \log_e t - t \right]_1^3 = 3 \log_e 3 - 3 + 1 = 3 \log_e 3 - 2 \qquad \text{(答)}\ \underline{3 \log_e 3 - 2}$$

別解▷ (1) $\displaystyle\iint_D e^{px+qy}\, dx\, dy = \int_0^a e^{px}\, dx \cdot \int_0^b e^{qy}\, dy = \dfrac{(e^{pa}-1)(e^{qb}-1)}{pq}$

▶例題 3 $\displaystyle\iint_D (|x| + |y|)\, dx\, dy$, $D = \{(x, y) : |x| + |y| \leqq 1\}$ を求めなさい．

▶▶考え方
領域 $D\ (|x| + |y| \leqq 1)$ を図示し，領域 I，II，III，IV に分割して計算する．

解答▷ D は図 5.8 の色のついた部分である．

$$\iint_D (|x| + |y|)\, dx\, dy$$
$$= \iint_{\mathrm{I}} (x+y)\, dx\, dy + \iint_{\mathrm{II}} (-x+y)\, dx\, dy$$
$$\quad + \iint_{\mathrm{III}} (-x-y)\, dx\, dy + \iint_{\mathrm{IV}} (x-y)\, dx\, dy$$

ここで，

$$\iint_{\mathrm{I}} (x+y)\, dx\, dy = \int_0^1 dx \int_0^{1-x} (x+y)\, dy = \int_0^1 \left[xy + \dfrac{y^2}{2} \right]_{y=0}^{y=1-x} dx$$
$$= \int_0^1 \left\{ x(1-x) + \dfrac{(1-x)^2}{2} \right\} dx = \int_0^1 \dfrac{1-x^2}{2}\, dx = \dfrac{1}{3}$$

$$\iint_{\mathrm{II}} (-x+y)\,dx\,dy = \int_{-1}^{0} dx \int_{0}^{x+1} (-x+y)\,dy$$
$$= \int_{-1}^{0} \left[-xy + \frac{y^2}{2}\right]_{y=0}^{y=x+1} dx = \int_{-1}^{0} \frac{1-x^2}{2}\,dx = \frac{1}{3}$$

$$\iint_{\mathrm{III}} (-x-y)\,dx\,dy = \int_{-1}^{0} dx \int_{-x-1}^{0} (-x-y)\,dy$$
$$= -\int_{-1}^{0} \left[xy + \frac{y^2}{2}\right]_{y=-x-1}^{y=0} dx = \frac{1}{3}$$

$$\iint_{\mathrm{IV}} (x-y)\,dx\,dy = \int_{0}^{1} dx \int_{x-1}^{0} (x-y)\,dy = \int_{0}^{1} \left[xy - \frac{y^2}{2}\right]_{y=x-1}^{y=0} dx = \frac{1}{3}$$

したがって，$\displaystyle\iint_{D} (|x|+|y|)\,dx\,dy = \frac{1}{3} \times 4 = \frac{4}{3}$ 　　　　(答) $\dfrac{4}{3}$

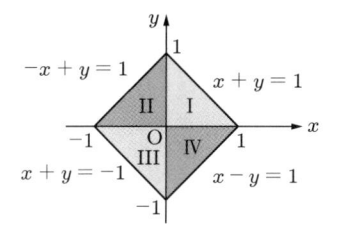

図 5.8

Check!
対称性より，領域 I の結果 $\dfrac{1}{3}$ を 4 倍して，$\dfrac{4}{3}$ と一気に解答してもよいが，解答のようにほかの領域 II〜IV も計算を行ったほうが無難であろう．

▶ **例題 4** D を四つの平面 $x+y+z=1$, $x=0$, $y=0$, $z=0$ によって囲まれた閉領域とするとき，$\displaystyle\iiint_{D} \frac{1}{(1+x+y+z)^3}\,dx\,dy\,dz$ を求めなさい．

▶▶ **考え方**
変数 x, y, z の 3 重積分で，計算がやや複雑になる．積分範囲が，x, y, z でどう表せるかを考える．

解答 ▷ $\displaystyle\iiint_{D} \frac{1}{(1+x+y+z)^3}\,dx\,dy\,dz$
$$= \int_{0}^{1} dx \int_{0}^{1-x} dy \int_{0}^{1-x-y} \frac{1}{(1+x+y+z)^3}\,dz$$
$$= \int_{0}^{1} dx \int_{0}^{1-x} \left[-\frac{1}{2(1+x+y+z)^2}\right]_{z=0}^{z=1-x-y} dy$$
$$= \int_{0}^{1} dx \int_{0}^{1-x} \left(\frac{1}{2(1+x+y)^2} - \frac{1}{8}\right) dy$$

$$= \int_0^1 \left[-\frac{1}{2(1+x+y)} - \frac{1}{8}y\right]_{y=0}^{y=1-x} dx = \int_0^1 \left\{-\frac{1}{4} - \frac{1-x}{8} + \frac{1}{2(1+x)}\right\} dx$$

$$= \left[-\frac{1}{4}x - \frac{1}{8}x + \frac{x^2}{16} + \frac{1}{2}\log_e|1+x|\right]_0^1 = -\frac{1}{4} - \frac{1}{8} + \frac{1}{16} + \frac{1}{2}\log_e 2$$

$$= \log_e \sqrt{2} - \frac{5}{16} \hspace{4cm} \text{(答)} \ \underline{\log_e \sqrt{2} - \frac{5}{16}}$$

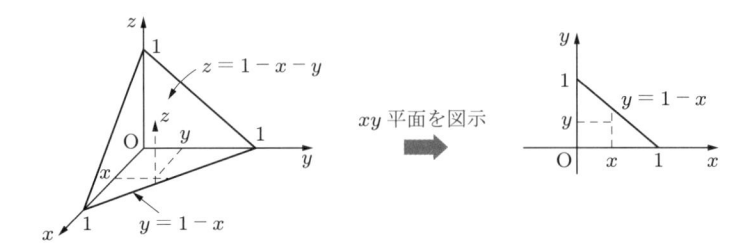

図 5.9

（2）変数の変換

変数変換により，重積分の計算が容易になることがある．

A. $x = \varphi(u, v), \ y = \psi(u, v)$ による変換

$$\iint_D f(x, y) \, dx \, dy = \iint_A f(\varphi(u, v), \psi(u, v)) |J| \, du \, dv$$

$$J = \frac{\partial(\varphi, \psi)}{\partial(u, v)} = \begin{vmatrix} \varphi_u & \varphi_v \\ \psi_u & \psi_v \end{vmatrix} \quad (\neq 0)$$

Memo
J を関数行列式，ヤコビ行列式またはヤコビアンという．$|J|$ は J の絶対値を表す．

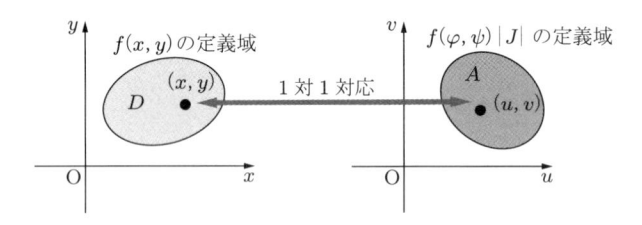

図 5.10

▶ 1 次変換の場合

$x = au + bv, \ y = cu + dv$ （$a, \ b, \ c, \ d$ は定数）となって，

$$J = \begin{vmatrix} x_u & x_v \\ y_u & y_v \end{vmatrix} = \begin{vmatrix} a & b \\ c & d \end{vmatrix} = ad - bc \quad (\neq 0)$$

重要　1次変換

$x = au + bv, \ y = cu + dv \quad (a, \ b, \ c, \ d \text{ は定数})$ の場合

$$\iint_D f(x,y)\, dx\, dy = \iint_A f(au+bv, cu+dv)|ad-bc|\, du\, dv \quad (ad-bc \neq 0)$$

例2　$x = au, \ y = bv$ のときはつぎのようになる．

$$\iint_D f(x,y)\, dx\, dy = \iint_A |ab| f(au, bv)\, du\, dv \quad (ab \neq 0)$$

▶ 極座標への変換の場合

$x = r\cos\theta, \ y = r\sin\theta$ となって，

$$J = \begin{vmatrix} x_r & x_\theta \\ y_r & y_\theta \end{vmatrix} = \begin{vmatrix} \cos\theta & -r\sin\theta \\ \sin\theta & r\cos\theta \end{vmatrix} = r\cos^2\theta + r\sin^2\theta = r$$

重要　極座標

$x = r\cos\theta, \ y = r\sin\theta$ の場合

$$\iint_D f(x,y)\, dx\, dy = \iint_A f(r\cos\theta, r\sin\theta) r\, dr\, d\theta$$

B. $x = x(u,v,w), \ y = y(u,v,w), \ z = z(u,v,w)$ による変換

$$\iiint_D f(x,y,z)\, dx\, dy\, dz$$
$$= \iiint_A f(x(u,v,w), y(u,v,w), z(u,v,w))|J|\, du\, dv\, dw$$

$$J = \frac{\partial(x,y,z)}{\partial(u,v,w)} = \begin{vmatrix} x_u & x_v & x_w \\ y_u & y_v & y_w \\ z_u & z_v & z_w \end{vmatrix} \quad (\neq 0)$$

Memo
xyz 空間内の閉領域 D と，uvw 空間内の閉領域 A が 1 対 1 に対応する．

▶ 円柱座標への変換の場合

$x = r\cos\theta, \ y = r\sin\theta, \ z = z$ となって，

$$J = \frac{\partial(x,y,z)}{\partial(r,\theta,z)} = \begin{vmatrix} x_r & x_\theta & x_z \\ y_r & y_\theta & y_z \\ z_r & z_\theta & z_z \end{vmatrix} = \begin{vmatrix} \cos\theta & -r\sin\theta & 0 \\ \sin\theta & r\cos\theta & 0 \\ 0 & 0 & 1 \end{vmatrix} = r$$

第 5 章　重積分法

重要　円柱座標

$x = r\cos\theta,\ y = r\sin\theta,\ z = z$ の場合

$$\iiint_D f(x,y,z)\,dx\,dy\,dz = \iiint_A f(r\cos\theta, r\sin\theta, z)\,r\,dr\,d\theta\,dz$$

▶ 3 次元極座標への変換の場合

$x = r\sin\theta\cos\varphi,\ y = r\sin\theta\sin\varphi,\ z = r\cos\theta\ (0 \leqq \theta \leqq \pi,\ 0 \leqq \varphi \leqq 2\pi)$ となって

$$J = \frac{\partial(x,y,z)}{\partial(r,\theta,\varphi)} = \begin{vmatrix} x_r & x_\theta & x_\varphi \\ y_r & y_\theta & y_\varphi \\ z_r & z_\theta & z_\varphi \end{vmatrix}$$

$$= \begin{vmatrix} \sin\theta\cos\varphi & r\cos\theta\cos\varphi & -r\sin\theta\sin\varphi \\ \sin\theta\sin\varphi & r\cos\theta\sin\varphi & r\sin\theta\cos\varphi \\ \cos\theta & -r\sin\theta & 0 \end{vmatrix}$$

$$= r^2 \sin^3\theta\sin^2\varphi + r^2 \sin\theta\cos^2\theta\cos^2\varphi$$
$$\quad + r^2 \sin\theta\cos^2\theta\sin^2\varphi + r^2 \sin^3\theta\cos^2\varphi$$

$$= r^2 \sin^3\theta + r^2 \sin\theta\cos^2\theta = r^2 \sin\theta$$

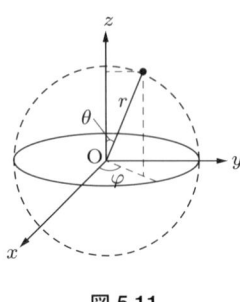

図 5.11

重要　3 次元極座標

$x = r\sin\theta\cos\varphi,\ y = r\sin\theta\sin\varphi,\ z = r\cos\theta$ の場合

$$\iiint_D f(x,y,z)\,dx\,dy\,dz$$
$$= \iiint_A f(r\sin\theta\cos\varphi, r\sin\theta\sin\varphi, r\cos\theta)\,r^2 \sin\theta\,dr\,d\theta\,d\varphi$$

▶ **例題 5**　つぎの 2 重積分を求めなさい．

(1) xy 平面において，$0 \leqq 2x - y \leqq 6$ かつ $1 \leqq x + y \leqq 3$ を満たす領域を D とするとき，

$$\iint_D \frac{2x^2 + xy - y^2}{x^2 + 2xy + y^2 + 1}\,dx\,dy$$

(2) $D = \{(x,y) \mid 0 \leqq x - y \leqq 1,\ 0 \leqq x + y \leqq 1\}$ とするとき，

$$\iint_D (x^2 - y^2) \tan^{-1}(x+y)\,dx\,dy$$

1 重積分の計算

▶▶ **考え方**
(1), (2) とも1次変換を使う.

解答▷ (1) $u = 2x - y$, $v = x + y$ $(0 \leqq u \leqq 6, 1 \leqq v \leqq 3)$ とおくと, $x = \dfrac{u+v}{3}$, $y = \dfrac{-u+2v}{3}$ より,

$$J = \begin{vmatrix} \dfrac{\partial x}{\partial u} & \dfrac{\partial x}{\partial v} \\ \dfrac{\partial y}{\partial u} & \dfrac{\partial y}{\partial v} \end{vmatrix} = \begin{vmatrix} \dfrac{1}{3} & \dfrac{1}{3} \\ -\dfrac{1}{3} & \dfrac{2}{3} \end{vmatrix} = \dfrac{2}{9} + \dfrac{1}{9} = \dfrac{1}{3}$$

被積分関数 $\dfrac{2x^2 + xy - y^2}{x^2 + 2xy + y^2 + 1}$ の分子は,

$$2x^2 + xy - y^2 = (2x - y)(x + y) = uv$$

一方, 分母は, $x^2 + 2xy + y^2 + 1 = (x+y)^2 + 1 = v^2 + 1$ である. よって,

$$\iint_D \frac{2x^2 + xy - y^2}{x^2 + 2xy + y^2 + 1}\, dx\, dy = \frac{1}{3} \int_1^3 \left\{ \int_0^6 \frac{uv}{(v^2+1)}\, du \right\} dv$$

$$= \frac{1}{3} \int_1^3 \frac{v}{(v^2+1)} \left[\frac{u^2}{2}\right]_0^6 dv = 6 \int_1^3 \frac{v}{v^2+1}\, dv = 3 \int_1^3 \frac{2v}{v^2+1}\, dv$$

$$= 3\left[\log_e(v^2+1)\right]_1^3 = 3\log_e 5 \qquad\qquad\text{(答) } \underline{3\log_e 5}$$

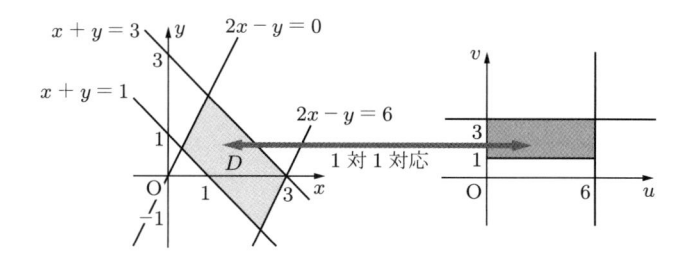

図 5.12

(2) $u = x - y$, $v = x + y$ $(0 \leqq u \leqq 1, 0 \leqq v \leqq 1)$ とおくと, $x = \dfrac{u+v}{2}$, $y = \dfrac{-u+v}{2}$

$$\frac{\partial(x,y)}{\partial(u,v)} = \begin{vmatrix} \dfrac{\partial x}{\partial u} & \dfrac{\partial x}{\partial v} \\ \dfrac{\partial y}{\partial u} & \dfrac{\partial y}{\partial v} \end{vmatrix} = \begin{vmatrix} \dfrac{1}{2} & \dfrac{1}{2} \\ -\dfrac{1}{2} & \dfrac{1}{2} \end{vmatrix} = \dfrac{1}{2} \text{ より,}$$

$$\iint_D (x^2 - y^2)\tan^{-1}(x+y)\, dx\, dy = \frac{1}{2} \int_0^1 \int_0^1 uv \tan^{-1} v\, du\, dv$$

$$= \frac{1}{4}\int_0^1 v\tan^{-1} v\, dv = \frac{1}{4}\left(\left[\frac{v^2}{2}\tan^{-1} v\right]_{v=0}^{v=1} - \frac{1}{2}\int_0^1 \frac{v^2}{1+v^2}\, dv\right)$$

ここで，$\displaystyle\int_0^1 \frac{v^2}{1+v^2}\, dv = \int_0^1 \left(1 - \frac{1}{1+v^2}\right) dv = \left[v - \tan^{-1} v\right]_0^1 = 1 - \frac{\pi}{4}$ である．

よって，$\displaystyle\iint_D (x^2 - y^2)\tan^{-1}(x+y)\, dx\, dy = \frac{1}{4}\left\{\frac{1}{2}\cdot\frac{\pi}{4} - \frac{1}{2}\left(1 - \frac{\pi}{4}\right)\right\} = \frac{1}{16}(\pi - 2)$

(答) $\underline{\dfrac{1}{16}(\pi - 2)}$

▶ **例題 6** 領域 $D = \{(x, y) \mid a^2 \leqq x^2 + y^2 \leqq b^2,\ 0 < a < b,\ x \geqq 0,\ y \geqq 0\}$ とする．このとき，$\displaystyle\iint_D xy\, dx\, dy$ を求めなさい．

┌─ ▶▶ 考え方 ─────────────────────────────
極座標 $x = r\cos\theta,\ y = r\sin\theta$ による変換を使う．領域 D は第 1 象限にある．
└────────────────────────────────────

解答 ▷ $\displaystyle\iint_D xy\, dx\, dy = \int_0^{\frac{\pi}{2}} d\theta \int_a^b r^2\sin\theta\cos\theta\cdot r\, dr = \int_0^{\frac{\pi}{2}} \sin\theta\cos\theta\, d\theta \int_a^b r^3\, dr$

$$= \int_0^{\frac{\pi}{2}} \frac{\sin 2\theta}{2}\, d\theta \cdot \left[\frac{r^4}{4}\right]_a^b = \frac{b^4 - a^4}{8} \qquad \text{(答)}\ \underline{\dfrac{b^4 - a^4}{8}}$$

▶ **例題 7** 領域 $D = \{(x, y) \mid x^2 + y^2 \leqq 1\}$ とする．このとき，$\displaystyle\iint_D \sqrt{\frac{1 - x^2 - y^2}{1 + x^2 + y^2}}\, dx\, dy$ を求めなさい．

┌─ ▶▶ 考え方 ─────────────────────────────
極座標 $x = r\cos\theta,\ y = r\sin\theta$ による変換を使う．今度は領域 D が第 1～第 4 象限にある．
└────────────────────────────────────

解答 ▷ $\displaystyle\iint_D \sqrt{\frac{1 - x^2 - y^2}{1 + x^2 + y^2}}\, dx\, dy = \int_0^{2\pi} d\theta \int_0^1 \sqrt{\frac{1 - r^2}{1 + r^2}}\, r\, dr = 2\pi \int_0^1 \sqrt{\frac{1 - r^2}{1 + r^2}}\, r\, dr$

$r^2 = t$ とおくと，$2r\, dr = dt$ となって，

$$\int_0^1 \sqrt{\frac{1 - r^2}{1 + r^2}}\, r\, dr = \frac{1}{2}\int_0^1 \sqrt{\frac{1 - t}{1 + t}}\, dt = \frac{1}{2}\int_0^1 \frac{1 - t}{\sqrt{1 - t^2}}\, dt$$

$$= \frac{1}{2}\left(\int_0^1 \frac{dt}{\sqrt{1 - t^2}} - \int_0^1 \frac{t}{\sqrt{1 - t^2}}\, dt\right) = \frac{1}{2}\left(\left[\sin^{-1} t\right]_0^1 + \left[\sqrt{1 - t^2}\right]_0^1\right)$$

$$= \frac{1}{2}\left\{\frac{\pi}{2} - 0 + (0-1)\right\} = \frac{\pi - 2}{4}$$

よって，$\displaystyle\iint_D \sqrt{\frac{1-x^2-y^2}{1+x^2+y^2}}\,dx\,dy = 2\pi \times \frac{\pi-2}{4} = \frac{\pi(\pi-2)}{2}$ （答）$\dfrac{\pi(\pi-2)}{2}$

▶ **例題 8** 領域 $D = \left\{(x,y)\,\bigg|\,\dfrac{x^2}{a^2} + \dfrac{y^2}{b^2} \leq 1,\,a > 0,\,b > 0\right\}$ とする．このとき，$\displaystyle\iint_D (x^2+y^2)\,dx\,dy$ を求めなさい．

▶▶ **考え方**
領域 $D : \dfrac{x^2}{a^2} + \dfrac{y^2}{b^2} \leq 1$ は，$x = au$, $y = bv$ と変数変換すると，領域 $D' : u^2 + v^2 \leq 1$（円）になるので，さらに極座標へ変換する．

解答 ▷ $J = \begin{vmatrix} x_u & x_v \\ y_u & y_v \end{vmatrix} = \begin{vmatrix} a & 0 \\ 0 & b \end{vmatrix} = ab\ (\neq 0)$ より，

$$\iint_D (x^2+y^2)\,dx\,dy = \iint_{D'} (a^2 u^2 + b^2 v^2) ab\,du\,dv$$

さらに，変数変換 $u = r\cos\theta$, $v = r\sin\theta$ を行って，

$$\iint_A ab(a^2 r^2 \cos^2\theta + b^2 r^2 \sin^2\theta) r\,dr\,d\theta$$

$$= ab\int_0^{2\pi} d\theta \int_0^1 (a^2\cos^2\theta \cdot r^3 + b^2\sin^2\theta \cdot r^3)\,dr$$

$$= ab\int_0^{2\pi} \left[\frac{a^2\cos^2\theta}{4}r^4 + \frac{b^2\sin^2\theta}{4}r^4\right]_{r=0}^{r=1} d\theta$$

$$= \frac{ab}{4}\int_0^{2\pi} (a^2\cos^2\theta + b^2\sin^2\theta)\,d\theta$$

$$= \frac{ab}{4}\int_0^{2\pi} \left(a^2\frac{1+\cos 2\theta}{2} + b^2\frac{1-\cos 2\theta}{2}\right) d\theta$$

$$= \frac{ab}{8}\int_0^{2\pi} \{a^2 + b^2 + (a^2 - b^2)\cos 2\theta\}\,d\theta$$

$$= \frac{ab}{8}\left[(a^2+b^2)\theta + \frac{(a^2-b^2)\sin 2\theta}{2}\right]_0^{2\pi}$$

$$= \frac{ab}{8}(a^2+b^2)2\pi = \frac{ab(a^2+b^2)\pi}{4}$$ （答）$\dfrac{ab(a^2+b^2)\pi}{4}$

第 5 章 重積分法

▶**例題 9** つぎの 2 重積分を求めなさい.

(1) xy 平面における領域 $D = \{(x, y) \mid x^2 + y^2 \leqq 2y, x \geqq 0\}$ とするとき, $\iint_D xy^2 \, dx \, dy$

(2) 領域 $D = \{(x, y) \mid x^2 + y^2 \leqq 2ax, a > 0\}$ とするとき, $\iint_D (x^2 + y^2)^{\frac{3}{2}} \, dx \, dy$

▶▶ **考え方**
(1), (2) とも領域 D は円の中心が原点ではなく, x 軸や y 軸上に平行移動した領域であり, やや特殊な極座標変換を考える.

解答 ▷ (1) $x^2 + y^2 \leqq 2y$ を変形して, $x^2 + (y-1)^2 \leqq 1$
$x = r\cos\theta$, $y - 1 = r\sin\theta$ と極座標に変換すると,
領域 D は $x \geqq 0$ より, $0 \leqq r \leqq 1$, $-\frac{\pi}{2} \leqq \theta \leqq \frac{\pi}{2}$ となる. よって,

$$\iint_D xy^2 \, dx \, dy = \int_{-\frac{\pi}{2}}^{\frac{\pi}{2}} \int_0^1 r\cos\theta (1 + r\sin\theta)^2 \, r \, dr \, d\theta$$

$$= \int_{-\frac{\pi}{2}}^{\frac{\pi}{2}} \int_0^1 r^2 \cos\theta (1 + 2r\sin\theta + r^2 \sin^2\theta) \, dr \, d\theta$$

$$= \int_0^1 r^2 \left(\int_{-\frac{\pi}{2}}^{\frac{\pi}{2}} \cos\theta \, d\theta \right) dr + \int_0^1 r^3 \left(\int_{-\frac{\pi}{2}}^{\frac{\pi}{2}} \sin 2\theta \, d\theta \right) dr$$

$$+ \int_0^1 r^4 \left(\int_{-\frac{\pi}{2}}^{\frac{\pi}{2}} \sin^2\theta \cos\theta \, d\theta \right) dr$$

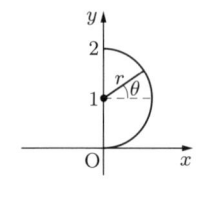

図 5.13

ここで,

$$\int_{-\frac{\pi}{2}}^{\frac{\pi}{2}} \cos\theta \, d\theta = \left[\sin\theta\right]_{-\frac{\pi}{2}}^{\frac{\pi}{2}} = 2, \quad \int_{-\frac{\pi}{2}}^{\frac{\pi}{2}} \sin 2\theta \, d\theta = -\frac{1}{2}\left[\cos 2\theta\right]_{-\frac{\pi}{2}}^{\frac{\pi}{2}} = 0$$

$\sin\theta = t$ とおくと, $\cos\theta \, d\theta = dt$ となって, $\int_{-\frac{\pi}{2}}^{\frac{\pi}{2}} \sin^2\theta \cos\theta \, d\theta = \int_{-1}^1 t^2 \, dt = \frac{2}{3}$ である.

よって, $\iint_D xy^2 \, dx \, dy = 2\int_0^1 r^2 \, dr + \frac{2}{3}\int_0^1 r^4 \, dr = \frac{2}{3} + \frac{2}{3} \times \frac{1}{5} = \frac{4}{5}$ (答) $\frac{4}{5}$

(2) 積分領域は $(x-a)^2 + y^2 \leqq a^2$ で, $x = r\cos\theta$, $y = r\sin\theta$ と変数変換を行うと, 領域 D は, $0 \leqq r \leqq 2a\cos\theta$, $-\frac{\pi}{2} \leqq \theta \leqq \frac{\pi}{2}$ で,

$$\iint_D (x^2 + y^2)^{\frac{3}{2}} \, dx \, dy = \int_{-\frac{\pi}{2}}^{\frac{\pi}{2}} d\theta \int_0^{2a\cos\theta} r^3 \cdot r \, dr = \int_{-\frac{\pi}{2}}^{\frac{\pi}{2}} \frac{(2a\cos\theta)^5}{5} \, d\theta$$

$$= \frac{(2a)^5}{5} \int_{-\frac{\pi}{2}}^{\frac{\pi}{2}} \cos^5 \theta \, d\theta = 2 \cdot \frac{(2a)^5}{5} \int_0^{\frac{\pi}{2}} \cos^5 \theta \, d\theta$$

ここで,$\int_0^{\frac{\pi}{2}} \cos^5 \theta \, d\theta = \frac{4}{5} \times \frac{2}{3} = \frac{8}{15}$ となる.

よって,$\iint_D (x^2+y^2)^{\frac{3}{2}} \, dx \, dy = 2 \cdot \frac{32a^5}{5} \cdot \frac{8}{15} = \frac{512}{75} a^5$

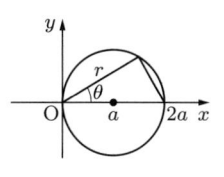

(答) $\dfrac{512}{75} a^5$

図 5.14

別解 ▷ (1) $x = r\cos\theta$, $y = r\sin\theta$ とおくと,領域 D は,図 5.15 より,$0 \leqq r \leqq 2\sin\theta$, $0 \leqq \theta \leqq \dfrac{\pi}{2}$ となって,

$$\iint_D xy^2 \, dx \, dy = \int_0^{\frac{\pi}{2}} d\theta \int_0^{2\sin\theta} r\cos\theta \cdot r^2 \sin^2 \theta \cdot r \, dr$$

$$= \int_0^{\frac{\pi}{2}} d\theta \int_0^{2\sin\theta} r^4 \sin^2 \theta \cos\theta \, dr$$

$$= \int_0^{\frac{\pi}{2}} \sin^2 \theta \cos\theta \left[\frac{r^5}{5}\right]_{r=0}^{r=2\sin\theta} d\theta = \frac{32}{5} \int_0^{\frac{\pi}{2}} \sin^7 \theta \cos\theta \, d\theta$$

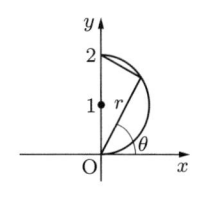

図 5.15

$\sin\theta = t$ とおけば,$\int_0^{\frac{\pi}{2}} \sin^7 \theta \cos\theta \, d\theta = \int_0^1 t^7 \, dt = \dfrac{1}{8}$ より,求める解は,$\dfrac{32}{5} \times \dfrac{1}{8} = \dfrac{4}{5}$

▶ **例題 10** 3次元の単位球 $\{(x,y,z) \mid x^2+y^2+z^2 \leqq 1\}$ を D で表す.このとき,$\iiint_D (x^2+y^2) \, dx \, dy \, dz$ を求めなさい.

▶▶ **考え方**
3次元極座標による変換を使う.

解答 ▷ $x^2+y^2+z^2 \leqq 1$ より,つぎのようにおく.
$x = r\sin\theta\cos\varphi$, $y = r\sin\theta\sin\varphi$, $z = r\cos\theta$ ($0 \leqq r \leqq 1$, $0 \leqq \theta \leqq \pi$, $0 \leqq \varphi \leqq 2\pi$)
D に対応する $r\theta\varphi$ 空間内の閉領域を A とすれば,

$$\iiint_D (x^2+y^2) \, dx \, dy \, dz$$
$$= \iiint_A (r^2 \sin^2 \theta \cos^2 \varphi + r^2 \sin^2 \theta \sin^2 \varphi) r^2 \sin\theta \, dr \, d\theta \, d\varphi$$
$$= \iiint_A r^4 \sin^3 \theta \, dr \, d\theta \, d\varphi = \int_0^1 r^4 \, dr \int_0^\pi \sin^3 \theta \, d\theta \int_0^{2\pi} d\varphi$$

第 5 章　重積分法

$$= \frac{1}{5} \cdot \frac{4}{3} \cdot 2\pi = \frac{8}{15}\pi$$

(答) $\dfrac{8}{15}\pi$

▶ **例題 11**★　$\iiiint_D dx_1\, dx_2\, dx_3\, dx_4$　$(D: x_1{}^2 + x_2{}^2 + x_3{}^2 + x_4{}^2 \leqq a^2)$ を計算しなさい．

▶▶ **考え方**
4 重積分の計算を行うが，3 重積分の拡張と考えればよい．

解答▷　$I = \iiiint_D dx_1\, dx_2\, dx_3\, dx_4$ として，

$$I = \int_{-a}^{a} dx_1 \int_{-\sqrt{a^2-x_1{}^2}}^{\sqrt{a^2-x_1{}^2}} dx_2 \int_{-\sqrt{a^2-x_1{}^2-x_2{}^2}}^{\sqrt{a^2-x_1{}^2-x_2{}^2}} dx_3 \int_{-\sqrt{a^2-x_1{}^2-x_2{}^2-x_3{}^2}}^{\sqrt{a^2-x_1{}^2-x_2{}^2-x_3{}^2}} dx_4$$

$$= 2^4 \int_0^a dx_1 \int_0^{\sqrt{a^2-x_1{}^2}} dx_2 \int_0^{\sqrt{a^2-x_1{}^2-x_2{}^2}} dx_3 \int_0^{\sqrt{a^2-x_1{}^2-x_2{}^2-x_3{}^2}} dx_4$$

$$= 2^4 \int_0^a dx_1 \int_0^{\sqrt{a^2-x_1{}^2}} dx_2 \int_0^{\sqrt{a^2-x_1{}^2-x_2{}^2}} \sqrt{a^2 - x_1{}^2 - x_2{}^2 - x_3{}^2}\, dx_3$$

ここで，$\displaystyle\int \sqrt{a^2 - x^2}\, dx = \frac{1}{2}\left(x\sqrt{a^2-x^2} + a^2 \sin^{-1}\frac{x}{a}\right)$ $(a > 0)$ より

$$I = 2^3 \int_0^a dx_1 \times \int_0^{\sqrt{a^2-x_1{}^2}} \left[x_3 \sqrt{a^2 - x_1{}^2 - x_2{}^2 - x_3{}^2} + (a^2 - x_1{}^2 - x_2{}^2) \right.$$

$$\left. \times \sin^{-1} \frac{x_3}{\sqrt{a^2 - x_1{}^2 - x_2{}^2}} \right]_{x_3=0}^{x_3=\sqrt{a^2-x_1{}^2-x_2{}^2}} dx_2$$

$$= 2^3 \int_0^a dx_1 \int_0^{\sqrt{a^2-x_1{}^2}} \frac{\pi}{2}(a^2 - x_1{}^2 - x_2{}^2)\, dx_2$$

$$= 2^2 \pi \int_0^a \left[(a^2 - x_1{}^2)x_2 - \frac{x_2{}^3}{3} \right]_{x_2=0}^{x_2=\sqrt{a^2-x_1{}^2}} dx_1$$

$$= 2^2 \pi \int_0^a \frac{2}{3}(a^2 - x_1{}^2)^{\frac{3}{2}} dx_1$$

$$= \frac{8}{3}\pi a^4 \int_0^{\frac{\pi}{2}} \cos^4 \theta\, d\theta \quad (x_1 = a\sin\theta \quad (a > 0) \text{ とおく})$$

$$= \frac{8}{3}\pi a^4 \cdot \frac{3}{4} \cdot \frac{1}{2} \cdot \frac{\pi}{2} = \frac{\pi^2 a^4}{2}$$

(答) $\dfrac{\pi^2 a^4}{2}$

参考▷ n 次元超球 $x_1{}^2 + x_2{}^2 + \cdots + x_n{}^2 \leqq a^2$ の体積 V_n は, $V_n = \dfrac{\pi^{\frac{n}{2}}}{\Gamma\left(\dfrac{n}{2}+1\right)} a^n$ とな

る. たとえば, $n = 3, 4, 5$ の場合, それぞれ

$$V_3 = \frac{\pi^{\frac{3}{2}}}{\Gamma\left(\frac{5}{2}\right)} a^3 = \frac{\pi^{\frac{3}{2}}}{\frac{3}{2} \cdot \frac{1}{2} \Gamma\left(\frac{1}{2}\right)} a^3 = \frac{\pi^{\frac{3}{2}}}{\frac{3}{4}\sqrt{\pi}} a^3$$
$$= \frac{4}{3}\pi a^3$$
$$V_4 = \frac{\pi^2}{\Gamma(3)} a^4 = \frac{\pi^2}{2 \cdot 1} a^4 = \frac{\pi^2 a^4}{2}$$
$$V_5 = \frac{\pi^{\frac{5}{2}}}{\Gamma\left(\frac{7}{2}\right)} a^5 = \frac{\pi^{\frac{5}{2}}}{\frac{5}{2} \cdot \frac{3}{2} \cdot \frac{1}{2}\sqrt{\pi}} a^5 = \frac{8\pi^2 a^5}{15}$$

> **Check!**
>
> $\Gamma(p)$
> $= \displaystyle\int_0^\infty e^{-x} x^{p-1}\, dx$
> $\quad (p > 0)$
> ・$\Gamma(p) = (p-1)\Gamma(p-1)$
> ・$\Gamma(1/2) = \sqrt{\pi}$
> ・$\Gamma(p) = (p-1)!$
> $\quad$(p: 自然数)

V_3 は半径 a の球の体積, V_4 は求めた解答に一致する.

(3) 拡張された重積分

拡張された重積分についても, 累次積分を用いて計算することができる.

▶例題 12 つぎの重積分を計算しなさい.

(1) $\displaystyle\iint_D e^{-(x+y)}\, dx\, dy$, $D = \{(x, y) : 0 \leqq x,\ 0 \leqq y \leqq 1\}$

(2) $\displaystyle\iint_D \frac{1}{(x-y)^\alpha}\, dx\, dy$ $(0 < \alpha < 1)$, $D = \{(x, y) : 0 \leqq y < x \leqq 1\}$

> **▶▶考え方**
> (1) は半無限帯状区間の積分になる.
> (2) で被積分関数 $\dfrac{1}{(x-y)^\alpha}$ は $y = x$ 上では不連続になることに注意する.

解答▷ (1) $D = \{(x, y) : 0 \leqq x \leqq R,\ 0 \leqq y \leqq 1\}$ として,

$$\iint_D e^{-(x+y)}\, dx\, dy$$
$$= \lim_{R \to \infty} \int_0^R dx \int_0^1 e^{-(x+y)}\, dy$$
$$= \lim_{R \to \infty} \int_0^R e^{-x} \left[-e^{-y}\right]_0^1 dx$$
$$= \lim_{R \to \infty} \int_0^R e^{-x}(1 - e^{-1})\, dx$$

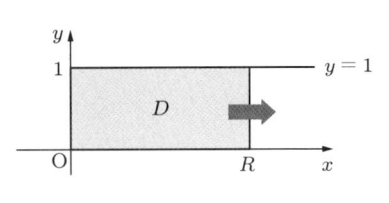

図 5.16

$$= (1-e^{-1}) \lim_{R \to \infty} \int_0^R e^{-x}\,dx = (1-e^{-1}) \lim_{R \to \infty} \left[-e^{-x}\right]_0^R$$
$$= (1-e^{-1}) \lim_{R \to \infty} (-e^{-R}+1) = 1-e^{-1}$$

（答）$1-e^{-1}$

(2) $\displaystyle\iint_D \frac{1}{(x-y)^\alpha}\,dx\,dy$

$$= \lim_{\varepsilon \to +0} \int_\varepsilon^1 dx \int_0^{x-\varepsilon} (x-y)^{-\alpha}\,dy$$
$$= \lim_{\varepsilon \to +0} \int_\varepsilon^1 \left[-\frac{1}{1-\alpha}(x-y)^{1-\alpha}\right]_{y=0}^{y=x-\varepsilon} dx$$
$$= -\lim_{\varepsilon \to +0} \int_\varepsilon^1 \frac{1}{1-\alpha}(\varepsilon^{1-\alpha} - x^{1-\alpha})\,dx$$
$$= -\lim_{\varepsilon \to +0} \frac{1}{1-\alpha}\left[\varepsilon^{1-\alpha} x - \frac{1}{2-\alpha}x^{2-\alpha}\right]_\varepsilon^1$$
$$= -\lim_{\varepsilon \to +0} \frac{1}{1-\alpha}\left[\varepsilon^{1-\alpha}(1-\varepsilon) - \frac{1}{2-\alpha}(1-\varepsilon^{2-\alpha})\right] = \frac{1}{(1-\alpha)(2-\alpha)}$$

（答）$\dfrac{1}{(1-\alpha)(2-\alpha)}$

図 5.17

▶ **例題 13** $I = \displaystyle\int_0^\infty e^{-x^2}\,dx$ を求めなさい．

▶▶ **考え方**
極座標に変換し，半径が無限大になる正方形領域と円領域を考える．

解答 ▷ xy 平面上の第 1 象限上で，つぎの三つの領域を考える．

$$R_1 = \{(x,y): 0 \leqq x \leqq a, 0 \leqq y \leqq a\},$$
$$R_2 = \{(x,y): 0 \leqq x^2+y^2 \leqq a^2\},$$
$$R_3 = \{(x,y): 0 \leqq x^2+y^2 \leqq 2a^2\}$$

このとき，$e^{-x^2-y^2} > 0$ であるから

$$\iint_{R_2} e^{-x^2-y^2}\,dx\,dy \leqq \iint_{R_1} e^{-x^2-y^2}\,dx\,dy$$
$$\leqq \iint_{R_3} e^{-x^2-y^2}\,dx\,dy \quad \cdots ①$$

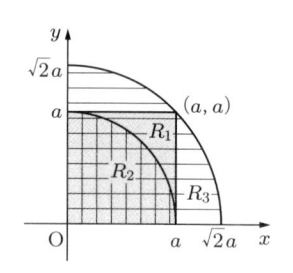

図 5.18

となる．$I(a) = \displaystyle\int_0^a e^{-t^2}\,dt$ とおくと，

$$\iint_{R_1} e^{-x^2-y^2}\,dx\,dy = \int_0^a dx \int_0^a e^{-x^2}\cdot e^{-y^2}\,dy$$
$$= \left(\int_0^a e^{-x^2}\,dx\right)\cdot\left(\int_0^a e^{-y^2}\,dy\right) = \{I(a)\}^2$$
$$\iint_{R_2} e^{-x^2-y^2}\,dx\,dy = \int_0^a dr \int_0^{\frac{\pi}{2}} e^{-r^2} r\,d\theta = \frac{\pi}{2}\int_0^a e^{-r^2} r\,dr$$
$$= \frac{\pi}{2}\left[\frac{e^{-r^2}}{-2}\right]_{r=0}^{r=a} = \frac{\pi}{4}(1-e^{-a^2})$$

同様に，$\iint_{R_3} e^{-x^2-y^2}\,dx\,dy = \frac{\pi}{4}(1-e^{-2a^2})$ が得られ，これらを ① に代入すると

$$\frac{\pi}{4}(1-e^{-a^2}) \leqq \{I(a)\}^2 \leqq \frac{\pi}{4}(1-e^{-2a^2})$$

となる．$a\to\infty$ のとき，上式の左辺と右辺は $\frac{\pi}{4}$ に収束するので，はさみうちの原理より

$$I^2 = \lim_{a\to\infty}\{I(a)\}^2 = \frac{\pi}{4}$$

となる．$I>0$ より $I = \int_0^\infty e^{-x^2}\,dx = \frac{\sqrt{\pi}}{2}$ が得られる． (答) $\dfrac{\sqrt{\pi}}{2}$

参考▷ 簡易な求め方として，つぎの二つの領域を考えてもよい．
$$R_1 = \{(x,y): 0\leqq x \leqq a, 0\leqq y \leqq a\},\quad R_2 = \{(x,y): 0\leqq x^2+y^2 \leqq a^2\}$$

$I(a) = \int_0^a e^{-r^2}\,dt$ とおくと，

$$\iint_{R_1} e^{-x^2-y^2}\,dx\,dy = \{I(a)\}^2,\quad \iint_{R_2} e^{-x^2-y^2}\,dx\,dy = \frac{\pi}{4}(1-e^{-a^2})$$

となり，$\lim_{a\to\infty} R_1 = \lim_{a\to\infty} R_2$ より，

$$I^2 = \lim_{a\to\infty}\{I(a)\}^2 = \frac{\pi}{4}$$

$I>0$ より，$I=\dfrac{\sqrt{\pi}}{2}$ と求めてもよい．

▶例題 14★ つぎの問いに答えなさい．

(1) m, n を 0 以上の整数とするとき，次式を証明しなさい．
$$\int_0^1 t^m(1-t)^n\,dt = \frac{m!\,n!}{(m+n+1)!}$$

(2) 領域 D を $D = \{(x,y)\mid x\geqq 0, y\geqq 0, x+y\leqq 1\}$ とします．l, m, n を 0

以上の整数とするとき，次式を計算しなさい．

$$\iint_D x^m y^n (1-x-y)^l \, dx \, dy$$

▶ 考え方

ベータ関数に関する出題である．
(1) 部分積分より漸化式を求める．　　(2) 重積分を変数変換して (1) の結果を用いる．

解答▷ (1) $I_{m,n} = \int_0^1 t^m (1-t)^n \, dt$ の漸化式を求める．

$n \geqq 1$ のとき，部分積分により

$$I_{m,n} = \left[\frac{t^{m+1}}{m+1}(1-t)^n \right]_0^1 + \frac{n}{m+1}\int_0^1 t^{m+1}(1-t)^{n-1}\,dt$$

$$= \frac{n}{m+1}\int_0^1 t^{m+1}(1-t)^{n-1}\,dt$$

ここで，$t^{m+1} = t^m \times \{1-(1-t)\}$ とすると，$I_{m,n} = \dfrac{n}{m+1}(I_{m,n-1} - I_{m,n})$
よって，

$$I_{m,n} = \frac{n}{m+n+1} I_{m,n-1} \qquad \cdots ①$$

$$I_{m,0} = \int_0^1 t^m \, dt = \frac{1}{m+1} \qquad \cdots ②$$

① と ② より，つぎのようになる．

$$I_{m,n} = \frac{n}{m+n+1} \times \frac{n-1}{m+n} \times \cdots \times I_{m,0}$$

$$= \frac{n(n-1)\times \cdots \times 1}{(m+n+1)\cdots(m+2)(m+1)} = \frac{m!\,n!}{(m+n+1)!}$$

(2) $I = \iint_D x^m y^n (1-x-y)^l \, dx \, dy = \int_0^1 x^m \, dx \int_0^{1-x} y^n (1-x-y)^l \, dy$

ここで，$\dfrac{y}{1-x} = t$ とすると，

$$\int_0^{1-x} y^n (1-x-y)^l \, dy = \int_0^1 t^n (1-x)^n (1-x)^l (1-t)^l (1-x) \, dt$$

$$= (1-x)^{n+l+1} \int_0^1 t^n (1-t)^l \, dt$$

$$= (1-x)^{n+l+1} \times \frac{n!\,l!}{(n+l+1)!} \quad ((1) \text{ より})$$

これより，再び (1) を用いて

$$I = \frac{n!\,l!}{(n+l+1)!} \int_0^1 (1-x)^{n+l+1} x^m \, dx = \frac{n!\,l!}{(n+l+1)!} \frac{m!\,(n+l+1)!}{(m+n+l+2)!}$$

$$= \frac{l!\,m!\,n!}{(m+n+l+2)!} \qquad (答) \quad \underline{\frac{l!\,m!\,n!}{(m+n+l+2)!}}$$

Memo ベータ関数

$$I_{m-1,n-1} = \int_0^1 t^{m-1}(1-t)^{n-1} \, dt = B(m,n)$$

$$B(m,n) = B(n,m), \quad B(m,n) = \frac{\Gamma(m)\Gamma(n)}{\Gamma(m+n)} = \frac{(m-1)!\,(n-1)!}{(m+n-1)!} \quad (m,n>0 \text{ である.})$$

▶ **例題15**★ 曲線 $\left(\dfrac{x}{a}\right)^p + \left(\dfrac{y}{b}\right)^p = 1$ $(p>0,\ a>0,\ b>0)$ が第1象限において,

x軸とy軸とで囲む面積は, $\dfrac{ab}{2p} \cdot \dfrac{\left\{\Gamma\left(\dfrac{1}{p}\right)\right\}^2}{\Gamma\left(\dfrac{2}{p}\right)}$ であることを示しなさい.

▶▶ 考え方

変数変換 $x = au^{\frac{1}{p}},\ y = bv^{\frac{1}{p}}$ により曲線 $\left(\dfrac{x}{a}\right)^p + \left(\dfrac{y}{b}\right)^p = 1$ が $u+v=1$ に変換されることに気づくことがポイントである.

解答 ▷ 変数変換 $x = au^{\frac{1}{p}},\ y = bv^{\frac{1}{p}}$ とおくと,

$$\frac{\partial(x,y)}{\partial(u,v)} = \begin{vmatrix} \dfrac{\partial x}{\partial u} & \dfrac{\partial x}{\partial v} \\ \dfrac{\partial y}{\partial u} & \dfrac{\partial y}{\partial v} \end{vmatrix} = \begin{vmatrix} \dfrac{a}{p} u^{\frac{1}{p}-1} & 0 \\ 0 & \dfrac{b}{p} v^{\frac{1}{p}-1} \end{vmatrix} = \frac{ab}{p^2} u^{\frac{1}{p}-1} v^{\frac{1}{p}-1}$$

(x,y)の領域Dから, (u,v)の領域$D': u+v \leqq 1,\ u \geqq 0,\ v \geqq 0$ に移される. 求める面積Sは,

$$S = \iint_D dx\,dy = \iint_{D'} \frac{\partial(x,y)}{\partial(u,v)} du\,dv = \iint_{D'} \frac{ab}{p^2} u^{\frac{1}{p}-1} v^{\frac{1}{p}-1} \, du\,dv$$

$$= \frac{ab}{p^2} \int_0^1 u^{\frac{1}{p}-1} du \int_0^{1-u} v^{\frac{1}{p}-1} dv = \frac{ab}{p} \int_0^1 u^{\frac{1}{p}-1} (1-u)^{\frac{1}{p}} du$$

$$= \frac{ab}{p} B\left(\frac{1}{p}, \frac{1}{p}+1\right) = \frac{ab}{p} \cdot \frac{\Gamma\left(\dfrac{1}{p}\right)\Gamma\left(\dfrac{1}{p}+1\right)}{\Gamma\left(\dfrac{2}{p}+1\right)}$$

$$= \frac{ab}{p} \cdot \frac{\Gamma\left(\frac{1}{p}\right)\frac{1}{p}\Gamma\left(\frac{1}{p}\right)}{\frac{2}{p}\Gamma\left(\frac{2}{p}\right)} = \frac{ab}{2p} \cdot \frac{\left\{\Gamma\left(\frac{1}{p}\right)\right\}^2}{\Gamma\left(\frac{2}{p}\right)}$$

参考▷ $p = \frac{1}{2}$ のとき,$S = ab \cdot \frac{\{\Gamma(2)\}^2}{\Gamma(4)} = ab \cdot \frac{1}{3!} = \frac{ab}{6}$

$p = \frac{2}{3}$ のとき,$S = \frac{3ab}{4} \cdot \frac{\left\{\Gamma\left(\frac{3}{2}\right)\right\}^2}{\Gamma(3)} = \frac{3ab}{4} \cdot \frac{\left(\frac{\sqrt{\pi}}{2}\right)^2}{2} = \frac{3}{32}\pi ab$ ($a = b$ ならばアステロイドの面積の 1/4 になる.)

$p = 1$ のとき,$S = \frac{ab}{2} \cdot \frac{\{\Gamma(1)\}^2}{\Gamma(2)} = \frac{ab}{2}$ (直角三角形)

$p = 2$ のとき,

$$S = \frac{ab}{4} \cdot \frac{\left\{\Gamma\left(\frac{1}{2}\right)\right\}^2}{\Gamma(1)}$$
$$= \frac{ab}{4} \cdot \frac{(\sqrt{\pi})^2}{1}$$
$$= \frac{\pi}{4}ab \quad (楕円の 1/4)$$

Memo
アステロイドの面積は,第 5 章例題 17 を参照.

$a = 3$, $b = 2$ のときの曲線のグラフを図 5.19 に示す.

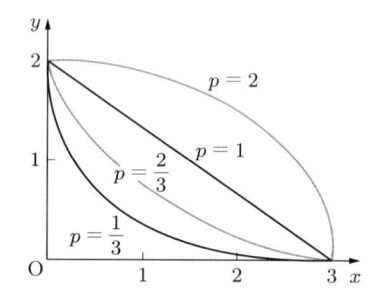

図 5.19 $\left(\frac{x}{3}\right)^p + \left(\frac{y}{2}\right)^p = 1$ のグラフ

▶ **例題 16★★** 重積分 $I = \displaystyle\int_0^\infty \int_0^\infty \frac{1}{(1+y)(1+yx^2)}\,dx\,dy$ について,つぎの問いに答えなさい.

(1) まず,x について積分し,つぎに y について積分することにより,I の値を求めなさい.

(2) まず,y について積分し,つぎに x について積分することにより

$$I = 4\int_0^1 \frac{\log_e \frac{1}{x}}{1 - x^2}\,dx \qquad \cdots ①$$

であることを示しなさい.ただし,e を自然対数の底とします.

(3) $\dfrac{1}{1-x^2}$ ($-1 < x < 1$) のマクローリン展開式と,上記 ① を用いることにより,$\displaystyle\sum_{k=0}^\infty \frac{1}{(2k+1)^2}$ の値を求めなさい.

> ▶▶ **考え方**
> (2) は部分分数分解して y について積分する．そのとき，被積分関数が $x=1$ で不連続より，$x=1$ で二つの積分に分解するのがポイントである．

解答▷ (1) $\int_0^\infty \dfrac{1}{1+yx^2}\,dx = \left[\dfrac{\arctan(\sqrt{y}x)}{\sqrt{y}}\right]_0^\infty = \dfrac{\pi}{2\sqrt{y}}$ より，

$$I = \int_0^\infty \int_0^\infty \dfrac{1}{(1+y)(1+yx^2)}\,dx\,dy = \int_0^\infty \dfrac{\pi}{2(1+y)\sqrt{y}}\,dy = \dfrac{\pi}{2}\int_0^\infty \dfrac{1}{(1+y)\sqrt{y}}\,dy$$

となるので，$\int_0^\infty \dfrac{1}{(1+y)\sqrt{y}}\,dy$ を計算する．$\sqrt{y} = u$ とおくと，$y = u^2,\ dy = 2u\,du$ となって，

$$\int_0^\infty \dfrac{1}{(1+y)\sqrt{y}}\,dy = \int_0^\infty \dfrac{2u}{(1+u^2)u}\,du = \int_0^\infty \dfrac{2}{1+u^2}\,du = 2\bigl[\arctan u\bigr]_0^\infty = \pi$$

よって，重積分 I の値は $I = \dfrac{\pi}{2}\cdot\pi = \dfrac{\pi^2}{2}$ となる．　　　　　　　　　(答) $\underline{\dfrac{\pi^2}{2}}$

(2) $\quad I = \int_0^\infty \int_0^\infty \dfrac{1}{(1+y)(1+yx^2)}\,dx\,dy = \int_0^\infty \left\{\int_0^\infty \dfrac{1}{(1+y)(1+yx^2)}\,dy\right\}dx$

被積分関数を $\dfrac{1}{(1+y)(1+yx^2)} = \dfrac{1}{1-x^2}\left(\dfrac{1}{1+y} - \dfrac{x^2}{1+yx^2}\right)$ と部分分数分解し，y について，0 から M まで積分すると，

$$\int_0^M \dfrac{1}{1-x^2}\left(\dfrac{1}{1+y} - \dfrac{x^2}{1+yx^2}\right)dy$$
$$= \dfrac{1}{1-x^2}\bigl[\log_e(1+y) - \log_e(1+yx^2)\bigr]_{y=0}^{y=M} = \dfrac{1}{1-x^2}\log_e\dfrac{1+M}{1+Mx^2}$$

$M \to \infty$ とすれば，

$$\dfrac{1}{1-x^2}\log_e\dfrac{1+M}{1+Mx^2} \to \dfrac{1}{1-x^2}\log_e\dfrac{1}{x^2} = -\dfrac{2}{1-x^2}\log_e x$$

となる．これを x について積分すると，

$$I = \int_0^\infty \left(-\dfrac{2}{1-x^2}\log_e x\right)dx = 2\int_0^\infty \dfrac{\log_e \dfrac{1}{x}}{1-x^2}\,dx$$

I の積分範囲は $0 \leqq x < +\infty$ で，$x=1$ で I をつぎのように二つに分割する．

$$I = 2\int_0^\infty \dfrac{\log_e \dfrac{1}{x}}{1-x^2}\,dx = 2\int_0^1 \dfrac{\log_e \dfrac{1}{x}}{1-x^2}\,dx + 2\int_1^\infty \dfrac{\log_e \dfrac{1}{x}}{1-x^2}\,dx = I_1 + I_2$$

ただし, $I_1 = 2\int_0^1 \dfrac{\log_e \dfrac{1}{x}}{1-x^2}\,dx$, $I_2 = 2\int_1^\infty \dfrac{\log_e \dfrac{1}{x}}{1-x^2}\,dx$ とする.

$I_1 = 2\int_0^1 \dfrac{\log_e \dfrac{1}{x}}{1-x^2}\,dx$ において, ロピタルの定理より $\displaystyle\lim_{x\to 1}\dfrac{\log_e \dfrac{1}{x}}{1-x^2} = \dfrac{1}{2}$

また, $0<x<1$ において, $\dfrac{\log_e \dfrac{1}{x}}{1-x^2} < \log_e \dfrac{1}{x} + \dfrac{1}{2}$ より,

$$\int_0^1 \dfrac{\log_e \dfrac{1}{x}}{1-x^2}\,dx < \int_0^1 \left(\log_e \dfrac{1}{x} + \dfrac{1}{2}\right)dx = \lim_{\varepsilon\to +0}\int_\varepsilon^1 \left(\log_e \dfrac{1}{x} + \dfrac{1}{2}\right)dx$$ となって,

$$\lim_{\varepsilon\to +0}\int_\varepsilon^1 \log_e \dfrac{1}{x}\,dx = \lim_{\varepsilon\to +0}\left[x\log_e \dfrac{1}{x}\right]_\varepsilon^1 + \lim_{\varepsilon\to +0}\int_\varepsilon^1 x\cdot\dfrac{1}{x}\,dx$$
$$= \lim_{\varepsilon\to +0}\left(-\varepsilon\log_e \dfrac{1}{\varepsilon} + 1 - \varepsilon\right) = 1$$

また, $\displaystyle\lim_{\varepsilon\to +0}\int_\varepsilon^1 \dfrac{1}{2}\,dx = \dfrac{1}{2}$ より, $I_1 = 2\int_0^1 \dfrac{\log_e \dfrac{1}{x}}{1-x^2}\,dx < 2\times\left(1 + \dfrac{1}{2}\right) = 3$ となる. したがって, I_1 は有限な積分値をもつ.

一方, $I_2 = 2\int_1^\infty \dfrac{\log_e \dfrac{1}{x}}{1-x^2}\,dx$ において, $\dfrac{1}{x} = v$ と置換すると, $-\dfrac{dx}{x^2} = dv$, $dx = -\dfrac{1}{v^2}dv$

より, $I_2 = 2\int_1^0 \dfrac{\log_e v}{1 - \dfrac{1}{v^2}}\left(-\dfrac{1}{v^2}\right)dv = 2\int_0^1 \dfrac{\log_e \dfrac{1}{v}}{1 - v^2}\,dv$ となって, $I_2 = I_1$ となる.

よって, $I = I_1 + I_2 = 2I_1 = 4\int_0^1 \dfrac{\log_e \dfrac{1}{x}}{1-x^2}\,dx$ が成り立つ.

(3) $\dfrac{1}{1-x^2} = 1 + x^2 + x^4 + x^6 + \cdots = \displaystyle\sum_{k=0}^\infty x^{2k}$ より,

$$\int_0^1 \dfrac{\log_e \dfrac{1}{x}}{1-x^2}\,dx = \sum_{k=0}^\infty \int_0^1 x^{2k}\log_e\left(\dfrac{1}{x}\right)dx$$

となって,

$$\int_0^1 x^{2k}\log_e\left(\dfrac{1}{x}\right)dx = \lim_{\varepsilon\to +0}\left[\dfrac{x^{2k+1}}{2k+1}\log_e\left(\dfrac{1}{x}\right)\right]_\varepsilon^1 - \lim_{\varepsilon\to +0}\int_\varepsilon^1 \dfrac{x^{2k+1}}{2k+1}\left(-\dfrac{1}{x}\right)dx$$
$$= -\lim_{\varepsilon\to +0}\left\{\dfrac{\varepsilon^{2k+1}}{2k+1}\log_e\left(\dfrac{1}{\varepsilon}\right)\right\} + \lim_{\varepsilon\to +0}\int_\varepsilon^1 \dfrac{x^{2k}}{2k+1}\,dx$$

上式の第 1 項は 0 で, 第 2 項は

$$\lim_{\varepsilon \to +0} \int_\varepsilon^1 \frac{x^{2k}}{2k+1}\,dx = \lim_{\varepsilon \to +0} \frac{1}{(2k+1)^2}\left[x^{2k+1}\right]_\varepsilon^1 = \frac{1}{(2k+1)^2}$$

となる．よって，$\displaystyle\sum_{k=0}^{\infty} \frac{1}{(2k+1)^2} = \int_0^1 \frac{\log_e \frac{1}{x}}{1-x^2}\,dx = \frac{I}{4} = \frac{1}{4} \times \frac{\pi^2}{2} = \frac{\pi^2}{8}$ が得られる．

(答) $\dfrac{\pi^2}{8}$

参考▷ $y = \log_e \dfrac{1}{x} + \dfrac{1}{2}$, $y = \dfrac{\log_e \dfrac{1}{x}}{1-x^2}$ のグラフを図 5.20 に示す．

図からも $0 < x < 1$ において，$\dfrac{\log_e \dfrac{1}{x}}{1-x^2} < \log_e \dfrac{1}{x} + \dfrac{1}{2}$ であることがわかる．

解答では，$\displaystyle\int_0^1 \frac{\log_e \frac{1}{x}}{1-x^2}\,dx < \int_0^1 \left(\log_e \frac{1}{x} + \frac{1}{2}\right) dx =$

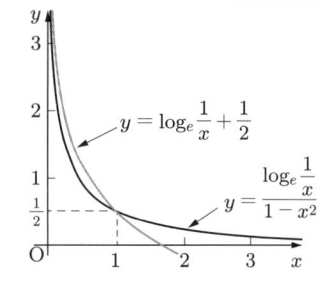

図 5.20

$\displaystyle\lim_{\varepsilon \to +0} \int_\varepsilon^1 \left(\log_e \frac{1}{x} + \frac{1}{2}\right) dx = \frac{3}{2}$ より，$\displaystyle\int_0^1 \frac{\log_e \frac{1}{x}}{1-x^2}\,dx$ が有限値をもつことを示している．

▶▶▶ 演習問題 5–1

1 つぎの重積分を求めなさい．

(1) xy 平面上で，3 点 $(0,0)$, $(1,0)$, $(0,1)$ を頂点とする三角形の内部を D とするとき，

$$\iint_D \sin\left(\frac{\pi}{4}x + \frac{\pi}{6}y\right) dx\,dy$$

(2) 平面上の領域を，$D = \{(x,y) \mid x \geqq 0, y \geqq 0, \sqrt{x} + \sqrt{y} \leqq 1\}$ とするとき，

$$\iint_D \frac{1}{\sqrt{x} + \sqrt{y}}\,dx\,dy$$

2★ a, b を正の定数とします．このとき，つぎの重積分を求めなさい．ここで，$\exp(t)$ は e^t を表し，max は $\{\ \}$ 内の最大値を表します．

$$\iint_D \max\{\exp(b^2 x^2), \exp(a^2 y^2)\}\,dx\,dy, \quad D = \{(x,y) \mid 0 \leqq x \leqq a,\ 0 \leqq y \leqq b\}$$

3 つぎの領域 D に対して，$\displaystyle\iint_D \frac{1}{(x^2+y^2)^{\frac{m}{2}}}\,dx\,dy$ $(m > 0)$ をそれぞれ求めなさい．

(1) $D = \{(x,y) \mid a^2 \leqq x^2 + y^2 \leqq b^2,\ 0 < a < b\}$
(2) $D = \{(x,y) \mid 0 \leqq x^2 + y^2 \leqq 1\}$

第 5 章　重積分法

4 つぎの重積分を求めなさい．

(1) $\iint_D \dfrac{1}{(x+y+1)^3}\, dx\, dy,\ \ D=\{(x,y)\colon 0\leqq x,\ 0\leqq y\}$

(2) $\iint_D \dfrac{1}{\sqrt{x^2-y^2}}\, dx\, dy,\ \ D=\{(x,y)\colon 0\leqq x\leqq a,\ 0\leqq y\leqq x\}$

5★★ つぎの問いに答えなさい．ただし，ベータ関数 $B(p,q)=\displaystyle\int_0^1 x^{p-1}(1-x)^{q-1}\, dx$
$(p>0,\ q>0)$ とガンマ関数 $\Gamma(p)=\displaystyle\int_0^\infty e^{-x} x^{p-1}\, dx\ \ (p>0)$ に関して，$B(p,q)=\dfrac{\Gamma(p)\Gamma(q)}{\Gamma(p+q)}$ である性質を使ってもかまいません．

(1) xy 平面において，領域 D を $x+y\leqq 1,\ x\geqq 0,\ y\geqq 0$ とするとき，

$$\iint_D x^{p-1} y^{q-1}(1-x-y)^{r-1}\, dx\, dy = \dfrac{\Gamma(p)\Gamma(q)\Gamma(r)}{\Gamma(p+q+r)}$$

となることを示しなさい．ただし，$p>0,\ q>0,\ r>0$ とします．

(2) xyz 空間において，領域 D を $x+y+z\leqq 1,\ x\geqq 0,\ y\geqq 0,\ z\geqq 0$ とするとき，

$$\iiint_D x^{p-1} y^{q-1} z^{r-1}(1-x-y-z)^{s-1}\, dx\, dy\, dz = \dfrac{\Gamma(p)\Gamma(q)\Gamma(r)\Gamma(s)}{\Gamma(p+q+r+s)}$$

となることを示しなさい．ただし，$p>0,\ q>0,\ r>0,\ s>0$ とします．

▶▶▶ 演習問題 5−1　解答

1 ▶▶ 考え方
(1) 領域 D がどんな形状か，境界（上限・下限）をどう表せるかを調べる．
(2) 極座標への変数変換を考える．

解答 ▷ (1) 領域 D を，$0\leqq x\leqq 1,\ 0\leqq y\leqq 1-x$ と考える．

$$\iint_D \sin\left(\dfrac{\pi}{4}x+\dfrac{\pi}{6}y\right) dx\, dy$$
$$=\int_0^1\int_0^{1-x}\sin\left(\dfrac{\pi}{4}x+\dfrac{\pi}{6}y\right) dy\, dx$$

ここで，

解図 5.1

$$\int_0^{1-x}\sin\left(\dfrac{\pi}{4}x+\dfrac{\pi}{6}y\right) dy = -\dfrac{6}{\pi}\left[\cos\left(\dfrac{\pi}{4}x+\dfrac{\pi}{6}y\right)\right]_{y=0}^{y=1-x}$$
$$= -\dfrac{6}{\pi}\left\{\cos\left(\dfrac{\pi}{12}x+\dfrac{\pi}{6}\right)-\cos\dfrac{\pi}{4}x\right\}$$

より

$$\iint_D \sin\left(\frac{\pi}{4}x + \frac{\pi}{6}y\right) dx\,dy = -\frac{6}{\pi}\int_0^1 \left\{\cos\left(\frac{\pi}{12}x + \frac{\pi}{6}\right) - \cos\frac{\pi}{4}x\right\} dx$$
$$= -\frac{6}{\pi}\left[\frac{12}{\pi}\sin\left(\frac{\pi}{12}x + \frac{\pi}{6}\right) - \frac{4}{\pi}\sin\frac{\pi}{4}x\right]_0^1$$
$$= -\frac{6}{\pi}\left(\frac{12}{\pi}\cdot\frac{\sqrt{2}}{2} - \frac{4}{\pi}\cdot\frac{\sqrt{2}}{2} - \frac{12}{\pi}\cdot\frac{1}{2}\right) = -\frac{6}{\pi}\times\frac{4\sqrt{2}-6}{\pi} = \frac{36-24\sqrt{2}}{\pi^2}$$

(答) $\dfrac{36-24\sqrt{2}}{\pi^2}$

(2) $x = r^2\cos^4\theta$, $y = r^2\sin^4\theta$ $\left(0 \leqq r \leqq 1,\ 0 \leqq \theta \leqq \dfrac{\pi}{2}\right)$ とおくと, $\sqrt{x}+\sqrt{y}=r$

となる. ヤコビアン $\dfrac{\partial(x,y)}{\partial(r,\theta)} = \begin{vmatrix} 2r\cos^4\theta & 4r^2\cos^3\theta(-\sin\theta) \\ 2r\sin^4\theta & 4r^2\sin^3\theta\cos\theta \end{vmatrix} = 8r^3\sin^3\theta\cos^3\theta$

より,

$$\iint_D \frac{1}{\sqrt{x}+\sqrt{y}}\,dx\,dy = \int_0^1\int_0^{\frac{\pi}{2}} \frac{8r^3\sin^3\theta\cos^3\theta}{r}\,d\theta\,dr$$
$$= 8\int_0^1 r^2\,dr \int_0^{\frac{\pi}{2}} \sin^3\theta\cos^3\theta\,d\theta$$
$$\int_0^{\frac{\pi}{2}} \sin^3\theta\cos^3\theta\,d\theta = \int_0^{\frac{\pi}{2}} \sin^3\theta(1-\sin^2\theta)\cos\theta\,d\theta$$
$$= \int_0^{\frac{\pi}{2}} (\sin^3\theta - \sin^5\theta)\cos\theta\,d\theta = \int_0^1 (t^3 - t^5)\,dt$$
$$= \frac{1}{12} \quad (\sin\theta = t \text{ とおいた})$$

より, $\displaystyle\iint_D \frac{1}{\sqrt{x}+\sqrt{y}}\,dx\,dy = 8\cdot\frac{1}{3}\cdot\frac{1}{12} = \frac{2}{9}$ (答) $\dfrac{2}{9}$

参考 ▷ 演習問題 3 の 6 (2) の結果を用いて, つぎのように求めてもよい.

$$\int_0^{\frac{\pi}{2}} \sin^3\theta\cos^3\theta\,d\theta = \frac{(3-1)!!\,(3-1)!!}{(3+3)!!} = \frac{1}{12}$$

2 ▶▶ **考え方**
領域 D 内で, 被積分関数 $\max\{\exp(b^2x^2), \exp(a^2y^2)\}$ は何を意味して, 具体的にどんな値をとるかを考える.

解答 ▷ 指数関数は単調増加関数であるから,

$$\max\{\exp(b^2x^2), \exp(a^2y^2)\} = \begin{cases} \exp(b^2x^2) & (bx \geqq ay) \\ \exp(a^2y^2) & (bx \leqq ay) \end{cases}$$

よって，

$$D_1 = \left\{(x,y) \;\middle|\; 0 \leqq x \leqq a,\, 0 \leqq y \leqq \frac{b}{a}x\right\}$$
$$D_2 = \left\{(x,y) \;\middle|\; 0 \leqq x \leqq \frac{a}{b}y,\, 0 \leqq y \leqq b\right\}$$

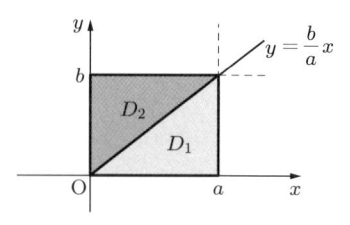

とすると，求める重積分は，

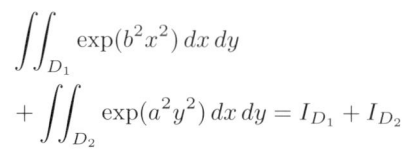

$$\iint_{D_1} \exp(b^2x^2)\,dx\,dy$$
$$+ \iint_{D_2} \exp(a^2y^2)\,dx\,dy = I_{D_1} + I_{D_2}$$

解図 5.2

と表される．I_{D_1}, I_{D_2} をそれぞれ計算すると，

$$I_{D_1} = \int_0^a \left\{\int_0^{\frac{b}{a}x} \exp(b^2x^2)\,dy\right\}dx = \int_0^a \frac{bx}{a}\exp(b^2x^2)\,dx$$
$$= \left[\frac{1}{2ab}\exp(b^2x^2)\right]_0^a = \frac{1}{2ab}\{\exp(a^2b^2) - 1\}$$

Check!
$$\int x\exp(b^2x^2)\,dx$$
$$= \frac{\exp(b^2x^2)}{2b^2}$$

a と b のおき換えにより，第 2 項も同様に計算できる．

$$I_{D_2} = \int_0^b \left\{\int_0^{\frac{a}{b}y} \exp(a^2y^2)\,dx\right\}dy$$
$$= \frac{1}{2ba}\{\exp(b^2a^2) - 1\}$$

よって，$I_{D_1} + I_{D_2} = \dfrac{1}{ab}\{\exp(a^2b^2) - 1\}$ が求める値である．

(答) $\dfrac{1}{ab}\{\exp(a^2b^2) - 1\}$

3 ▶▶ **考え方**
極座標変換を行う．さらに，m の値によって，積分計算がどうなるか考える．

解答 ▷ (1) $\displaystyle\iint_D \frac{1}{(x^2+y^2)^{\frac{m}{2}}}\,dx\,dy = \int_0^{2\pi}d\theta\int_a^b \frac{r}{(r^2)^{\frac{m}{2}}}\,dr = \int_0^{2\pi}d\theta\int_a^b r^{1-m}\,dr$

$0 < m < 2,\, 2 < m$ のとき $\dfrac{2\pi}{2-m}(b^{2-m} - a^{2-m})$, $m = 2$ のとき $2\pi\log_e\dfrac{b}{a}$

(答) $\begin{cases} \dfrac{2\pi}{2-m}(b^{2-m} - a^{2-m}) & (0 < m < 2,\, 2 < m) \\ 2\pi\log_e\dfrac{b}{a} & (m = 2) \end{cases}$

(2) $\displaystyle\iint_D \frac{1}{(x^2+y^2)^{\frac{m}{2}}}\,dx\,dy = \int_0^{2\pi} d\theta \int_0^1 r^{1-m}\,dr$

$0 < m < 2$ のとき $\dfrac{2\pi}{2-m}$, $m \geqq 2$ のとき存在しない.

(答) $\begin{cases} \dfrac{2\pi}{2-m} & (0 < m < 2) \\ 存在しない & (m \geqq 2) \end{cases}$

4 ▶▶ 考え方

(1) $D = \{(x,y): 0 \leqq x \leqq R,\ 0 \leqq y \leqq R\}$ として, $\displaystyle\iint_D \frac{1}{(x+y+1)^3}\,dx\,dy = \lim_{R\to\infty}\int_0^R dx \int_0^R \frac{1}{(1+x+y)^3}\,dy$ を求める.

(2) 被積分関数は $y = x$ 上で不連続になることに注意する. $\displaystyle\iint_D \frac{1}{\sqrt{x^2-y^2}}\,dx\,dy = \lim_{\varepsilon\to 0}\int_\varepsilon^a dx \int_0^{x-\varepsilon}\frac{1}{\sqrt{x^2-y^2}}\,dy$ を求める.

解答 ▷ (1) $\displaystyle\iint_D \frac{1}{(x+y+1)^3}\,dx\,dy = \lim_{R\to\infty}\int_0^R dx \int_0^R \frac{1}{(1+x+y)^3}\,dy$

$\displaystyle= \lim_{R\to\infty}\int_0^R \left[-\frac{1}{2(1+x+y)^2}\right]_{y=0}^{y=R} dx$

$\displaystyle= \lim_{R\to\infty}\frac{1}{2}\int_0^R \left\{\frac{1}{(1+x)^2} - \frac{1}{(1+R+x)^2}\right\}dx$

$\displaystyle= \lim_{R\to\infty}\frac{1}{2}\left[-\frac{1}{1+x} + \frac{1}{1+R+x}\right]_0^R$

$\displaystyle= \frac{1}{2}\lim_{R\to\infty}\left(1 - \frac{1}{1+R} + \frac{1}{1+2R} - \frac{1}{1+R}\right) = \frac{1}{2}$ (答) $\dfrac{1}{2}$

(2) $\displaystyle\iint_D \frac{1}{\sqrt{x^2-y^2}}\,dx\,dy = \lim_{\varepsilon\to 0}\int_\varepsilon^a dx \int_0^{x-\varepsilon}\frac{1}{\sqrt{x^2-y^2}}\,dy$

$\displaystyle= \lim_{\varepsilon\to 0}\int_\varepsilon^a \left[\sin^{-1}\frac{y}{x}\right]_{y=0}^{y=x-\varepsilon} dx$

$\displaystyle= \lim_{\varepsilon\to 0}\int_\varepsilon^a \sin^{-1}\frac{x-\varepsilon}{x}\,dx = \lim_{\varepsilon\to 0}\left\{\left[x\sin^{-1}\frac{x-\varepsilon}{x}\right]_\varepsilon^a - \int_\varepsilon^a \frac{\varepsilon}{\sqrt{2\varepsilon x - \varepsilon^2}}\,dx\right\}$

$\displaystyle= \lim_{\varepsilon\to 0}\left\{a\sin^{-1}\frac{a-\varepsilon}{a} - (\sqrt{2\varepsilon a - \varepsilon^2} - \sqrt{\varepsilon^2})\right\} = a\sin^{-1} 1 = \frac{\pi a}{2}$ (答) $\dfrac{\pi a}{2}$

5 ┌─▶ **考え方** ─────────────────────────────
(1) $x+y=u$, $y=uv$ とおき，変数 x, y から変数 u, v に変換して解く．
(2) (1) を拡張して，$x+y+z=u$, $y+z=uv$, $z=uvw$ とおく．
└──────────────────────────────────────

解答 ▷ (1) $x+y=u$, $y=uv$ とおくと，xy 平面 ($x \geqq 0$, $y \geqq 0$) から uv 平面の領域 ($0 \leqq u \leqq 1$, $0 \leqq v \leqq 1$) へ 1 対 1 の対応が成り立つ．

$x = u - y = u - uv = u(1-v)$, $y = uv$ より，ヤコビアンは

$$\begin{vmatrix} x_u & x_v \\ y_u & y_v \end{vmatrix} = \begin{vmatrix} 1-v & -u \\ v & u \end{vmatrix} = u$$

である．したがって，

$$\iint_D x^{p-1} y^{q-1} (1-x-y)^{r-1} \, dx \, dy$$
$$= \int_0^1 \int_0^1 u^{p-1}(1-v)^{p-1} u^{q-1} v^{q-1} (1-u)^{r-1} u \, du \, dv$$
$$= \int_0^1 u^{p+q-1}(1-u)^{r-1} \, du \cdot \int_0^1 v^{q-1}(1-v)^{p-1} \, dv$$
$$= B(p+q, r) \cdot B(q, p) = \frac{\Gamma(p+q)\Gamma(r)}{\Gamma(p+q+r)} \cdot \frac{\Gamma(p)\Gamma(q)}{\Gamma(p+q)} = \frac{\Gamma(p)\Gamma(q)\Gamma(r)}{\Gamma(p+q+r)}$$

(2) $x+y+z=u$, $y+z=uv$, $z=uvw$ とおくと，xyz 空間の領域 ($x+y+z \leqq 1$, $x \geqq 0$, $y \geqq 0$, $z \geqq 0$) から，uvw 空間 ($0 \leqq u \leqq 1$, $0 \leqq v \leqq 1$, $0 \leqq w \leqq 1$) へ 1 対 1 の対応が成り立つ．

$x = u(1-v)$, $y = uv(1-w)$, $z = uvw$ より，ヤコビアンは

$$\begin{vmatrix} x_u & x_v & x_w \\ y_u & y_v & y_w \\ z_u & z_v & z_w \end{vmatrix} = \begin{vmatrix} 1-v & -u & 0 \\ v(1-w) & u(1-w) & -uv \\ vw & uw & uv \end{vmatrix} = u^2 v$$

である．したがって，

$$\iiint_D x^{p-1} y^{q-1} z^{r-1} (1-x-y-z)^{s-1} \, dx \, dy \, dz$$
$$= \int_0^1 \int_0^1 \int_0^1 u^{p-1}(1-v)^{p-1}(uv)^{q-1}(1-w)^{q-1}$$
$$\qquad \times (uvw)^{r-1}(1-u)^{s-1} u^2 v \, du \, dv \, dw$$
$$= \int_0^1 u^{p+q+r-1}(1-u)^{s-1} \, du \times \int_0^1 v^{q+r-1}(1-v)^{p-1} \, dv$$
$$\qquad \times \int_0^1 w^{r-1}(1-w)^{q-1} \, dw$$
$$= B(p+q+r, s) \cdot B(q+r, p) \cdot B(r, q)$$

$$= \frac{\Gamma(p+q+r)\Gamma(s)}{\Gamma(p+q+r+s)} \cdot \frac{\Gamma(q+r)\Gamma(p)}{\Gamma(p+q+r)} \cdot \frac{\Gamma(r)\Gamma(q)}{\Gamma(q+r)} = \frac{\Gamma(p)\Gamma(q)\Gamma(r)\Gamma(s)}{\Gamma(p+q+r+s)}$$

参考 1 ▷ $x+y=u$, $y=uv$ の変換により，xy 平面の第 1 象限 ($x \geqq 0$, $y \geqq 0$) と，uv 平面上が，1 対 1 の対応になっていることを解図 5.3 に示す．

なお，$u=a$（一定）は，$y=a-x$ の直線を示す．また，$v=b$（一定）は，$y=bu=b(x+y)$ より $y=\dfrac{b}{1-b}x$ の原点を通る直線（原点から放射状に出る直線）を示す．

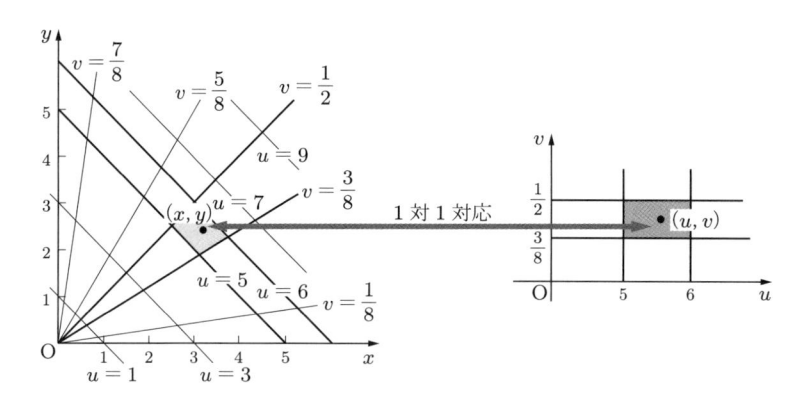

解図 5.3

参考 2 ▷ (2) をさらに拡張した n 次元領域 D を $x_1 + x_2 + \cdots + x_n \leqq 1$, $x_i \geqq 0$ ($i=1, 2, \ldots, n$) とするとき，

$$\int \cdots \int_D x_1^{p_1-1} x_2^{p_2-1} \cdots x_n^{p_n-1} (1-x_1-x_2-\cdots-x_n)^{q-1} dx_1 dx_2 \cdots dx_n$$
$$= \frac{\Gamma(p_1)\Gamma(p_2)\cdots\Gamma(p_n)\Gamma(q)}{\Gamma(p_1+p_2+\cdots+p_n+q)}$$

とディリクレの積分が得られる．

もし，$p_1 = p_2 = \cdots = p_n = q = 1$ を上式に代入すると，n 次元領域 $D: x_1 + x_2 + \cdots + x_n \leqq 1$, $x_i \geqq 0$ ($i=1, 2, \ldots, n$) の体積 V_n は，

$$V_n = \int \cdots \int_D dx_1 \, dx_2 \cdots dx_n = \frac{1}{\Gamma(n+1)} = \frac{1}{n!}$$

と求められる．

> **Check!**
> $\Gamma(1) = 1$
> $\Gamma(n+1) = n\Gamma(n) = n!$

参考 3 ▷ 例題 11 の参考で，n 次元超球の体積 $V_n = \dfrac{\pi^{\frac{n}{2}}}{\Gamma\left(\dfrac{n}{2}+1\right)} a^n$ を紹介したが，ここでは，参考 2 のディリクレの積分より，V_n を導出する．

第 5 章　重積分法

$$V_n = \int \cdots \int_{x_1{}^2+\cdots+x_n{}^2 \leqq a^2} dx_1 \cdots dx_n$$

$$= 2^n \int \cdots \int_{x_1{}^2+\cdots+x_n{}^2 \leqq a^2, x_1 \geqq 0, \ldots, x_n \geqq 0} dx_1 \cdots dx_n$$

$a^2 X_1 = x_1{}^2, a^2 X_2 = x_2{}^2, \ldots, a^2 X_n = x_n{}^2$ と変数変換し，$D = \{X_1 \geqq 0, \ldots, X_n \geqq 0, X_1 + \cdots + X_n \leqq 1\}$ とすると，ヤコビアンはつぎのようになる．

$$\frac{\partial(x_1,\ldots,x_n)}{\partial(X_1,\ldots,X_n)} = \begin{vmatrix} \dfrac{a}{2\sqrt{X_1}} & 0 & \cdots & 0 \\ 0 & \dfrac{a}{2\sqrt{X_2}} & \cdots & 0 \\ \vdots & \vdots & \ddots & \vdots \\ 0 & 0 & \cdots & \dfrac{a}{2\sqrt{X_n}} \end{vmatrix} = 2^{-n} a^n X_1{}^{-\frac{1}{2}} \cdots X_n{}^{-\frac{1}{2}}$$

よって，つぎのようになる．

$$V_n = 2^n a^n \int \cdots \int_D 2^{-n} X_1{}^{-\frac{1}{2}} \cdots X_n{}^{-\frac{1}{2}} dX_1 \cdots dX_n$$

$$= a^n \int \cdots \int_D X_1{}^{-\frac{1}{2}} \cdots X_n{}^{-\frac{1}{2}} dX_1 \cdots dX_n$$

参考 2 のディリクレの積分で，$p_1 = p_2 = \cdots = p_n = \dfrac{1}{2}$，$q = 1$ を代入すると，

$$\int \cdots \int_D x_1{}^{-\frac{1}{2}} \cdots x_n{}^{-\frac{1}{2}} dx_1 \cdots dx_n = \frac{\left\{\Gamma\left(\dfrac{1}{2}\right)\right\}^n \cdot \Gamma(1)}{\Gamma\left(\dfrac{n}{2}+1\right)} = \frac{\pi^{\frac{n}{2}}}{\Gamma\left(\dfrac{n}{2}+1\right)}$$

より，$V_n = \dfrac{\pi^{\frac{n}{2}}}{\Gamma\left(\dfrac{n}{2}+1\right)} a^n$ が得られる．n によって場合分けすると，つぎのようになる．

n が偶数のとき，$\Gamma\left(\dfrac{n}{2}+1\right) = \left(\dfrac{n}{2}\right)! = \dfrac{n!!}{2^{\frac{n}{2}}}$ より，$V_n = \dfrac{\pi^{\frac{n}{2}}}{\left(\dfrac{n}{2}\right)!} a^n = \dfrac{(2\pi)^{\frac{n}{2}}}{n!!} a^n$

n が奇数のとき，$\Gamma\left(\dfrac{n}{2}+1\right) = \dfrac{n!!}{2^{\frac{n+1}{2}}} \sqrt{\pi}$ より，$V_n = \dfrac{2(2\pi)^{\frac{n-1}{2}}}{n!!} a^n$ となる．

2 重積分の応用

▶▶ 出題傾向と学習上のポイント

重積分の応用は，1 変数の定積分と基本的には同じです．すなわち，面積，曲面積，体積，重心を求める問題では，求める領域の対称性がわかれば計算が簡略化できますので，問題で与えられた図形の概形をイメージしながら，公式を活用できるようにしましょう．

(1) 面積

重要 $x = x(t),\ y = y(t)$ で表される閉領域の面積

$x = x(t),\ y = y(t)\quad (t_0 \leqq t \leqq t_1)$ で囲まれた閉領域 D の面積 S

$$S = \frac{1}{2}\int_{t_0}^{t_1} \begin{vmatrix} x & y \\ \dot{x} & \dot{y} \end{vmatrix} dt \quad \left(\dot{x} = \frac{dx}{dt},\ \dot{y} = \frac{dy}{dt}\right)$$

（重積分でないことに注意する）ただし，t が t_0 から t_1 まで変化するとき，図 5.21 のように，C 上の点は D を左側にみて一周するものとする．

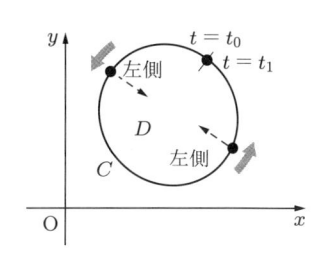

図 5.21

例 3 半径 a の円の面積は πa^2 となることを，上の公式を使って確認してみる．
$x = a\cos t,\ y = a\sin t\quad (0 \leqq t \leqq 2\pi)$ として，$\dot{x} = -a\sin t,\ \dot{y} = a\cos t$ より，

$$S = \frac{1}{2}\int_0^{2\pi} \begin{vmatrix} a\cos t & a\sin t \\ -a\sin t & a\cos t \end{vmatrix} dt = \frac{1}{2}\int_0^{2\pi} a^2\,dt = \pi a^2$$

▶ **例題 17** アステロイド：$x = a\cos^3 t,\ y = a\sin^3 t$
$(0 \leqq t \leqq 2\pi)$ の囲む面積を求めなさい．

▶▶ **考え方**
面積を求める公式をすぐに活用する前に，媒介変数 t と x, y 座標の対応づけを調べる．

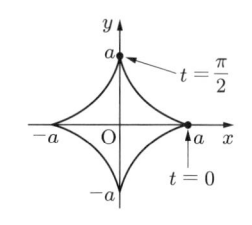

図 5.22 アステロイド曲線

解答 ▷ $\begin{vmatrix} x & y \\ \dot{x} & \dot{y} \end{vmatrix} = \begin{vmatrix} a\cos^3 t & a\sin^3 t \\ -3a\cos^2 t\sin t & 3a\sin^2 t\cos t \end{vmatrix}$

$= 3a^2 \sin^2 t \cos^4 t + 3a^2 \sin^4 t \cos^2 t$

$$= 3a^2 \sin^2 t \cos^2 t = \frac{3}{4}a^2 \sin^2 2t$$

また，第 1 象限 $\left(0 \leqq t \leqq \dfrac{\pi}{2}\right)$ で求めた面積を 4 倍することで，アステロイドの面積が求められる．

よって，

$$S = 4 \times \frac{1}{2} \int_0^{\frac{\pi}{2}} \begin{vmatrix} x & y \\ \dot{x} & \dot{y} \end{vmatrix} dt = 4 \times \frac{1}{2} \times \frac{3}{4}a^2 \int_0^{\frac{\pi}{2}} \sin^2 2t\, dt$$

$$= \frac{3}{2}a^2 \int_0^{\frac{\pi}{2}} \frac{1-\cos 4t}{2} dt = \frac{3}{4}a^2 \left[t - \frac{\sin 4t}{4}\right]_0^{\frac{\pi}{2}} = \frac{3}{8}\pi a^2 \qquad \text{(答)} \ \underline{\frac{3}{8}\pi a^2}$$

重要 $x = \varphi(u,v),\ y = \psi(u,v)$ で表される閉領域の面積

$x = \varphi(u,v),\ y = \psi(u,v)$ で表された閉領域 D の面積 S

$$S = \iint_D dx\,dy = \iint_A |J|\,du\,dv, \qquad J = \begin{vmatrix} \varphi_u & \varphi_v \\ \psi_u & \psi_v \end{vmatrix} = \begin{vmatrix} \dfrac{\partial \varphi}{\partial u} & \dfrac{\partial \varphi}{\partial v} \\ \dfrac{\partial \psi}{\partial u} & \dfrac{\partial \psi}{\partial v} \end{vmatrix} \quad (\neq 0)$$

なお，A は D に 1 対 1 で対応する uv 平面の閉領域である．

▶ **例題 18** 楕円 $\dfrac{x^2}{a^2} + \dfrac{y^2}{b^2} \leqq 1$ $(a > 0,\ b > 0)$ の面積を求めなさい．

▶▶ **考え方**
2 重積分を使わなくても解けるが，公式を使って確認してみる．

解答 ▷ 領域 $D: \dfrac{x^2}{a^2} + \dfrac{y^2}{b^2} \leqq 1$ は，$x = au,\ y = bv$ として，領域 $D': u^2 + v^2 \leqq 1$ に 1 対 1 で対応する．さらに，D' は単位円より，

$$S = \iint_D dx\,dy = \iint_{D'} ab\,du\,dv = \pi ab \qquad \text{(答)} \ \underline{\pi ab}$$

(2) 曲面積

曲面を表す関数形のパターンによって，曲面積を求める公式は多少変化するが，本質は同じである．

重要 $z = f(x,y)$ で表される曲面の曲面積

xy 平面上の閉領域 D で定義された曲面 $z = f(x,y)$ の曲面積 S

2 重積分の応用

$$S = \iint_D \sqrt{1 + \left(\frac{\partial z}{\partial x}\right)^2 + \left(\frac{\partial z}{\partial y}\right)^2} \, dx \, dy$$

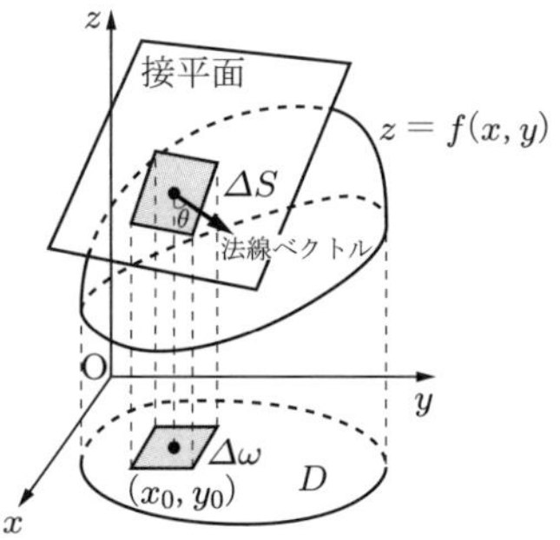

図 5.23

図 5.23 より，接平面の (x_0, y_0) における法線ベクトルは $(f_x, f_y, -1)$ より，接平面と xy 平面となす角 θ は

$$\cos\theta = \frac{1}{\sqrt{1 + (f_x)^2 + (f_y)^2}}$$

となる．xy 平面上の点 (x_0, y_0) を含む微小面積 $\Delta\omega$，それに対応する接平面上の微小面積を ΔS とすると $\Delta S \cos\theta = \Delta\omega$ となる．すなわち，$\Delta S = \sqrt{1 + (f_x)^2 + (f_y)^2}\, \Delta\omega$ より，上式が成り立つ．

例 4 半径 a の球の表面積は $4\pi a^2$ となることを，上記の公式を使って確認してみる．

半径 a の球の方程式は，$x^2 + y^2 + z^2 = a^2$ より，$z = \sqrt{a^2 - x^2 - y^2}$ $(\geqq 0)$ として，

$$\frac{\partial z}{\partial x} = -\frac{x}{\sqrt{a^2 - x^2 - y^2}}, \quad \frac{\partial z}{\partial y} = -\frac{y}{\sqrt{a^2 - x^2 - y^2}}$$

さらに，xy 平面に関して対称なので，$D = \{(x, y) : x^2 + y^2 \leqq a^2\}$ として

$$\begin{aligned}
S &= 2 \iint_D \sqrt{1 + \left(\frac{\partial z}{\partial x}\right)^2 + \left(\frac{\partial z}{\partial y}\right)^2} \, dx \, dy \\
&= 2 \iint_{x^2 + y^2 \leqq a^2} \frac{a}{\sqrt{a^2 - x^2 - y^2}} \, dx \, dy = 2a \int_0^{2\pi} d\theta \int_0^a \frac{r}{\sqrt{a^2 - r^2}} \, dr \\
&= 2a \cdot 2\pi \left[-\sqrt{a^2 - r^2}\right]_0^a = 4\pi a^2
\end{aligned}$$

▶ **例題 19** 球面 $x^2 + y^2 + z^2 = a^2$ の円柱 $x^2 + y^2 \leqq ay$ $(a > 0)$ に含まれる部分の曲面積を求めなさい．

第 5 章 重積分法

> ▶▶ 考え方
> 立体の概形図を描き，求める曲面積は球面のどの部分の面積かを把握する．

解答▷ $z = \sqrt{a^2 - x^2 - y^2}$ から，$\sqrt{1 + z_x{}^2 + z_y{}^2} = \dfrac{a}{\sqrt{a^2 - x^2 - y^2}}$

$$
\begin{aligned}
S &= \iint_{x^2+y^2 \leqq ay} \sqrt{1 + z_x{}^2 + z_y{}^2}\, dx\, dy \\
&= 4a \int_0^{\frac{\pi}{2}} d\theta \int_0^{a\sin\theta} \frac{r}{\sqrt{a^2 - r^2}}\, dr \\
&= 4a \int_0^{\frac{\pi}{2}} -\left[\sqrt{a^2 - r^2}\right]_{r=0}^{r=a\sin\theta} d\theta \\
&= -4a \int_0^{\frac{\pi}{2}} (\sqrt{a^2 - a^2 \sin^2\theta} - \sqrt{a^2})\, d\theta \\
&= -4a \int_0^{\frac{\pi}{2}} (a|\cos\theta| - a)\, d\theta \\
&= -4a^2 \Big[\sin\theta - \theta\Big]_0^{\frac{\pi}{2}} = 2a^2(\pi - 2)
\end{aligned}
$$

（答）$2a^2(\pi - 2)$

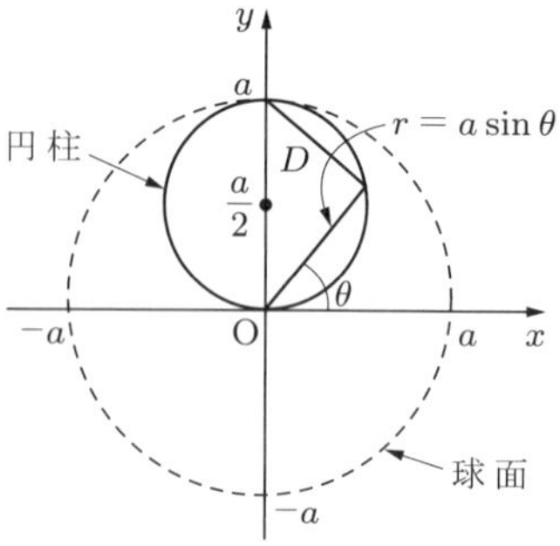

図 5.24

重要 $z = f(r, \theta)$ で表される曲面の曲面積

曲面 $z = f(x, y)$ が円柱座標で $z = f(r, \theta)$ と表されるとき，曲面積 S は $r\theta$ 平面上の閉領域を D' として，つぎのようになる．

$$
S = \iint_{D'} \sqrt{1 + \left(\frac{\partial z}{\partial r}\right)^2 + \frac{1}{r^2}\left(\frac{\partial z}{\partial \theta}\right)^2}\, r\, dr\, d\theta
$$

上記の公式は，第 4 章 例題 12 (1) で得られた

$$
\left(\frac{\partial z}{\partial x}\right)^2 + \left(\frac{\partial z}{\partial y}\right)^2 = \left(\frac{\partial z}{\partial r}\right)^2 + \frac{1}{r^2}\left(\frac{\partial z}{\partial \theta}\right)^2
$$

を，xy 平面上の閉領域 D で定義された曲面 $z = f(x, y)$ の曲面積 S を求める公式

$$
S = \iint_D \sqrt{1 + \left(\frac{\partial z}{\partial x}\right)^2 + \left(\frac{\partial z}{\partial y}\right)^2}\, dx\, dy
$$

に代入することで得られる．

重要 $y=f(x)$ で表される曲線による回転体の曲面積

xy 平面上の曲線 $y=f(x)$ $(a \leqq x \leqq b)$ を，x 軸まわりに回転してできる回転体の曲面積 S

$$S = 2\pi \int_a^b |f(x)|\sqrt{1+\{f'(x)\}^2}\,dx$$

これは重積分でないことに注意する．

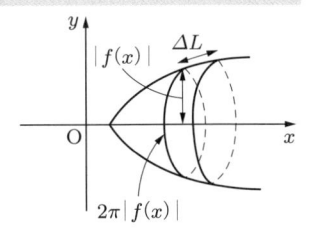

図 5.25

Memo
$\Delta L = \sqrt{1+\{f'(x)\}^2}\,\Delta x$ より，$\Delta S = 2\pi|f(x)|\Delta L = 2\pi|f(x)|\sqrt{1+\{f'(x)\}^2}\,\Delta x$

重要 $x=x(t),\ y=y(t)$ で表される曲線による回転体の曲面積

曲線 $x=x(t),\ y=y(t)$ $(a \leqq t \leqq b)$ を，x 軸まわりに回転してできる回転体の曲面積 S

$$S = 2\pi \int_a^b |y(t)|\sqrt{\left(\frac{dx}{dt}\right)^2 + \left(\frac{dy}{dt}\right)^2}\,dt$$

▶ **例題 20** サイクロイド：$x=a(\theta-\sin\theta),\ y=a(1-\cos\theta)$ $(0 \leqq \theta \leqq 2\pi)$ を x 軸まわりに回転してできる回転体の表面積を求めなさい．

▶▶ 考え方
公式を直接適用して計算することで，求められる．

解答 ▷ $\dfrac{dx}{d\theta} = a(1-\cos\theta),\ \dfrac{dy}{d\theta} = a\sin\theta$ より

$$\begin{aligned}
S &= 2\pi \int_0^{2\pi} |y(\theta)|\sqrt{\left(\frac{dx}{d\theta}\right)^2+\left(\frac{dy}{d\theta}\right)^2}\,d\theta \\
&= 2\pi a^2 \int_0^{2\pi} (1-\cos\theta)\sqrt{(1-\cos\theta)^2 + \sin^2\theta}\,d\theta \\
&= 4\pi a^2 \int_0^{2\pi} (1-\cos\theta)\sin\frac{\theta}{2}\,d\theta = 8\pi a^2 \int_0^{2\pi} \sin^3\frac{\theta}{2}\,d\theta
\end{aligned}$$

ここで，$\dfrac{\theta}{2} = t$ とおくと，$\displaystyle\int_0^{2\pi} \sin^3\frac{\theta}{2}\,d\theta = 2\int_0^{\pi} \sin^3 t\,dt = 4\int_0^{\frac{\pi}{2}} \sin^3 t\,dt = 4 \times \dfrac{2}{3} = \dfrac{8}{3}$

となる．したがって，$S = 8\pi a^2 \times \dfrac{8}{3} = \dfrac{64}{3}\pi a^2$ 　　　　　　（答）$\dfrac{64}{3}\pi a^2$

第 5 章 重積分法

▶**例題 21** 楕円 $\dfrac{x^2}{a^2} + \dfrac{y^2}{b^2} = 1$ $(a > b > 0)$ を，長軸と短軸のまわりに回転してできる曲面の面積を，それぞれ S_α と S_β とする．このとき，

$$S_\alpha = 2\pi ab\left(\sqrt{1-e^2} + \frac{1}{e}\sin^{-1} e\right), \quad S_\beta = 2\pi\left(a^2 + \frac{b^2}{e}\log\sqrt{\frac{1+e}{1-e}}\right)$$

であることを示しなさい．ただし，$e = \dfrac{\sqrt{a^2-b^2}}{a}$ は楕円の離心率を表し，log は自然対数を表すとします．

┌▶▶ **考え方** ─────────────────────────
│ 公式を適用して計算を進めていく．また，離心率 e をどう式に取り込むか考える．
└──────────────────────────────

解答 ▷ 楕円は $x = a\cos\theta$, $y = b\sin\theta$ として，

$$\sqrt{\left(\frac{dx}{d\theta}\right)^2 + \left(\frac{dy}{d\theta}\right)^2} = \sqrt{a^2\sin^2\theta + b^2\cos^2\theta}$$

となる．したがって，

$$\begin{aligned}
S_\alpha &= 2 \times 2\pi \int_0^{\frac{\pi}{2}} y\sqrt{a^2\sin^2\theta + b^2\cos^2\theta}\, d\theta = 4\pi ab \int_0^{\frac{\pi}{2}} \sin\theta\sqrt{1 - e^2\cos^2\theta}\, d\theta \\
&= 4\pi ab \int_e^0 \sqrt{1-t^2}\left(-\frac{dt}{e}\right) = \frac{4\pi ab}{e}\int_0^e \sqrt{1-t^2}\, dt \quad (e\cos\theta = t \text{ とおく}) \\
&= \frac{4\pi ab}{e}\left[\frac{t\sqrt{1-t^2}}{2} + \frac{1}{2}\sin^{-1} t\right]_0^e = 2\pi ab\left(\sqrt{1-e^2} + \frac{\sin^{-1} e}{e}\right) \\
S_\beta &= 2 \times 2\pi \int_0^{\frac{\pi}{2}} x\sqrt{a^2\sin^2\theta + b^2\cos^2\theta}\, d\theta \\
&= 4\pi a \int_0^{\frac{\pi}{2}} \cos\theta\sqrt{b^2 + a^2 e^2 \sin^2\theta}\, d\theta \\
&= 4\pi a \int_0^{ae} \sqrt{b^2 + t^2}\, \frac{dt}{ae} = \frac{4\pi}{e}\int_0^{ae} \sqrt{b^2 + t^2}\, dt \quad (ae\sin\theta = t \text{ とおく}) \\
&= \frac{4\pi}{e}\left[\frac{t\sqrt{b^2+t^2}}{2} + \frac{b^2}{2}\log(t + \sqrt{b^2+t^2})\right]_0^{ae} \\
&= \frac{4\pi}{e}\left(\frac{ae\sqrt{b^2+a^2e^2}}{2} + \frac{b^2}{2}\log\frac{ae + \sqrt{b^2+a^2e^2}}{b}\right) \\
&= \frac{4\pi}{e}\left\{\frac{a^2 e}{2} + \frac{b^2}{2}\log\frac{a(1+e)}{a\sqrt{1-e^2}}\right\} = 2\pi\left(a^2 + \frac{b^2}{e}\log\sqrt{\frac{1+e}{1-e}}\right)
\end{aligned}$$

参考 ▷ S_α と S_β において，$e \to 0$（すなわち $b \to a$）を考える．

$$\lim_{e \to 0} S_\alpha = \lim_{e \to 0} 2\pi ab \left(\sqrt{1-e^2} + \frac{\sin^{-1} e}{e} \right) = 2\pi a^2 (1+1) = 4\pi a^2$$

また，$\displaystyle \lim_{e \to 0} S_\beta = \lim_{e \to 0} 2\pi \left(a^2 + \frac{b^2}{e} \log \sqrt{\frac{1+e}{1-e}} \right)$ で，$\displaystyle \lim_{e \to 0} \frac{1}{e} \log \sqrt{\frac{1+e}{1-e}} = 1$ より

$\displaystyle \lim_{e \to 0} S_\beta = 4\pi a^2$ となる．よって，$\displaystyle \lim_{e \to 0} S_\alpha = \lim_{e \to 0} S_\beta = 4\pi a^2$ となる．これは半径 a の球の表面積になる．

なお，$\displaystyle \lim_{e \to 0} \frac{\sin^{-1} e}{e} = 1$，$\displaystyle \lim_{e \to 0} \frac{1}{e} \log \sqrt{\frac{1+e}{1-e}} = 1$ はロピタルの定理などで求められる．

(3) 体積

▶ **例題 22** 球 $x^2 + y^2 + z^2 = a^2$ の内部にある円柱 $x^2 + y^2 \leqq ay$ $(a > 0)$ の体積を求めなさい．

> **Memo**
> 例題 19 に類似しているが，ここでは体積を求める．

▶▶ **考え方**
xy 平面上の領域 D を極座標で表し，体積は $V = \iint_D z(x,y)\, dx\, dy$ で求める．

解答 ▷ 球は，$z(x,y) = \sqrt{a^2 - x^2 - y^2}$ と表せる．

$$V = \iint_{x^2+y^2 \leqq ay} z(x,y)\, dx\, dy = 4 \int_0^{\frac{\pi}{2}} d\theta \int_0^{a \sin \theta} \sqrt{a^2 - r^2}\, r\, dr$$

$$= 4 \int_0^{\frac{\pi}{2}} \left[-\frac{1}{3}(a^2 - r^2)^{\frac{3}{2}} \right]_{r=0}^{r=a\sin\theta} d\theta$$

$$= -\frac{4}{3} \int_0^{\frac{\pi}{2}} \{(a^2 - a^2 \sin^2 \theta)^{\frac{3}{2}} - (a^2)^{\frac{3}{2}}\}\, d\theta$$

$$= -\frac{4}{3} a^3 \int_0^{\frac{\pi}{2}} (|\cos \theta|^3 - 1)\, d\theta = \frac{4}{3} a^3 \int_0^{\frac{\pi}{2}} (1 - \cos^3 \theta)\, d\theta$$

$\displaystyle \int_0^{\frac{\pi}{2}} \cos^3 \theta\, d\theta = \frac{2}{3}$ より，$V = \frac{4}{3} a^3 \left(\frac{\pi}{2} - \frac{2}{3} \right) = \frac{2}{9}(3\pi - 4)a^3$ 　　（答）$\dfrac{2}{9}(3\pi - 4)a^3$

▶ **例題 23** つぎの体積を求めなさい．
(1) 二つの円柱面 $x^2 + y^2 = a^2$，$x^2 + z^2 = a^2$ で囲まれた部分の体積
(2)★ 三つの円柱面 $x^2 + y^2 = a^2$，$x^2 + z^2 = a^2$，$y^2 + z^2 = a^2$ で囲まれた部分の体積

▶▶ **考え方**
(1) 二つの円柱面で囲まれた $x \geqq 0$，$y \geqq 0$，$z \geqq 0$ の部分を考え，これを 8 倍する．

(2) 三つの円柱面で囲まれた立体図形である．$x \geqq 0$, $y \geqq 0$, $z \geqq 0$ の領域のさらに半分の領域を考え，これを 16 倍する．

解答▷ (1) $V = 8\int_0^a dx \int_0^{\sqrt{a^2-x^2}} \sqrt{a^2-x^2}\, dy = 8\int_0^a (a^2-x^2)\, dx = \dfrac{16}{3}a^3$

(答) $\dfrac{16}{3}a^3$

(2) $V = 16\left\{ \int_0^{\frac{a}{\sqrt{2}}} dx \int_0^x \sqrt{a^2-x^2}\, dy + \int_{\frac{a}{\sqrt{2}}}^a dx \int_0^{\sqrt{a^2-x^2}} \sqrt{a^2-x^2}\, dy \right\}$

$= 16\left\{ \int_0^{\frac{a}{\sqrt{2}}} x\sqrt{a^2-x^2}\, dx + \int_{\frac{a}{\sqrt{2}}}^a (a^2-x^2)\, dx \right\}$

$= 16\left\{ \left[-\dfrac{1}{3}(a^2-x^2)^{\frac{3}{2}}\right]_0^{\frac{a}{\sqrt{2}}} + \left[a^2 x - \dfrac{x^3}{3}\right]_{\frac{a}{\sqrt{2}}}^a \right\}$

$= 16\left(1 - \dfrac{1}{\sqrt{2}}\right)a^3$ （図 5.26 参照）

(答) $16\left(1 - \dfrac{1}{\sqrt{2}}\right)a^3$

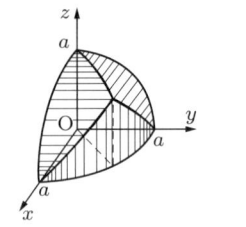

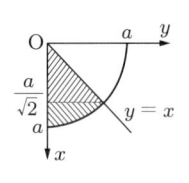

図 5.26

▶**例題 24** つぎの立体の体積を求めなさい．

(1) 楕円体 $\dfrac{x^2}{a^2} + \dfrac{y^2}{b^2} + \dfrac{z^2}{c^2} \leqq 1$ $(a > 0,\ b > 0,\ c > 0)$

(2★) $\left(\dfrac{x}{a}\right)^{\frac{2}{3}} + \left(\dfrac{y}{b}\right)^{\frac{2}{3}} + \left(\dfrac{z}{c}\right)^{\frac{2}{3}} \leqq 1$ $(a > 0,\ b > 0,\ c > 0)$

▶▶**考え方**

3 重積分の計算である．$(x, y, z) \to (u, v, w) \to (r, \theta, \varphi)$ と 2 回の変数変換を行って計算する．

解答▷ (1) $x = au$, $y = bv$, $z = cw$ とおくと，$u^2 + v^2 + w^2 \leqq 1$

さらに，$u = r\sin\theta\cos\varphi$, $v = r\sin\theta\sin\varphi$, $w = r\cos\theta$ とおいて，

$$V = \iiint_{\frac{x^2}{a^2}+\frac{y^2}{b^2}+\frac{z^2}{c^2} \leqq 1} dx\,dy\,dz = \iiint_{u^2+v^2+w^2 \leqq 1} abc\,du\,dv\,dw$$

$$= abc \int_0^\pi \sin\theta\,d\theta \int_0^1 r^2\,dr \int_0^{2\pi} d\varphi$$

$$= abc \times 2 \times \frac{1}{3} \times 2\pi = \frac{4}{3}\pi abc \qquad \text{(答)}\ \underline{\frac{4}{3}\pi abc}$$

(2) $x = au^3,\ y = bv^3,\ z = cw^3$ とおくと，$u^2 + v^2 + w^2 \leqq 1$ になる．

$$V = \iiint_{\left(\frac{x}{a}\right)^{\frac{2}{3}}+\left(\frac{y}{b}\right)^{\frac{2}{3}}+\left(\frac{z}{c}\right)^{\frac{2}{3}} \leqq 1} dx\,dy\,dz$$

$$= \iiint_{u^2+v^2+w^2 \leqq 1} \begin{vmatrix} x_u & x_v & x_w \\ y_u & y_v & y_w \\ z_u & z_v & z_w \end{vmatrix} du\,dv\,dw$$

$$= \iiint_{u^2+v^2+w^2 \leqq 1} \begin{vmatrix} 3au^2 & 0 & 0 \\ 0 & 3bv^2 & 0 \\ 0 & 0 & 3cw^2 \end{vmatrix} du\,dv\,dw$$

$$= \iiint_{u^2+v^2+w^2 \leqq 1} 27abc u^2 v^2 w^2 \, du\,dv\,dw$$

さらに，$u = r\sin\theta\cos\varphi,\ v = r\sin\theta\sin\varphi,\ w = r\cos\theta$ とおいて，

$$V = 27abc \int_0^1 dr \int_0^\pi d\theta \int_0^{2\pi} r^6 \sin^4\theta \cos^2\theta \sin^2\varphi \cos^2\varphi \cdot r^2 \sin\theta\,d\varphi$$

$$= 27abc \left(\int_0^1 r^8\,dr\right) \left(\int_0^\pi \sin^5\theta \cos^2\theta\,d\theta\right) \left(\int_0^{2\pi} \sin^2\varphi \cos^2\varphi\,d\varphi\right)$$

ここで，二つ目と三つ目の積分はつぎのようになる．

$$\int_0^\pi \sin^5\theta \cos^2\theta\,d\theta = \int_0^\pi (\sin^5\theta - \sin^7\theta)\,d\theta$$

$$= 2\int_0^{\frac{\pi}{2}} (\sin^5\theta - \sin^7\theta)\,d\theta = 2\left(\frac{4}{5} \cdot \frac{2}{3} - \frac{6}{7} \cdot \frac{4}{5} \cdot \frac{2}{3}\right) = \frac{16}{105}$$

$$\int_0^{2\pi} \sin^2\varphi \cos^2\varphi\,d\varphi = \int_0^{2\pi} \left(\frac{\sin 2\varphi}{2}\right)^2 d\varphi = \frac{1}{4}\int_0^{2\pi} \sin^2 2\varphi\,d\varphi$$

$$= \frac{1}{4}\int_0^{2\pi} \frac{1 - \cos 4\varphi}{2}\,d\varphi = \frac{1}{8}\left[\varphi - \frac{\sin 4\varphi}{4}\right]_0^{2\pi} = \frac{\pi}{4}$$

よって，$V = 27abc \cdot \dfrac{1}{9} \cdot \dfrac{16}{105} \cdot \dfrac{\pi}{4} = \dfrac{4}{35}\pi abc$ \qquad (答) $\underline{\dfrac{4}{35}\pi abc}$

(4) 重心と慣性能率

A. 重心

重要 平面図形の重心

平面図形 D の各点 (x, y) に，面密度 $\rho(x, y)$ の質量が分布しているとき，D の重心 $G(\overline{x}, \overline{y})$ はつぎのようになる．

$$\overline{x} = \frac{1}{M} \iint_D x\rho \, dx \, dy, \quad \overline{y} = \frac{1}{M} \iint_D y\rho \, dx \, dy$$

$M = \iint_D \rho \, dx \, dy$ は，平面図形 D の全質量である．

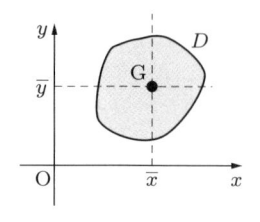

図 5.27

もし，$\rho(x, y) = 1$ ならば，$M = \iint_D 1 \, dx \, dy$ と面積になるので，これを A とおき，

$$\overline{x} = \frac{1}{A} \iint_D x \, dx \, dy, \quad \overline{y} = \frac{1}{A} \iint_D y \, dx \, dy$$

重要 立体図形の重心

立体図形 K の各点 (x, y, z) に，密度 $\rho(x, y, z)$ が分布しているとき，K の重心 $(\overline{x}, \overline{y}, \overline{z})$ はつぎのようになる．

$$\overline{x} = \frac{1}{M} \iiint_K x\rho(x, y, z) \, dx \, dy \, dz, \quad \overline{y} = \frac{1}{M} \iiint_K y\rho(x, y, z) \, dx \, dy \, dz$$

$$\overline{z} = \frac{1}{M} \iiint_K z\rho(x, y, z) \, dx \, dy \, dz$$

$M = \iiint_K \rho(x, y, z) \, dx \, dy \, dz$ は立体図形の全質量である．

▶ **例題 25** 図 5.28 のように，xy 平面上に 1 辺 $2a$ の正三角形 ABC を配置したとき，重心の座標を求めなさい．

▶▶ **考え方**
図より y 軸に関する対称性から，重心の x 座標は 0 である．また，面密度 $\rho(x, y) = 1$ と考える．

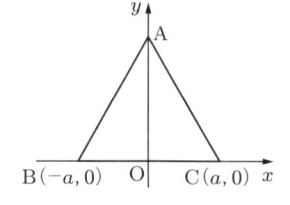

図 5.28

解答 ▷ 正三角形 ABC の面積 A は，$\dfrac{\sqrt{3}}{4} \times (2a)^2 = \sqrt{3}a^2$ となる．

また，重心の座標 $(\bar{x}, \bar{y})$ は，y 軸に関する対称性から，$\bar{x} = 0$ となる．
ここで，線分 AB は $y = \sqrt{3}(a+x)$ $(-a \leqq x \leqq 0)$，線分 AC は $y = \sqrt{3}(a-x)$ $(0 \leqq x \leqq a)$ $(0 \leqq x \leqq a)$ より

$$A\bar{y} = \int_{-a}^{0} dx \int_{0}^{\sqrt{3}(a+x)} y\, dy + \int_{0}^{a} dx \int_{0}^{\sqrt{3}(a-x)} y\, dy$$

$$= \int_{-a}^{0} \frac{3(a+x)^2}{2} dx + \int_{0}^{a} \frac{3(a-x)^2}{2} dx = \frac{3}{2} \times \frac{a^3}{3} + \frac{3}{2} \times \frac{a^3}{3} = a^3$$

よって，$\bar{y} = \dfrac{a^3}{\sqrt{3}a^2} = \dfrac{a}{\sqrt{3}}$ 　　　　　　　　　　　　　　　（答）$\left(0, \dfrac{a}{\sqrt{3}}\right)$

参考▷ 辺 AO の長さ，すなわち，高さは $\sqrt{3}a$ である．重心の y 座標が $\dfrac{a}{\sqrt{3}}$ ということは，$\sqrt{3}a \times \dfrac{1}{3} = \dfrac{a}{\sqrt{3}}$ なので，重心が高さを $2:1$ に内分することを示す．
また，念のため重心の x 座標 $\bar{x}$ を計算すると，

$$A\bar{x} = \iint_{D} x\, dx\, dy = \int_{-a}^{0} x\, dx \int_{0}^{\sqrt{3}(a+x)} dy + \int_{0}^{a} x\, dx \int_{0}^{\sqrt{3}(a-x)} dy$$

$$= \int_{-a}^{0} \sqrt{3}(ax+x^2)\, dx + \int_{0}^{a} \sqrt{3}(ax-x^2)\, dx = -\frac{\sqrt{3}a^3}{6} + \frac{\sqrt{3}a^3}{6} = 0$$

すなわち，$\bar{x} = 0$ となる．

▶例題 26 底面が半径 a の円で，高さが h である直円柱 R があります．この立体の密度が，上面からの距離に比例しているとき，この円柱の重心の位置を求めなさい．

> **Memo**
> 底面にいくほど，密度が大きくなる（重くなる）直円柱のイメージである．

▶▶考え方
円柱の重心座標を求めるので，円柱座標を用いる．円柱の密度をどう表すか考える．

解答▷ 直円柱 R は，円柱座標 (r, θ, z) を用いて

$$R = \{(r, \theta, z) \mid 0 \leqq r \leqq a,\ 0 \leqq \theta \leqq 2\pi,\ 0 \leqq z \leqq h\}$$

と表される．対称性より，重心は z 軸上にある．R の密度関数を $\rho(r, \theta, z)$ とおくと，$\rho(r, \theta, z) = k(h-z)$ （定数 $k \neq 0$）と表される．よって，質量 M は

$$M = \iiint_{R} \rho(r, \theta, z)\, dV = k \int_{0}^{2\pi} d\theta \int_{0}^{a} r\, dr \int_{0}^{h} (h-z)\, dz$$

$$= k \cdot 2\pi \cdot \frac{1}{2}a^2 \cdot \frac{1}{2}h^2 = \frac{1}{2} k \pi h^2 a^2$$

これより，

第 5 章　重積分法

$$\bar{z} = \frac{1}{M}\iiint_R z\rho(r,\theta,z)\,dV = \frac{k}{M}\int_0^{2\pi} d\theta \int_0^a r\,dr \int_0^h z(h-z)\,dz$$
$$= \frac{k}{M}\cdot 2\pi \cdot \frac{1}{2}a^2 \cdot \frac{1}{6}h^3 = \frac{h}{3}$$

（答）重心は底面の中心軸上にあり，面から高さが $\dfrac{h}{3}$ の位置にある．

▶ **例題 27★**　xyz 空間内の図形 V に対して，その重心の座標を (x_0, y_0, z_0) とするとき

$$\iiint_V \{(x-x_0)^2 + (y-y_0)^2 + (z-z_0)^2\}\,dx\,dy\,dz \div \{3\times (V\text{の体積})^{1+\frac{2}{3}}\}$$

を標準化された 2 次モーメントといいます．このとき，つぎの図形について，標準化された 2 次モーメントを求めなさい．
(1)　立方体　　(2)　球　　(3)　正八面体

▶▶ 考え方
標準化された 2 次モーメントから計算する際，立体図形の対称性を活用して計算の省力化を図る．

解答 ▷　(1)　立方体を $-1 \leqq x \leqq 1,\ -1 \leqq y \leqq 1,\ -1 \leqq z \leqq 1$ にとると，重心は原点であり，積分は体積に等しく，

$$\int_{-1}^1 \int_{-1}^1 \int_{-1}^1 (x^2 + y^2 + z^2)\,dx\,dy\,dz$$

となる．第 1 項の積分は

$$\int_{-1}^1 x^2\,dx \times 2 \times 2 = \frac{2}{3}\times 4 = \frac{8}{3}$$

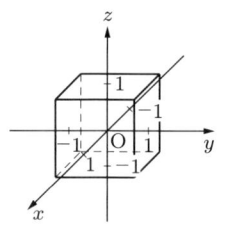

図 5.29

となり，第 2, 3 項も同様だから，積分は 8 になる．よって，求める値は

$$\frac{8}{3\times 8 \times 8^{\frac{2}{3}}} = \frac{1}{12}$$

（答）$\dfrac{1}{12}$

(2)　球を $x^2 + y^2 + z^2 \leqq 1$ にとると，重心は原点である．積分の部分を極座標で表すと，

$$\int_0^1 \int_0^\pi \int_0^{2\pi} r^2 \cdot r^2 \sin\theta\,dr\,d\theta\,d\varphi$$
$$= \int_0^1 r^4\,dr \times \int_0^\pi \sin\theta\,d\theta \times 2\pi$$
$$= \frac{1}{5}\times 2 \times 2\pi = \frac{4}{5}\pi$$

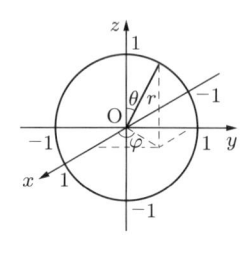

図 5.30

2 重積分の応用

球の体積は $\dfrac{4}{3}\pi$ だから，求める値は

$$\dfrac{\dfrac{4}{5}\pi}{3\cdot\dfrac{4}{3}\pi\left(\dfrac{4}{3}\pi\right)^{\frac{2}{3}}}=\dfrac{1}{5}\left(\dfrac{3}{4\pi}\right)^{\frac{2}{3}}$$

(答) $\dfrac{1}{5}\left(\dfrac{3}{4\pi}\right)^{\frac{2}{3}}$

(3) 正八面体を $|x|+|y|+|z|\leqq 1$ にとると，重心は原点であり，6 個の頂点の座標は

$$(\pm 1,0,0),\quad (0,\pm 1,0),\quad (0,0,\pm 1)$$

1 辺の長さは $\sqrt{2}$ であり，体積は $(\sqrt{2})^2\times 1\times\dfrac{1}{3}\times 2=\dfrac{4}{3}$
積分の部分は

$$\iiint_{|x|+|y|+|z|\leqq 1}(x^2+y^2+z^2)\,dx\,dy\,dz$$

第 1 項の積分は

$$\int_{-1}^{1}x^2\left(\iint_{|y|+|z|\leqq 1-|x|}dy\,dz\right)dx$$

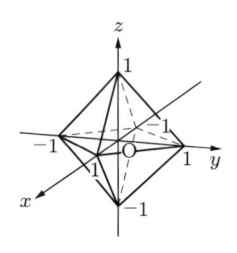

図 5.31

に等しいが，(x をとめるごとに) yz 平面において，$|y|+|z|\leqq 1-|x|$
が表す図形は，1 辺が $\sqrt{2}(1-|x|)$ の正方形であるから，この積分は

$$\int_{-1}^{1}x^2\cdot 2(1-|x|)^2\,dx=4\int_{0}^{1}x^2(1-x)^2\,dx=4\left[\dfrac{x^3}{3}-\dfrac{x^4}{2}+\dfrac{x^5}{5}\right]_0^1=\dfrac{2}{15}$$

同様に，$\displaystyle\iiint_{|x|+|y|+|z|\leqq 1}y^2\,dx\,dy\,dz=\iiint_{|x|+|y|+|z|\leqq 1}z^2\,dx\,dy\,dz=\dfrac{2}{15}$

よって，求める値は

$$\dfrac{3\cdot\dfrac{2}{15}}{3\cdot\dfrac{4}{3}\left(\dfrac{4}{3}\right)^{\frac{2}{3}}}=\dfrac{1}{10}\left(\dfrac{3}{4}\right)^{\frac{2}{3}}=\dfrac{1}{10}\left(\dfrac{3^2}{2^4}\right)^{\frac{1}{3}}=\dfrac{1}{10}\cdot\dfrac{1}{2}\left(\dfrac{9}{2}\right)^{\frac{1}{3}}$$

$$=\dfrac{1}{20}\left(\dfrac{9}{2}\right)^{\frac{1}{3}}\quad\left(=\dfrac{1}{10}\left(\dfrac{3}{4}\right)^{\frac{2}{3}}\right)$$

(答) $\dfrac{1}{20}\left(\dfrac{9}{2}\right)^{\frac{1}{3}}$

参考▷ 標準化された 2 次モーメントは，図形の大きさに依存しない．依存しないので，「標準化された」という表現をとっている．たとえば，(1) で長さが $2a$ の立方体 ($-a\leqq x\leqq a$, $-a\leqq y\leqq a$, $-a\leqq z\leqq a$) を考えれば，

$$\int_{-a}^{a}\int_{-a}^{a}\int_{-a}^{a}(x^2+y^2+z^2)\,dx\,dy\,dz=8a^5$$

となる．よって，求める2次モーメントは $\dfrac{8a^5}{3 \times (8a^3) \times (8a^3)^{\frac{2}{3}}} = \dfrac{1}{12}$ となり，a に依存しないことが確認できる．

B. 慣性能率

重要　平面の慣性能率

平面図形 D の各点 (x, y) に，面密度 $\rho(x, y)$ の質量が分布しているとき，x 軸まわり，y 軸まわり，z 軸まわりの慣性能率はつぎのようになる．

> **Memo**
> 慣性能率は慣性モーメントともいう．

$$I_x = \iint_D y^2 \rho \, dx \, dy, \quad I_y = \iint_D x^2 \rho \, dx \, dy$$
$$I_z = \iint_D (x^2 + y^2) \rho \, dx \, dy = I_x + I_y$$

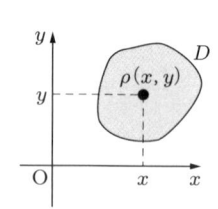

図 5.32

重要　立体の慣性能率

立体図形 K の各点 (x, y, z) に，密度 $\rho(x, y, z)$ の質量が分布しているとき，x 軸まわり，y 軸まわり，z 軸まわりの慣性能率はつぎのようになる．

$$I_x = \iiint_K (y^2 + z^2) \rho \, dx \, dy \, dz, \quad I_y = \iiint_K (x^2 + z^2) \rho \, dx \, dy \, dz$$
$$I_z = \iiint_K (x^2 + y^2) \rho \, dx \, dy \, dz$$

▶**例題 28**　密度 ρ が一様な，球体 $D: x^2 + y^2 + z^2 \leqq a^2$ において，z 軸まわりの慣性能率を求めなさい．

> ▶▶**考え方**
> $I_z = \iiint_K (x^2 + y^2) \rho \, dx \, dy \, dz$ を求める．3次元極座標への変換を行うと，$x = r\sin\theta\cos\varphi$, $y = r\sin\theta\sin\varphi$ より，$x^2 + y^2 = r^2 \sin^2\theta$ となる．

解答▷ $I_z = \iiint_D (x^2 + y^2) \rho \, dx \, dy \, dz = \rho \int_0^{2\pi} d\varphi \int_0^{\pi} \left(\int_0^a r^2 \sin^2\theta \cdot r^2 \sin\theta \, dr \right) d\theta$

$= \rho \int_0^{2\pi} d\varphi \int_0^a r^4 \, dr \int_0^{\pi} \sin^3\theta \, d\theta = 2\pi\rho \cdot \dfrac{a^5}{5} \cdot \dfrac{4}{3} = \dfrac{8}{15}\pi a^5 \rho$ 　（答）$\underline{\dfrac{8}{15}\pi a^5 \rho}$

参考▷ また,球の質量を m とすると,$m = \dfrac{4}{3}\pi a^3 \rho$ より,$I_z = \dfrac{2}{5}a^2 m$ となる.なお,球は x,y,z 軸に関する対称性から,つぎのようになる.

$$I_z = I_x = I_y = I$$

(球の中心を通る任意の軸のまわりに関して慣性能率は等しい)

▶▶▶ 演習問題 5–2

1 つぎの四つの曲線で囲まれた面積を求めなさい.
$$x^2 = ay,\quad x^2 = by \quad (0 < a < b),\quad y^2 = cx,\quad y^2 = dx \quad (0 < c < d)$$

2 円柱面 $x^2 + y^2 = a^2$ の内部にある円柱面 $x^2 + z^2 = a^2$ の表面積を求めなさい.ただし,$a > 0$ とします.

3 つぎの曲線を x 軸まわりに回転してできる曲面の面積を求めなさい.

(1) 心臓形(カージオイド)$\begin{cases} x = 2\cos\theta - \cos 2\theta \\ y = 2\sin\theta - \sin 2\theta \end{cases}$ $(0 \leqq \theta \leqq \pi)$

(2) 連珠形(レムニスケート)$r^2 = 2a^2 \cos 2\theta$
$$\left(a > 0,\ -\frac{\pi}{4} \leqq \theta \leqq \frac{\pi}{4},\ \frac{3}{4}\pi \leqq \theta \leqq \frac{5}{4}\pi \right)$$

4 $a = \dfrac{\displaystyle\int_0^{\frac{\pi}{2}} \left(\int_0^{\sin y} x\,dx \right) dy}{\displaystyle\int_0^{\frac{\pi}{2}} \left(\int_0^{\sin y} dx \right) dy}$ は,xy 平面上の面密度が一様な物質でできたある図形 D の重心の x 座標を計算する式です.y 座標も同様の式で表されます.このとき,つぎの問いに答えなさい.

(1) 図形 D を xy 平面上に図示しなさい. (2) D の重心の座標を求めなさい.

5 xyz 空間上の領域 $D\colon x^2 + y^2 \leqq 1 - \dfrac{1}{e}$ における,曲面 $C\colon z = \log_e(1 - x^2 - y^2) + 1$ について,つぎの問いに答えなさい.ただし,e は自然対数の底を表します.

(1) C と xy 平面で囲まれる部分の体積 V を求めなさい.

(2) C の曲面積 S を求めなさい.

6★ n 次元空間において,
$$|x_1|^\alpha + |x_2|^\alpha + \cdots + |x_n|^\alpha \leqq a^\alpha \quad (\alpha > 0)$$

で表される領域の体積は,$V = \dfrac{(2a)^n}{\alpha^{n-1}} \cdot \dfrac{\Gamma\left(\dfrac{1}{\alpha}\right)^n}{n\Gamma\left(\dfrac{n}{\alpha}\right)}$ であることを示しなさい.ただし,n 次元領域 D を $x_1 + x_2 + \cdots + x_n \leqq 1$,$x_i \geqq 0$ $(i = 1, 2, \ldots, n)$ としたとき,

第 5 章　重積分法

$$\int \cdots \int_D x_1{}^{p_1-1} x_2{}^{p_2-1} \cdots x_n{}^{p_n-1} (1-x_1-x_2-\cdots-x_n)^{q-1} \, dx_1 \, dx_2 \cdots dx_n$$
$$= \frac{\Gamma(p_1)\Gamma(p_2)\cdots\Gamma(p_n)\Gamma(q)}{\Gamma(p_1+p_2+\cdots+p_n+q)} \quad \left(\Gamma(p) = \int_0^\infty e^{-x} x^{p-1} \, dx \quad (p>0)\right)$$

の関係式は証明なしで用いてもかまいません．

▶▶▶ 演習問題 5 – 2　解答

1 ┌▶▶ 考え方 ─────────────────────────────
xy 平面上で面積を求めるのは困難なので，変数変換を行う．
└─────────────────────────────────────

解答▷ この領域を D，面積を S とすれば，$S = \iint_D dx\, dy$ となる．ここで，

$$\frac{x^2}{y} = u, \quad \frac{y^2}{x} = v \qquad \cdots ①$$

と変数変換を行うと，D は $a \leqq u \leqq b$, $c \leqq v \leqq d$ の閉長方形領域 A に変わる．また，① より $x = u^{\frac{2}{3}} v^{\frac{1}{3}}$, $y = u^{\frac{1}{3}} v^{\frac{2}{3}}$ と表されるので，

$$\frac{\partial(x,y)}{\partial(u,v)} = \begin{vmatrix} x_u & x_v \\ y_u & y_v \end{vmatrix} = \begin{vmatrix} \frac{2}{3} u^{-\frac{1}{3}} v^{\frac{1}{3}} & \frac{1}{3} u^{\frac{2}{3}} v^{-\frac{2}{3}} \\ \frac{1}{3} u^{-\frac{2}{3}} v^{\frac{2}{3}} & \frac{2}{3} u^{\frac{1}{3}} v^{-\frac{1}{3}} \end{vmatrix}$$
$$= \frac{1}{3}$$

となる．よって，

$$\text{面積 } S = \iint_A \frac{1}{3} \, du \, dv = \frac{1}{3} \int_a^b du \int_c^d dv$$
$$= \frac{1}{3}(b-a)(d-c)$$

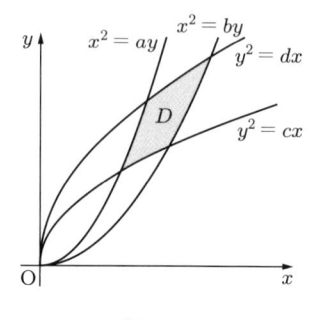

解図 5.4

（答）$\dfrac{1}{3}(b-a)(d-c)$

2 ┌▶▶ 考え方 ─────────────────────────────
二つの円柱面の，どの部分の表面積かを調べる．
└─────────────────────────────────────

解答▷ $x \geqq 0$, $y \geqq 0$, $z \geqq 0$（解図 5.5 の灰色）の部分の面積を求めて，8 倍する．円柱面は $z = \sqrt{a^2 - x^2}$ より

$$z_x = -\frac{x}{\sqrt{a^2-x^2}}, \quad z_y = 0$$

よって，

$$\text{表面積 } S = 8\int_0^a dx \int_0^{\sqrt{a^2-x^2}} \sqrt{1+\frac{x^2}{a^2-x^2}}\, dy$$
$$= 8a^2 \qquad \text{(答) } \underline{8a^2}$$

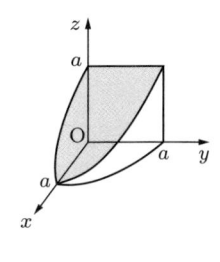

解図 5.5

3 ▶▶ 考え方

(1) 回転体の曲面積 $S = 2\pi \int_0^\pi |y|\sqrt{\left(\dfrac{dx}{d\theta}\right)^2 + \left(\dfrac{dy}{d\theta}\right)^2}\, d\theta$ より求める．

(2) θ の範囲に注意して，$S = 2\int_0^{\frac{\pi}{4}} 2\pi |y|\sqrt{\left(\dfrac{dr}{d\theta}\right)^2 + r^2}\, d\theta$ より求める．

解答 ▷ (1) $\dfrac{dx}{d\theta} = -2\sin\theta + 2\sin 2\theta$,

$\dfrac{dy}{d\theta} = 2\cos\theta - 2\cos 2\theta$ より

$$\sqrt{\left(\dfrac{dx}{d\theta}\right)^2 + \left(\dfrac{dy}{d\theta}\right)^2} = 4\sin\dfrac{\theta}{2}$$

また，$y = 2\sin\theta - \sin 2\theta$
$= 2\sin\theta(1 - \cos\theta) \geqq 0$ より

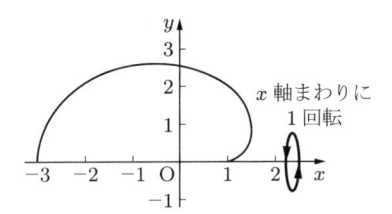

解図 5.6 心臓形（カージオイド）

$$\text{曲面積 } S = 2\pi \int_0^\pi (2\sin\theta - \sin 2\theta) 4\sin\dfrac{\theta}{2}\, d\theta$$
$$= 64\pi \int_0^\pi \cos\dfrac{\theta}{2} \sin^4\dfrac{\theta}{2}\, d\theta$$

$\sin\dfrac{\theta}{2} = t$ とおくと，$\cos\dfrac{\theta}{2}d\theta = 2\, dt$ となり，

$$S = 64\pi \int_0^1 2t^4\, dt = \dfrac{128}{5}\pi \qquad \text{(答) } \underline{\dfrac{128}{5}\pi}$$

(2) $r^2 = 2a^2\cos 2\theta$ より，$r\dfrac{dr}{d\theta} = -2a^2\sin 2\theta$,

$$\left(\dfrac{dr}{d\theta}\right)^2 = \dfrac{4a^4\sin^2 2\theta}{r^2}\ \text{となって,}$$

$$\sqrt{\left(\dfrac{dr}{d\theta}\right)^2 + r^2} = \dfrac{2a^2}{r}\ \text{が得られるので,}$$

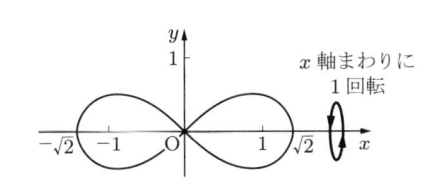

解図 5.7 連珠形レムニスケート

曲面積 S

$$= 2\int_0^{\frac{\pi}{4}} 2\pi|y|\sqrt{\left(\frac{dr}{d\theta}\right)^2 + r^2}\,d\theta = 4\pi \int_0^{\frac{\pi}{4}} r\sin\theta \cdot \frac{2a^2}{r}\,d\theta$$
$$= 8\pi a^2 \int_0^{\frac{\pi}{4}} \sin\theta\,d\theta = 8\pi a^2 \left[-\cos\theta\right]_0^{\frac{\pi}{4}} = 4\pi a^2(2-\sqrt{2})$$

(答) $4\pi a^2(2-\sqrt{2})$

4 ▶▶ 考え方
(1) 2 次元図形の概形を求める.　　(2) a の分子, 分母を求める.

解答▷ (1) $D = \left\{(x,y) \,\middle|\, 0 \leqq x \leqq \sin y,\, 0 \leqq y \leqq \frac{\pi}{2}\right\}$ より, 解図 5.8 のようになる.
(2) a の分子, 分母をそれぞれ求める.

$$\int_0^{\frac{\pi}{2}} \left(\int_0^{\sin y} x\,dx\right) dy = \int_0^{\frac{\pi}{2}} \frac{\sin^2 y}{2}\,dy$$
$$= \frac{1}{4}\left[y - \frac{\sin 2y}{2}\right]_0^{\frac{\pi}{2}} = \frac{\pi}{8}$$
$$\int_0^{\frac{\pi}{2}} \left(\int_0^{\sin y} dx\right) dy = \int_0^{\frac{\pi}{2}} \sin y\,dy = \left[-\cos y\right]_0^{\frac{\pi}{2}} = 1$$

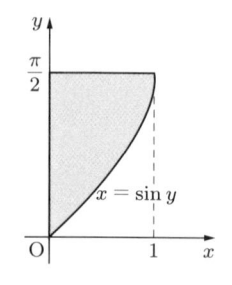

したがって, $a = \dfrac{\pi}{8}$

解図 5.8

重心の y 座標を $b = \dfrac{\displaystyle\int_0^{\frac{\pi}{2}} \left(\int_0^{\sin y} y\,dx\right) dy}{\displaystyle\int_0^{\frac{\pi}{2}} \left(\int_0^{\sin y} dx\right) dy}$ とすると, b の分母は a の分母と等しい. そこで, 分子のみ考えると,

$$b\text{ の分子} = \int_0^{\frac{\pi}{2}} \left(\int_0^{\sin y} y\,dx\right) dy = \int_0^{\frac{\pi}{2}} y\sin y\,dy$$
$$= \left[-y\cos y\right]_0^{\frac{\pi}{2}} + \int_0^{\frac{\pi}{2}} \cos y\,dy = \left[\sin y\right]_0^{\frac{\pi}{2}} = 1$$

よって, 重心の座標は $\left(\dfrac{\pi}{8}, 1\right)$ である. 　　(答) $\left(\dfrac{\pi}{8}, 1\right)$

5 ▶▶ 考え方
2 重積分に関する標準的な問題である. 領域 D, 曲面 $z = \log_e(1 - x^2 - y^2) + 1$ の関数形より, 極座標に変換する.

解答▷ (1) $V = \iint_D \{\log_e(1-x^2-y^2)+1\}\,dx\,dy$ $\qquad$ … ①

と計算する．ここで，$x = r\cos\theta$，$y = r\sin\theta$ として，変数を (x,y) から (r,θ) に変換する．C と xy 平面で囲まれる部分が体積 V なので，$\log_e(1-r^2)+1 \geqq 0$ を満たす r の範囲は $0 \leqq r \leqq \sqrt{1-\dfrac{1}{e}}$ となる．以降では，$c = \sqrt{1-\dfrac{1}{e}}$ とおく．

① より

$$V = \int_0^{2\pi}\int_0^c \{\log_e(1-r^2)+1\}r\,dr\,d\theta = \int_0^{2\pi}d\theta \times \int_0^c r\{\log_e(1-r^2)+1\}\,dr$$

ここで，

$$\int_0^c r\{\log_e(1-r^2)+1\}\,dr = \int_0^c \left(\frac{r^2}{2}\right)'\{\log_e(1-r^2)+1\}\,dr$$
$$= \left[\frac{1}{2}r^2\{\log_e(1-r^2)+1\}\right]_0^c - \frac{1}{2}\int_0^c \frac{-2r^3}{1-r^2}\,dr$$
$$= \frac{1}{2}c^2\left(\log_e\frac{1}{e}+1\right) + \int_0^c\left(-r+\frac{r}{1-r^2}\right)dr$$
$$= \left[-\frac{1}{2}r^2 - \frac{1}{2}\log_e(1-r^2)\right]_0^c = -\frac{1}{2}\left(1-\frac{1}{e}\right) + \frac{1}{2} = \frac{1}{2e}$$

よって，$V = 2\pi \times \dfrac{1}{2e} = \dfrac{\pi}{e}$ $\hfill$ (答) $\dfrac{\pi}{e}$

(2) $f(x,y) = \log_e(1-x^2-y^2)+1$ として，$f_x = \dfrac{-2x}{1-x^2-y^2}$，$f_y = \dfrac{-2y}{1-x^2-y^2}$ より，

$$1 + f_x{}^2 + f_y{}^2 = 1 + \frac{4(x^2+y^2)}{(1-x^2-y^2)^2} = \frac{(1+x^2+y^2)^2}{(1-x^2-y^2)^2}$$
$$S = \iint_D \sqrt{1+f_x{}^2+f_y{}^2}\,dx\,dy = \int_0^{2\pi}\int_0^c \sqrt{\frac{(1+r^2)^2}{(1-r^2)^2}}\,r\,dr\,d\theta$$
$$= \int_0^{2\pi}d\theta \times \int_0^c \frac{r(1+r^2)}{1-r^2}\,dr$$

ここで，

$$\int_0^c \frac{r(1+r^2)}{1-r^2}\,dr = \int_0^c\left(-r+\frac{2r}{1-r^2}\right)dr = \left[-\frac{1}{2}r^2 - \log_e(1-r^2)\right]_0^c$$
$$= -\frac{1}{2}\left(1-\frac{1}{e}\right) + 1 = \frac{1}{2}\left(1+\frac{1}{e}\right)$$

よって，$S = 2\pi \times \dfrac{1}{2}\left(1+\dfrac{1}{e}\right) = \pi\left(1+\dfrac{1}{e}\right)$ $\hfill$ (答) $\pi\left(1+\dfrac{1}{e}\right)$

6 ▶▶ **考え方**

問題文で与えられたディリクレの積分の関係式を用いる．なお演習問題 5–1 の 5 の参考 2，参考 3 のディリクレの積分を参照のこと．

解答 ▷ $V = \int \cdots \int_{|x_1|^\alpha + \cdots + |x_n|^\alpha \leqq a^\alpha} dx_1 \cdots dx_n$

$$= 2^n \int \cdots \int_{x_1{}^\alpha + \cdots + x_n{}^\alpha \leqq a^\alpha, x_1 \geqq 0, \ldots, x_n \geqq 0} dx_1 \cdots dx_n$$

$a^\alpha X_1 = x_1{}^\alpha, \ldots, a^\alpha X_n = x_n{}^\alpha$ と変数変換して，$D = \{X_1 \geqq 0, \ldots, X_n \geqq 0, X_1 + \cdots + X_n \leqq 1\}$ とすると，ヤコビアンは

$$\frac{\partial(x_1, \ldots, x_n)}{\partial(X_1, \ldots, X_n)} = \begin{vmatrix} \frac{a}{\alpha} X_1^{\frac{1}{\alpha}-1} & & O \\ & \ddots & \\ O & & \frac{a}{\alpha} X_n^{\frac{1}{\alpha}-1} \end{vmatrix}$$

$$= \left(\frac{a}{\alpha}\right)^n X_1^{\frac{1}{\alpha}-1} \cdots X_n^{\frac{1}{\alpha}-1}$$

より，$V = 2^n \left(\dfrac{a}{\alpha}\right)^n \int \cdots \int_D X_1^{\frac{1}{\alpha}-1} \cdots X_n^{\frac{1}{\alpha}-1} dX_1 \cdots dX_n$ となる．

問題文で与えられた関係式に，$p_1 = p_2 = \cdots = p_n = \dfrac{1}{\alpha}$, $q = 1$ を代入すると，

$$V = 2^n \left(\frac{a}{\alpha}\right)^n \frac{\Gamma\left(\frac{1}{\alpha}\right)^n \cdot \Gamma(1)}{\Gamma\left(\frac{n}{\alpha}+1\right)} = 2^n \left(\frac{a}{\alpha}\right)^n \frac{\Gamma\left(\frac{1}{\alpha}\right)^n \cdot 1}{\frac{n}{\alpha}\Gamma\left(\frac{n}{\alpha}\right)} = \frac{(2a)^n}{\alpha^{n-1}} \cdot \frac{\Gamma\left(\frac{1}{\alpha}\right)^n}{n\Gamma\left(\frac{n}{\alpha}\right)}$$

が得られる．

参考 ▷ 上式に $\alpha = 2$ を代入すると，

$$n \text{ 次元超球の体積} = \frac{(2a)^n}{2^{n-1}} \cdot \frac{\Gamma\left(\frac{1}{2}\right)^n}{n\Gamma\left(\frac{n}{2}\right)} = \frac{\pi^{\frac{n}{2}}}{\frac{n}{2}\Gamma\left(\frac{n}{2}\right)} a^n = \frac{\pi^{\frac{n}{2}}}{\Gamma\left(\frac{n}{2}+1\right)} a^n$$

が得られる．

付録　関数行列式の微分

行列の各要素が x の関数である関数行列式

$$\Delta_n(x) = \begin{vmatrix} f_{11}(x) & f_{12}(x) & \cdots & f_{1n}(x) \\ f_{21}(x) & f_{22}(x) & \cdots & f_{2n}(x) \\ \vdots & \vdots & \ddots & \vdots \\ f_{n1}(x) & f_{n2}(x) & \cdots & f_{nn}(x) \end{vmatrix}$$

> **Memo**
> 関数行列式はヤコビ (Jacobi) 行列式，またはヤコビアン (Jacobian) ともいう．

を x で微分すると，

$$\frac{d\Delta_n(x)}{dx}$$

$$= \begin{vmatrix} f_{11}'(x) & f_{12}(x) & \cdots & f_{1n}(x) \\ f_{21}'(x) & f_{22}(x) & \cdots & f_{2n}(x) \\ \vdots & \vdots & \ddots & \vdots \\ f_{n1}'(x) & f_{n2}(x) & \cdots & f_{nn}(x) \end{vmatrix} + \begin{vmatrix} f_{11}(x) & f_{12}'(x) & \cdots & f_{1n}(x) \\ f_{21}(x) & f_{22}'(x) & \cdots & f_{2n}(x) \\ \vdots & \vdots & \ddots & \vdots \\ f_{n1}(x) & f_{n2}'(x) & \cdots & f_{nn}(x) \end{vmatrix} + \cdots$$

$$+ \begin{vmatrix} f_{11}(x) & f_{12}(x) & \cdots & f_{1n}'(x) \\ f_{21}(x) & f_{22}(x) & \cdots & f_{2n}'(x) \\ \vdots & \vdots & \ddots & \vdots \\ f_{n1}(x) & f_{n2}(x) & \cdots & f_{nn}'(x) \end{vmatrix}$$

となる．これを証明してみよう．$\Delta_n(x)$ は第 i 行に関する展開によって，

$$\Delta_n(x) = f_{i1}F_{i1} + f_{i2}F_{i2} + \cdots + f_{in}F_{in} \quad (F_{ij} = (-1)^{i+j}\tilde{F}_{ij})$$

ここで，$\tilde{F}_{ij}$ は $\Delta_n(x)$ から第 i 行と第 j 列を除いた行列の行列式（余因子）である．

$$\frac{d\Delta_n(x)}{dx} = \sum_{i,j=1}^{n} \frac{d\Delta_n(x)}{\partial f_{ij}} \cdot \frac{df_{ij}(x)}{dx} = \sum_{i,j=1}^{n} F_{ij} \cdot f_{ij}'(x)$$

$$= \sum_{i=1}^{n} F_{i1} \cdot f_{i1}'(x) + \sum_{i=1}^{n} F_{i2} \cdot f_{i2}'(x) + \cdots + \sum_{i=1}^{n} F_{in} \cdot f_{in}'(x)$$

付　録

$$= \begin{vmatrix} f_{11}'(x) & f_{12}(x) & \cdots & f_{1n}(x) \\ f_{21}'(x) & f_{22}(x) & \cdots & f_{2n}(x) \\ \vdots & \vdots & \ddots & \vdots \\ f_{n1}'(x) & f_{n2}(x) & \cdots & f_{nn}(x) \end{vmatrix} + \begin{vmatrix} f_{11}(x) & f_{12}'(x) & \cdots & f_{1n}(x) \\ f_{21}(x) & f_{22}'(x) & \cdots & f_{2n}(x) \\ \vdots & \vdots & \ddots & \vdots \\ f_{n1}(x) & f_{n2}'(x) & \cdots & f_{nn}(x) \end{vmatrix}$$

$$+ \cdots + \begin{vmatrix} f_{11}(x) & f_{12}(x) & \cdots & f_{1n}'(x) \\ f_{21}(x) & f_{22}(x) & \cdots & f_{2n}'(x) \\ \vdots & \vdots & \ddots & \vdots \\ f_{n1}(x) & f_{n2}(x) & \cdots & f_{nn}'(x) \end{vmatrix}$$

となる．同様に，$\Delta_n(x) = f_{1j}F_{1j} + f_{2j}F_{2j} + \cdots + f_{nj}F_{nj}$（第 j 列に関する展開）より，つぎのようになる．

> **Memo**
> 関数行列式の微分は，1 列ずつ，もしくは 1 行ずつずらしながら，微分した行列式をすべて足し合わせるイメージ．

$$\frac{d\Delta_n(x)}{dx}$$

$$= \begin{vmatrix} f_{11}'(x) & f_{12}'(x) & \cdots & f_{1n}'(x) \\ f_{21}(x) & f_{22}(x) & \cdots & f_{2n}(x) \\ \vdots & \vdots & \ddots & \vdots \\ f_{n1}(x) & f_{n2}(x) & \cdots & f_{nn}(x) \end{vmatrix} + \begin{vmatrix} f_{11}(x) & f_{12}(x) & \cdots & f_{1n}(x) \\ f_{21}'(x) & f_{22}'(x) & \cdots & f_{2n}'(x) \\ \vdots & \vdots & \ddots & \vdots \\ f_{n1}(x) & f_{n2}(x) & \cdots & f_{nn}(x) \end{vmatrix} + \cdots$$

$$+ \begin{vmatrix} f_{11}(x) & f_{12}(x) & \cdots & f_{1n}(x) \\ f_{21}(x) & f_{22}(x) & \cdots & f_{2n}(x) \\ \vdots & \vdots & \ddots & \vdots \\ f_{n1}'(x) & f_{n2}'(x) & \cdots & f_{nn}'(x) \end{vmatrix}$$

著者略歴

中村　力（なかむら・ちから）
　　　北海道大学大学院理学研究科修了
　　　JFE スチール(株)などを経て，公益財団法人　日本数学検定協会に勤務
　　　現在に至る

公益財団法人　日本数学検定協会
〒110-0005　東京都台東区上野 5-1-1
TEL：03(5812)8340
FAX：03(5812)8346
ホームページ https://www.su-gaku.net/

編集担当　田中芳実(森北出版)
編集責任　上村紗帆・富井　晃(森北出版)
組　　版　ブレイン
印　　刷　丸井工文社
製　　本　同

数学検定1級準拠テキスト　微分積分　© 中村　力　2016

2016年7月21日　第1版第1刷発行　【本書の無断転載を禁ず】
2023年7月10日　第1版第5刷発行

監　修　公益財団法人　日本数学検定協会
著　者　中村　力
発行者　森北博巳
発行所　森北出版株式会社
　　　　東京都千代田区富士見 1-4-11（〒102-0071）
　　　　電話 03-3265-8341／FAX 03-3264-8709
　　　　https://www.morikita.co.jp/
　　　　日本書籍出版協会・自然科学書協会　会員
　　　　JCOPY ＜(一社)出版者著作権管理機構　委託出版物＞

落丁・乱丁本はお取替えいたします.
Printed in Japan／ISBN978-4-627-05811-8

MEMO

MEMO

1 おもな導関数の公式

$f(x)$	$f'(x)$	$f(x)$	$f'(x)$
C (定数)	0	x^α	$\alpha x^{\alpha-1}$
$\dfrac{cx+d}{ax+b}$	$\dfrac{bc-ad}{(ax+b)^2}$	x^x	$x^x(1+\log_e x)$
$\sin x$	$\cos x$	$\cos x$	$-\sin x$
$\tan x$	$\dfrac{1}{\cos^2 x} \ (=\sec^2 x)$	$\cot x$	$-\dfrac{1}{\sin^2 x} \ (=-\operatorname{cosec}^2 x)$
e^x	e^x	a^x	$a^x \log_e a$
$\log_e x$	$\dfrac{1}{x}$	$\log_a x$	$\dfrac{1}{x \log_e a}$
$\sin^{-1} x$	$\dfrac{1}{\sqrt{1-x^2}} \ (|x|<1)$	$\cos^{-1} x$	$-\dfrac{1}{\sqrt{1-x^2}} \ (|x|<1)$
$\tan^{-1} x$	$\dfrac{1}{1+x^2}$	$\cot^{-1} x$	$-\dfrac{1}{1+x^2}$
$\sinh x$	$\cosh x$	$\cosh x$	$\sinh x$
$\tanh x$	$\dfrac{1}{\cosh^2 x} \ (=\operatorname{sech}^2 x)$	$\coth x$	$-\dfrac{1}{\sinh^2 x} \ (=-\operatorname{cosech}^2 x)$

2 おもな第 n 次導関数の公式

❶ $(x^\alpha)^{(n)} = \alpha(\alpha-1)(\alpha-2)\cdots(\alpha-n+1)x^{\alpha-n}$

とくに, $\left(\dfrac{1}{x}\right)^{(n)} = \dfrac{(-1)^n n!}{x^{n+1}}$ (上式に $\alpha = -1$ を代入しても得られる)

$\left(\dfrac{1}{ax+b}\right)^{(n)} = \dfrac{(-1)^n n! \, a^n}{(ax+b)^{n+1}}, \quad \left(\dfrac{cx+d}{ax+b}\right)^{(n)} = \dfrac{(-1)^{n-1} n! \, a^{n-1}(bc-ad)}{(ax+b)^{n+1}}$

❷ $(\sin x)^{(n)} = \sin\left(x + \dfrac{n\pi}{2}\right), \quad (\cos x)^{(n)} = \cos\left(x + \dfrac{n\pi}{2}\right)$

❸ $(e^x)^{(n)} = e^x, \quad (a^x)^{(n)} = a^x (\log_e a)^n$

❹ $(\log_e x)^{(n)} = (-1)^{n-1}\dfrac{(n-1)!}{x^n}, \quad (\log_a x)^{(n)} = (-1)^{n-1}\dfrac{(n-1)!}{x^n \log_e a}$

❺ ライプニッツの定理

$\{f(x)g(x)\}^{(n)} = f^{(n)}(x)g(x) + \binom{n}{1}f^{(n-1)}(x)g'(x) + \binom{n}{2}f^{(n-2)}(x)g''(x)$

$\quad + \cdots + \binom{n}{r}f^{(n-r)}(x)g^{(r)}(x) + \cdots + \binom{n}{n-1}f(x)g^{(n-1)}(x)$

$\quad + f(x)g^{(n)}(x)$

3 おもな不定積分の公式

（積分定数は省く）

$f(x)$	$F(x) = \int f(x)\,dx$	$f(x)$	$F(x) = \int f(x)\,dx$
x^α	$\dfrac{x^{\alpha+1}}{\alpha+1}\quad (\alpha \neq -1)$	$\dfrac{1}{x}$	$\log_e |x|$
e^x	e^x	a^x	$\dfrac{a^x}{\log_e a}$
$\log_e x$	$x(\log_e x - 1)$	$\log_a x$	$\dfrac{x(\log_e x - 1)}{\log_e a}$
$\cos x$	$\sin x$	$\sin x$	$-\cos x$
$\dfrac{1}{\cos^2 x}$	$\tan x$	$\dfrac{1}{\sin^2 x}$	$-\cot x$
$\dfrac{1}{\cos x}$	$\log_e \left|\tan\left(\dfrac{x}{2} + \dfrac{\pi}{4}\right)\right|$	$\dfrac{1}{\sin x}$	$\log_e \left|\tan\dfrac{x}{2}\right|$
$\tan x$	$-\log_e |\cos x|$	$\cot x$	$\log_e |\sin x|$
$\cos^2 x$	$\dfrac{1}{2}\left(x + \dfrac{\sin 2x}{2}\right)$	$\sin^2 x$	$\dfrac{1}{2}\left(x - \dfrac{\sin 2x}{2}\right)$
$\dfrac{1}{\sqrt{a^2 - x^2}}$	$\sin^{-1}\dfrac{x}{a}\quad (a > 0)$	$\dfrac{1}{\sqrt{x^2 + a}}$	$\log_e \left|x + \sqrt{x^2 + a}\right|$
$\sqrt{a^2 - x^2}$	$\dfrac{1}{2}\left(x\sqrt{a^2 - x^2} + a^2 \sin^{-1}\dfrac{x}{a}\right)$ $(a > 0)$	$\sqrt{x^2 + a}$	$\dfrac{1}{2}\left(x\sqrt{x^2 + a} + a\log_e\left|x + \sqrt{x^2 + a}\right|\right)$
$\dfrac{1}{x^2 - a^2}$	$\dfrac{1}{2a}\log_e\left|\dfrac{x-a}{x+a}\right|$	$\dfrac{1}{x^2 + a^2}$	$\dfrac{1}{a}\tan^{-1}\dfrac{x}{a}$
$e^{\alpha x}\sin\beta x$	$\dfrac{e^{\alpha x}}{\alpha^2 + \beta^2}(\alpha\sin\beta x - \beta\cos\beta x)$	$e^{\alpha x}\cos\beta x$	$\dfrac{e^{\alpha x}}{\alpha^2 + \beta^2}(\alpha\cos\beta x + \beta\sin\beta x)$
$\sin^{-1} x$	$x\sin^{-1} x + \sqrt{1 - x^2}$	$\tan^{-1} x$	$x\tan^{-1} x - \dfrac{1}{2}\log_e(1 + x^2)$
$\dfrac{1}{(x^2 + a^2)^2}$	$\dfrac{1}{2a^2}\left(\dfrac{x}{x^2 + a^2} + \dfrac{1}{a}\tan^{-1}\dfrac{x}{a}\right)$	$\dfrac{x}{(x^2 + a^2)^2}$	$-\dfrac{1}{2(x^2 + a^2)}$
$\sinh x$	$\cosh x$	$\cosh x$	$\sinh x$
$\dfrac{f'(x)}{f(x)}$	$\log_e |f(x)|$	$\dfrac{f'(x)}{\sqrt{f(x)}}$	$2\sqrt{f(x)}$